人工智能与
人类未来丛书

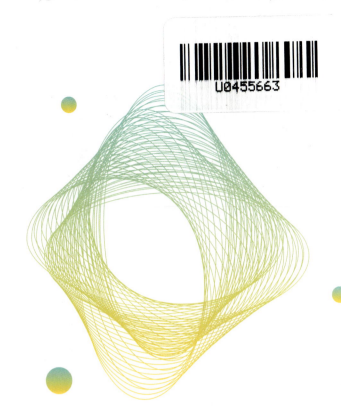

人工智能大模型

动手训练大模型基础

邵可佳 著

北京大学出版社
PEKING UNIVERSITY PRESS

内 容 提 要

在人工智能蓬勃发展的当下，大模型技术正引领着新一轮的技术变革。本书以 Python 语言为主要工具，采用理论与实践相结合的方式，全面、深入地阐述了人工智能大模型的构建与应用，旨在帮助读者系统理解大模型的技术原理，掌握其核心训练方法，从而在人工智能领域建立系统的技术认知体系。

全书分为五个部分：第一部分从大模型的技术演进历程讲起，重点剖析 Python 语言在大模型开发中的核心作用；第二部分围绕模型架构设计、训练优化算法及分布式训练策略展开；第三部分深度解读 Transformer 等主流架构及其变体的实现原理；第四部分涵盖超参数调优、正则化技术、模型评估指标与优化策略；第五部分提供了大模型在自然语言处理、计算机视觉、语音识别等领域的高级应用案例。

本书兼具通俗性与专业性，案例丰富且实操性强，既可作为人工智能初学者的系统入门指南，也可满足进阶学习者的技术提升需求。对研究人员与工程师而言，本书更是一部极具参考价值的技术手册。此外，本书还适合作为高校或培训机构的人工智能课程教材，助力人工智能专业人才培养。

图书在版编目(CIP)数据

人工智能大模型.动手训练大模型基础 / 邵可佳著.
北京：北京大学出版社，2025.6. -- ISBN 978-7-301
-31163-9

Ⅰ. TP18

中国国家版本馆CIP数据核字第2025AK2827号

书　　　名	人工智能大模型：动手训练大模型基础	
	RENGONG ZHINENG DAMOXING：DONGSHOU XUNLIAN DAMOXING JICHU	
著作责任者	邵可佳　著	
责任编辑	刘　云　刘　倩	
标准书号	ISBN 978-7-301-31163-9	
出版发行	北京大学出版社	
地　　　址	北京市海淀区成府路205号　100871	
网　　　址	http://www.pup.cn　　新浪微博：@北京大学出版社	
电子邮箱	编辑部 pup7@pup.cn　　总编室 zpup@pup.cn	
电　　　话	邮购部 010-62752015　发行部 010-62750672　编辑部 010-62570390	
印　刷　者	北京宏伟双华印刷有限公司	
经　销　者	新华书店	
	787毫米×1092毫米　16开本　22.75印张　563千字	
	2025年6月第1版　2025年6月第1次印刷	
印　　　数	1-4000册	
定　　　价	139.00元	

夯实智能基石 共筑人类未来

推荐序

人工智能正在改变当今世界。从量子计算到基因编辑，从智慧城市到数字外交，人工智能不仅重塑着产业形态，还改变着人类文明的认知范式。在这场智能革命中，我们既要有仰望星空的战略眼光，也要具备脚踏实地的理论根基。北京大学出版社策划的"人工智能与人类未来丛书"，恰如及时春雨，无论是理论还是实践，都对这次社会变革有着深远影响。

该丛书最鲜明的特色在于其能"追本溯源"。当业界普遍沉迷于模型调参的即时效益时，《人工智能大模型数学基础》等基础著作系统梳理了线性代数、概率统计、微积分等人工智能相关的计算脉络，将卷积核的本质解构为张量空间变换，将损失函数还原为变分法的最优控制原理。这种将技术现象回归数学本质的阐释方式，不仅能让读者的认知框架更完整，还为未来的创新突破提供了可能。书中独创的"数学考古学"视角，能够带读者重走高斯、牛顿等先贤的思维轨迹，在微分流形中理解Transformer模型架构，在泛函空间里参悟大模型的涌现规律。

在实践维度，该丛书开创了"代码即理论"的创作范式。《人工智能大模型：动手训练大模型基础》等实战手册摒弃了概念堆砌，直接使用PyTorch框架下的100多个代码实例，将反向传播算法具象化为矩阵导数运算，使注意力机制可视化为概率图模型。在《DeepSeek源码深度解析》中，作者团队细致剖析了国产大模型的核心架构设计，从分布式训练中的参数同步策略，到混合专家系统的动态路由机制，每个技术细节都配有工业级代码实现。这种"庖丁解牛"式的技术解密，使读者既能把握技术全貌，又能掌握关键模块的实现精髓。

该丛书着眼于中国乃至全世界人类的未来。当全球算力竞赛进入白热化阶段，《Python大模型优化策略：理论与实践》系统梳理了模型压缩、量化训练、稀疏计算等关键技术，为突破"算力围墙"提供了方法论支撑。《DeepSeek图解：大模型是怎样构建的》则使用大量的可视化图表，将万亿参数模型的训练过程转化为可理解的动力学系统，这种知识传播方式极大地降低了技术准入门槛。这些创新不仅呼应了"十四五"规划中关于人工智能底层技术突破的战略部署，还为构建自主可控的技术生态提供了人才储备。

作为人工智能发展的见证者和参与者，我非常高兴看到该丛书的三重突破：在学术层面构建了贯通数学基础与技术前沿的知识体系；在产业层面铺设了从理论创新到工程实践的转化桥梁；在战

略层面响应了新时代科技自立自强的国家需求。该丛书既可作为高校培养复合型人工智能人才的立体化教材，又可成为产业界克服人工智能技术瓶颈的参考宝典，此外，还可成为现代公民了解人工智能的必要书目。

　　站在智能时代的关键路口，我们比任何时候都更需要这种兼具理论深度与实践智慧的启蒙之作。愿该丛书能点燃更多探索者的智慧火花，共同绘制人工智能赋能人类文明的美好蓝图。

于　剑

北京交通大学人工智能研究院院长

交通数据分析与挖掘北京市重点实验室主任

中国人工智能学会副秘书长兼常务理事

中国计算机学会人工智能与模式识别专委会荣誉主任

◆ 这个技术有什么前途

在当今这个数字化与智能化深度融合的时代，人工智能技术正以前所未有的速度重塑人类社会。作为人工智能技术体系中的核心突破，大模型凭借其强大的学习能力、广泛的适应性和卓越的性能，成为推动科技进步和社会发展的重要力量。

大模型，顾名思义，是指具有庞大参数规模和复杂网络结构的深度学习模型。它们能够处理和分析海量的数据，从中学习数据的内在规律和模式，进而完成各种复杂的任务，如自然语言处理、计算机视觉、语音识别等。近年来，随着计算能力的持续提升和数据量的爆炸性增长，大模型技术取得了长足的进步，不仅在学术界引发了广泛的研究热潮，也在工业界得到了广泛应用。

展望未来，大模型技术的前景无疑是广阔的。一方面，随着技术的不断成熟和优化，大模型的性能将得到进一步提升，能够更好地适应各种复杂场景和任务需求。另一方面，大模型技术将与更多领域深度融合，推动各行各业的智能化升级和转型。例如，在医疗健康领域，大模型可以作为辅助工具帮助医生更准确地诊断疾病、制定治疗方案；在金融领域，大模型可以辅助金融机构进行风险评估、信用评分等工作；在教育领域，大模型可以为学生提供个性化的学习资源和辅导服务。

◆ 本书特色

◆ **理论与实践相结合**：在简明阐述大模型核心理论的同时，注重实践操作。本书通过结构清晰的代码示例和详细的步骤讲解，让读者在理解理论的基础上，快速掌握模型训练的技能。

◆ **由浅入深，循序渐进**：内容安排科学合理，从基础知识入手，逐步深入高级应用。无论是初学者还是有一定经验的开发者，都能在本书中找到适合自己的学习路径。

◆ **注重细节，精益求精**：在编写过程中，笔者力求专业精准，对关键技术细节进行了反复推敲和验证。无论是代码注释、参数说明还是异常处理，都确保了准确性和可读性。

◆ **案例驱动，实战导向**：提供涵盖自然语言处理、计算机视觉等多个领域的典型应用案例。这些案例不仅展示了大模型技术的实际应用，也为读者提供了宝贵的实战经验。

◆ 本书读者对象

◆ 人工智能与机器学习初学者。

◆ 具备Python基础的大模型应用开发者。

◆ AI算法工程师与深度学习从业者。

◆ 对大模型技术感兴趣的研究人员与高校学生。

温馨提示：

本书附赠资源读者可用微信扫描封底二维码，关注"博雅读书社"微信公众号，并输入本书 77 页的资源下载码，根据提示获取。

目录 CONTENTS

第二部分
大模型训练与加速

**第三部分
大模型架构的深度解析**

第6章

大模型架构与Python实现

第7章

大模型的网络架构创新

第8章

多模态学习与大模型

第9章

DeepSeek 架构与特性解析

第四部分
大模型的训练优化

第10章

大模型的训练策略

第11章

大模型的超参数优化

第12章

大模型的模型量化与压缩

第五部分
大模型的高级应用案例

第13章

自然语言处理应用

第14章

计算机视觉的创新应用

第15章

大模型在跨模态任务中的应用

01

第一部分

大模型与
Python开发基础

在探讨如何构建和训练大模型前,有必要先对其理论发展有一个清晰的认识。大模型作为人工智能领域的重要研究方向,其理论发展不仅涉及深度学习的核心原理,还融合了多个学科的知识和技术创新。以下将从大模型的计算理论、大规模数据的表示与处理等方面阐述大模型的理论发展。

注意:本部分主要讲解大模型与Python语言的初步概念,具备一定基础的读者可选择性阅读。

## 第 1 章

大模型的理论发展

在深入探讨人工智能大模型的训练与实践之前，理解其背后的计算理论是至关重要的。大模型以其庞大的规模、复杂的结构和强大的计算能力，在解决复杂问题、处理海量数据方面展现出了独特的优势。本章将聚焦于大模型的计算理论，揭示其背后的数学原理、计算复杂性和优化策略。

本章涉及的主要知识点如下。

- ◆ 大模型的计算理论。
- ◆ 大规模数据的表示与处理。
- ◆ 大模型的算法创新。
- ◆ 大模型的发展趋势。

1.1 大模型的计算理论

1.1.1 大模型的发展历程

大模型本质上仍源自人工智能模型，其理论发展如表1-1所示，表中罗列了人工智能模型的发展历程。

表1-1 人工智能模型的理论发展

时间	阶段	问题	解决方案
20世纪40年代到50年代	神经网络的诞生	早期的计算机如何模拟人脑的学习能力	科学家提出神经网络的概念，通过简单的数学模型来模拟人脑神经元的连接方式，开启了机器学习的新篇章
20世纪80年代	并行计算的启示	面对日益增长的数据量，如何提高神经网络处理数据的速度	并行计算技术的应用让多个处理器同时工作，显著提升了计算效率，使处理大规模数据集成为可能
20世纪90年代	梯度下降的挑战	在深层网络中，权重更新的梯度变得非常小或非常大，导致训练过程难以控制	反向传播算法通过计算损失函数关于网络参数的梯度，有效地解决了深层网络训练中的梯度消失和梯度爆炸问题
21世纪10年代	过参数化现象的发现	按照传统理论，过多的参数会导致模型过拟合，但实践中却发现大模型展现出良好的泛化能力	研究者开始重新评估过参数化的影响，发现适当的过参数化实际上可以提高模型的泛化能力，这一发现颠覆了以往的认知
21世纪10年代	深度学习的突破	如何让机器自动学习和理解复杂的图像、语言等数据	深度学习技术的发展，特别是卷积神经网络（CNN）和Transformer模型的出现，极大地提升了机器处理复杂数据的能力
21世纪10年代中期	硬件加速的革命	大模型需要巨大的计算资源，传统CPU已经无法满足需求，训练成本变得非常高昂	GPU和TPU等专用硬件为深度学习提供了强大的并行计算能力，大幅缩短了大模型的训练时间
21世纪10年代末至今	优化算法的创新	随着模型规模的不断扩大，传统的优化算法在训练大模型时显得力不从心	研究者开发了多种新的优化算法，如自适应矩估计（Adam）、随机梯度下降（SGD）的变体等，它们通过自适应学习率（Adaptive Learning Rate）等机制，提高了训练大模型的效率和稳定性
	模型泛化能力的探索	大模型在训练集上表现优异，但如何确保它们在面对新数据时也能保持良好性能	研究者在不断探索泛化的理论基础，并通过正则化技术、数据增强、早停等策略，提高了模型的泛化能力

大模型得益于人工智能技术的快速发展，可以将上述解决方案发挥到极致，所以其内核仍然是一种先进的人工智能算法技术。任何人工智能理论的研究和进步，都能很快反映到大模型领域的迭代中。

1.1.2 未来展望

问题：随着技术的不断进步，大模型将如何继续发展？它们将在哪些新领域解决关键问题？

解决方案：目前，研究者们正致力于提高模型的可解释性、安全性和能效，同时探索分布式训练算法和专用硬件架构，以推动大模型向更广泛的应用领域发展。

1.2 大规模数据的表示与处理

在人工智能领域，大模型的应用日益广泛，其核心驱动力之一便是能够高效地处理和分析多模态大规模数据。随着数据量的指数级增长，如何有效地表示与处理这些数据成为大模型理论发展中不可或缺的一环。本节将系统分析大规模数据的表示与处理策略，阐释其在大模型构建与训练中的关键作用。

1.2.1 大规模数据的表示

数据的表示方式直接影响模型的训练效率和性能表现。对于大规模数据，传统的单一维度或简单结构表示方法已难以满足需求。因此，研究者们探索了多种结构化表示方法，以更准确地捕捉数据的内在特征。

嵌入式表示（Embedding Representation）：通过将数据映射到连续的高维向量空间，嵌入式表示能够有效建模数据之间的语义相似性和拓扑关系。在大模型中，词嵌入是常见的嵌入式表示方法，它利用神经网络将单词映射为固定维度的向量，从而编码单词之间的分布语义关系。图1-1为词嵌入示意，左上方为原始文本，下方的向量表示对应转换为嵌入式表示后的形式。

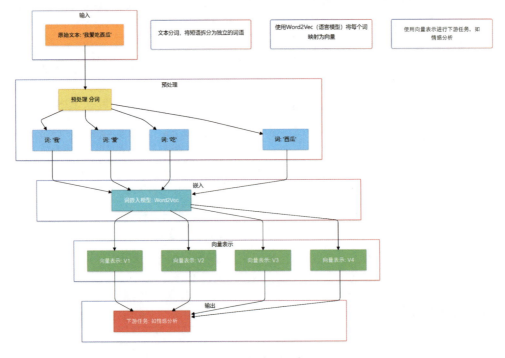

图1-1　词嵌入示意

图表示（Graph Representation）： 对于具有复杂结构的数据（如社交网络、知识图谱等），图表示提供了一种直观且高效的建模方式。在图表示中，节点代表实体，边代表实体之间的关系，通过图神经网络（Graph Neural Network，GNN）等模型，可以学习图结构中的复杂模式。图1-2为用实体和关系构成的图表示示意，相似的实体（如水果类词语）会通过边连接形成关联，进而影响结果。

张量表示（Tensor Representation）： 在处理多维数据时，张量表示提供了一种更自然的数学框架。张量是多维数组的推广，可以表示复杂的数据结构和交互关系。在大模型训练中，张量分解和压缩技术被广泛应用于降低高维数据的计算复杂度，从而提高计算效率和降低存储成本。如图1-3所示，图像特征通过图神经网络转换为图结构，最后多个图结构再合并为3D张量表示。

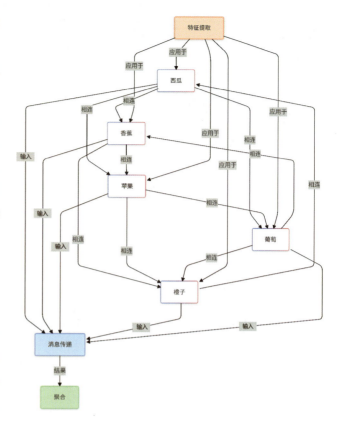

图1-2　图表示示意

1.2.2　大规模数据的处理

大规模数据的处理是构建高效大模型的关键环节。针对大规模数据具有数据量大、维度高、分布不均等特点，研究者们提出了多种处理策略。

数据预处理： 数据预处理是处理大规模数据的第一步，包括数据清洗、归一化、特征选择等步骤。数据预处理可以去除噪声数据、处理缺失值、降低数据维度等，为后续的数据表示学习和模型训练奠定了重要基础。表1-2所示为数据预处理过程中的常见技术。

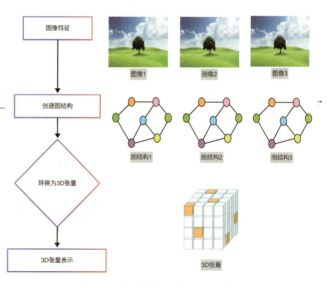

图1-3　将图像转换为3D张量表示

表1-2　数据预处理过程中的常见技术

技术名称	描述	作用
数据清洗	移除或修正数据集中的错误、重复或不一致的数据记录	提高数据质量，确保分析的准确性
数据集成	合并来自不同来源的数据集，解决数据源之间的不一致性	创建统一的数据视图，便于分析
数据选择	从数据集中选择相关特征或记录，排除不相关的数据	减少数据的复杂性，提高模型性能
数据变换	应用数学公式或函数来转换数据，如对数变换、标准化等	使数据更符合模型的假设，或改善数据的分布特性
数据规约	减少数据的维度，如特征选择、降维等	降低计算成本，避免过拟合
数据离散化	将连续变量转换为离散类别，如分箱或分段	简化模型，提高某些算法的可解释性
特征编码	将类别型特征转换为可以处理的数值型特征，如标签编码或独热编码	使模型能够处理非数值数据
缺失值处理	对数据集中的缺失值进行估计和填充或删除含缺失值的记录	确保数据集的完整性，避免分析时的偏差
异常值检测	识别并处理数据集中的异常值或离群点	避免异常值对模型训练和分析结果的影响
数据标准化	将数据缩放到特定的范围或分布，如归一化到[0,1]区间或标准化到均值为0且方差为1	确保不同特征对模型的影响一致，加速收敛
数据增强	通过对现有数据进行变换生成新的数据，以增加数据集的多样性	提高模型的泛化能力，减少过拟合

分布式计算：分布式计算是应对大规模数据计算挑战的核心解决方案。该技术通过将计算任务和数据分配到多个计算节点并行处理，可以显著提升计算效率。在大模型训练领域，分布式训练框架（如 TensorFlow 和 PyTorch 的分布式模块）使模型能够在多图形处理单元（Graphics Processing Unit，GPU）或多机环境下高效训练。图1-4是对函数$f(x)$进行分布式计算的示意，函数$f(x)$的计算任务被分解为任务1～任务5，当输入x的规模较大时，相当于有5个计算单元可并行处理不同的数据分片，从而显著提升整体计算吞吐量。

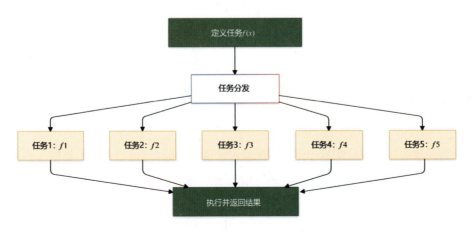

图1-4　对函数$f(x)$进行分布式计算的示意

增量学习：对于持续产生的新数据，增量学习允许模型在保持原有知识的基础上不断学习新知识。这种方法避免了重新训练整个模型的高昂成本，使模型能够实时适应数据的变化。在大规模数据场景中，增量学习尤为重要。图1-5所示为人工智能模型使用增量学习策略不断优化模型的流程图。在模型部署后，新数据的输入会触发模型的更新；新模型评估完毕后再部署到线上，形成闭环迭代。

数据采样和批处理：针对大规模数据带来的处理成本问题，可采用数据采样和批处理作为优化手段。通过从大规模数据中随机抽取部分样本进行训练，可以减少计算量和存储需求。同时，批处理技术通过将样本组合为固定大小的批次进行并行计算，提高计算效率和模型稳定性。表1-3为人工智能模型中常见的数据采样和批处理技术。

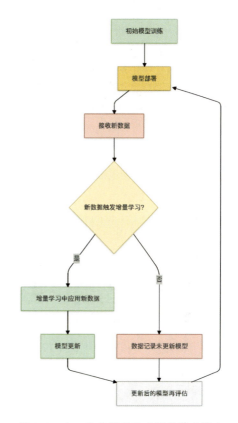

图1-5　人工智能模型使用增量学习策略
不断优化模型的流程图

表1-3　人工智能模型中常见的数据采样和批处理技术

技术名称	描述	作用
随机采样	从数据集中随机选择样本，可以是有放回（重复采样）或无放回的	增加数据多样性，避免模型训练因数据分布偏差导致的过拟合
分层采样	确保每个类别在样本中的比例与原始数据集中的比例相同	保持类别平衡，提高模型对少数类样本的识别能力
过采样	增加少数类样本的数量，以匹配多数类样本的数量	减少类别不平衡问题的影响
欠采样	减少多数类样本的数量，以匹配少数类样本的数量	降低计算成本，简化模型训练
合成采样	通过生成新样本来增加少数类样本的数量，如SMOTE算法	创造新的数据，增强模型的泛化能力
批处理	将数据划分为固定大小的批次，每次只处理一个批次的数据	减少内存消耗，使模型训练适用于内存有限的环境
随机小批量	在每次迭代中随机选择一个小批量的数据进行模拟训练	提高训练过程的随机性，有助于模型收敛
顺序小批量	按照数据在原始数据集中的顺序，依次选择小批量数据进行训练	适用于时间序列或需保持上下文关联的任务（如文本生成）

技术名称	描述	作用
洗牌	在每个训练周期开始时，随机重排数据顺序	确保批次间数据分布独立，提升模型鲁棒性
重复采样	多次使用相同的数据集进行训练，常结合洗牌操作	提高模型的稳定性和可靠性
交叉验证	将数据集分成几个部分，每个部分轮流作为测试集，其余作为训练集	评估模型的泛化能力，减少过拟合

综上所述，大规模数据的表示与处理是大模型理论发展中至关重要的一环。通过探索高级数据表示方法、采用分布式计算、增量学习及数据采样与批处理等策略，可以有效应对大规模数据的挑战，为大模型的构建与训练提供有力支持。

1.3 大模型的算法创新

在人工智能领域，大模型的崛起不仅得益于计算能力的提升和大规模数据的积累，更离不开算法的不断创新。算法作为大模型的核心驱动力，其创新对于提升模型性能、扩展应用场景具有重要意义。本节将重点探讨大模型算法创新的几个关键方向，揭示其在推动大模型理论发展中的重要作用。

1.3.1 注意力机制与自注意力网络

注意力机制是近年来大模型算法创新的核心突破之一。它通过模拟人类视觉注意力机制，使模型能够在处理信息时聚焦于关键部分，从而显著提升信息处理的效率和准确性。

在大模型中，自注意力网络（如Transformer模型中的多头注意力机制）尤为引人注目。它通过计算序列内任意两个元素之间的相关性，实现了信息的全局交互，使模型在处理长距离依赖关系时更加灵活和有效。

图1-6为自注意力机制的结构示意，图中最下方的箭头表示输入序列的向量，经线性变换后生成查询向量（Query，Q）、关键词向量（Key，K）、值向量（Value，V）。通过H个独立的注意力头（heads）对信号中的显著信息进行增强，即称为自注意力机制。

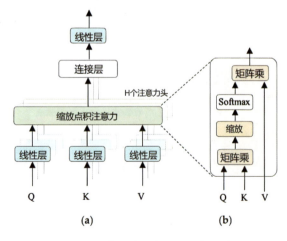

图1-6　自注意力机制的结构示意

1.3.2 动态路由与胶囊网络

传统神经网络在处理层次化信息时往往面临梯度消失和特征抽象能力不足的问题。为了解决这一问题，动态路由和胶囊网络等算法应运而生。这些算法通过引入向量式特征表示单元胶囊和动态路由算法，实现了从低级特征到高级特征的层次化组合，从而更好地保留了更多的空间层次信息。在大模型领域，胶囊网络的应用潜力巨大，有望进一步提升模型的表达能力和鲁棒性。图 1-7 为 Hinton 提出的胶囊网络示意，其中输入向量通过卷积层和隐藏层的作用后输入主胶囊层，然后从路由到数字胶囊层，这种做法的最大好处是通过胶囊层的设计增强了空间信息的处理，但也由此导致了训练难度增大、计算成本增加的问题。

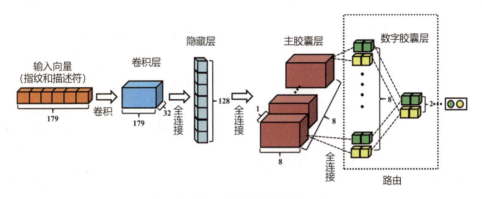

图 1-7 Hinton 提出的胶囊网络示意

1.3.3 记忆增强神经网络

为了应对复杂动态环境下的任务需求，记忆增强神经网络（Memory Augmented Neural Networks，MANNs）成为大模型算法创新的重要方向。这类网络通过引入可读写的外部记忆模块来存储和检索长期依赖信息，使模型能够在处理新任务时利用过去的知识和经验。在大规模多任务学习或强化学习任务中，记忆增强神经网络展现出了强大的潜力和优势。图 1-8 为记忆增强神经网络结构示意，以运行轨迹预测为例，记忆增强神经网络首先以过去的运行轨迹及道路的俯视图为输入，分别通过编码器与 CNN 加工为深度特征表示后输入记忆网络，在记忆网络中得到一组与过去记忆和未来记忆最相似的信号，最终做出一组未来运行轨迹最大可能的预测。

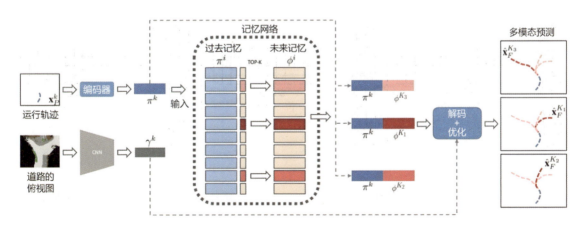

图 1-8 记忆增强神经网络结构示意

1.3.4 生成对抗网络与无监督学习

生成对抗网络（Generative Adversarial Networks，GAN）通过构建生成器和判别器的对抗训练框架来训练模型，具备从无到有地生成高质量数据样本的能力。在大模型中，GAN不仅可以用于数据生成，还可以用于特征学习、数据增强等方面。同时，无监督学习算法的发展也为大模型提供了更多的训练数据和更灵活的训练方式。通过利用大规模未标注数据进行预训练或自监督学习，可以显著提升模型的泛化能力和实用性。图1-9为GAN结构示意，网络的输入为真实样本数据（x）、随机噪声向量（z）及真实标签数据（y），生成器（G）通过接收z和y输出一些假样本，而判别器（D）则通过对比x与假样本，对生成结果做出判断。辅助分类器（Q）则与D共享参数，负责预测假样本的标签y'，用于计算交叉熵损失，进而优化G的生成质量。

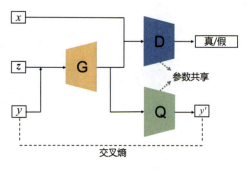

图1-9　GAN结构示意

1.3.5 稀疏性与可解释性算法

随着大模型规模的不断扩大，稀疏性和可解释性成为算法创新的重要方向。稀疏性算法通过减少模型中的非零参数数量来降低计算复杂度和存储需求，同时保持或提升模型性能。可解释性算法旨在揭示模型决策背后的逻辑和依据，提高模型的透明度和可信度。在大规模应用中，稀疏性和可解释性算法对于确保模型的可靠性和安全性具有重要意义。如图1-10所示，从左至右分别为行（Height）稀疏、列（Width）稀疏、频道（Channel）稀疏的对比示意。从图中可知，行稀疏是指大多数行为空的数据，列稀疏是大多数列为空的数据，频道稀疏是指大多数频道上为空的数据，在图中分别对应H、W、C，而N则是指样本数量。

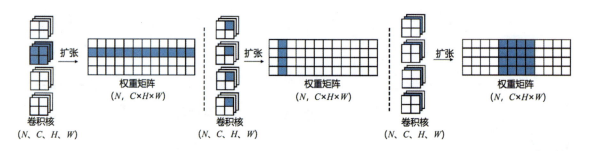

图1-10　行稀疏、列稀疏、频道稀疏的对比示意

综上所述，大模型的算法创新涵盖了注意力机制与自注意力网络、动态路由与胶囊网络、记忆增强神经网络、生成对抗网络与无监督学习、稀疏性与可解释性算法等多个方面。这些创新不仅推动了大模型性能的提升和应用场景的扩展，也为未来人工智能技术的发展奠定了坚实基础。

1.4 大模型的发展趋势

随着人工智能技术的飞速发展，大模型作为处理复杂数据和执行高级任务的关键工具，其理论与应用领域正不断拓展与深化。本节将探讨大模型未来的发展趋势来揭示这一领域可能的发展方向和创新点。

1.4.1 更大规模与更深层次的模型架构

随着计算能力的不断提升和大数据资源的日益丰富，大模型趋向于构建更大规模和更深层次的模型架构。这种趋势旨在捕捉数据中的更多细节和复杂关系，以提升模型的表达能力和泛化能力。未来，可能会看到拥有数十亿甚至数百亿参数的超级大模型，它们能够在更多领域展现出卓越的性能。如图 1-11 所示，随着大模型技术的发展，大模型参数由最初的 1 亿（0.1B）增长到了现在的 1750 亿（175B），图中横轴代表大模型的

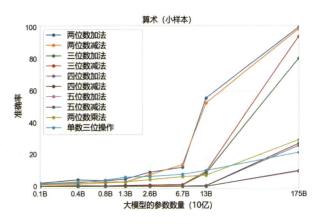

图 1-11　大模型参数增长示意

参数数量，单位是 10 亿（Billions，B），纵轴则代表大模型的准确率。可见，当参数量超过 130 亿时，准确率显著提升。

对于一个 L 层的 Transformer 模型，可训练参数量可以表示为

$$P = L \times (12h^2 + 13h) + Vh$$

在上式中，P 是总参数量，L 是模型层数，h 是隐藏层维度，V 是词表大小。

例如：GPT-3 模型层数 $L=96$，隐藏层维度 $h=12288$，词表大小 V 通常为 50257，参数量 P 约等于 175B。

1.4.2 跨模态学习与融合

当前，大模型主要集中在单一模态（如文本、图像、音频等）的数据处理上。然而，现实世界中的信息往往以多模态形式存在。因此，跨模态学习与融合将成为大模型发展的重要方向。通过整合不同模态的数据和知识，大模型能够更全面地理解世界，实现更高级别的智能交互和应用。如图 1-12 所示，从左至右，多模态的数据融合包括早期融合（在神经网络之前融合）、后期融合（在神经网络之后融合），以及深度融合（融合后再回传给网络）。图中 FUSE 即表示融合。

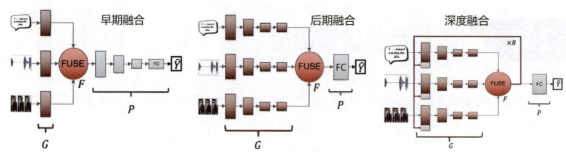

图1-12 多模态的数据融合示意

1.4.3 可解释性与鲁棒性增强

随着大模型在各个领域的应用日益广泛，其可解释性和鲁棒性成为研究焦点。未来，大模型的发展趋势将包括开发更具可解释性的模型架构和算法，以及增强模型对噪声、异常值和对抗性攻击的鲁棒性。这将有助于提升大模型的透明度和可信度，推动其在医疗、金融等关键领域的应用。如图1-13所示，由上至下，大模型的可解释性研究本质上是人类通过数据探究真实世界规律的过程。首先发现现实问题，其次准备相关样本数据，然后计算样本数据在模型中的SHAP值（所谓SHAP值是指模型决策时样本特征对其影响的大小），最后将SHAP值可视化（按影响的大小排序），通过分析最有影响的特征，为实际应用提供可解释的决策依据。

1.4.4 个性化与定制化服务

随着用户需求的多样化和个性化，大模型将更加注重提供个性化和定制化的服务。通过引入用户画像、上下文感知等技术，大模型能够更准确地理解用户需求和偏好，从而提供更加贴心和个性化的服务体验。这种趋势将推动大模型在智能客服、个性化推荐等领域的应用不断深化。如图1-14所示，大模型针对不同用户的不同症状给出了不同的治疗方案。

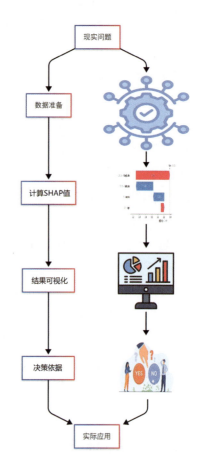

图1-13 对大模型预测结果的
解释过程示意

首先通过数据预处理收集病人的数据及抽取特征，然后通过长短期记忆（Long Short-Term Memory，LSTM）模型预测其患有心脏疾病的概率，在后期处理上采取不同的策略，给出不同的治疗计划及不断监控数据变化。

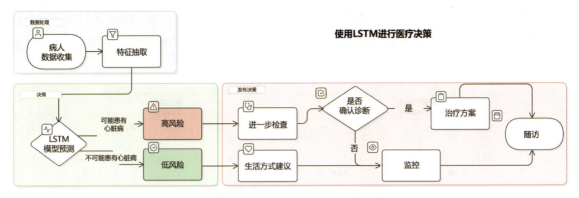

图 1-14　大模型进行个性化决策示意

1.4.5　持续学习与自适应能力

面对不断变化的环境和多样化任务需求，大模型需要具备持续学习和自适应能力。未来，大模型研究将更加注重增量学习和在线学习技术的开发与应用，以实现模型的动态优化和实时更新。同时，引入元学习等高级机器学习技术也有助于提升大模型的环境自适应能力，使其能够更有效地应对未知和复杂的环境变化。如图 1-15 所示，大模型在通过应用程序与用户互动的过程中不断计算和调整策略，与传统的一次性机器学习任务相比，增加了模型评估、重训模式和部署模式等使其具备自适应能力的环节。

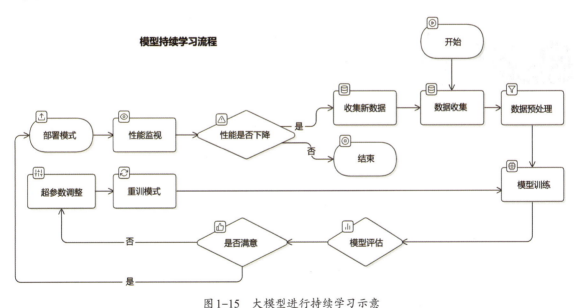

图 1-15　大模型进行持续学习示意

1.4.6　绿色计算与可持续性

随着大模型规模的不断扩大和计算需求的增加，其对计算资源和能源的消耗也日益显著。因此，绿色计算和可持续性将成为大模型发展的重要考量因素。未来，将看到更多针对大模型能效优化

和绿色计算技术的研究与应用，旨在降低模型训练和推理过程中的能耗和碳排放，推动人工智能技术的可持续发展。如图1-16所示，NVIDIA公司推出的H100相比A100更加节省能耗，所需的代价更小。

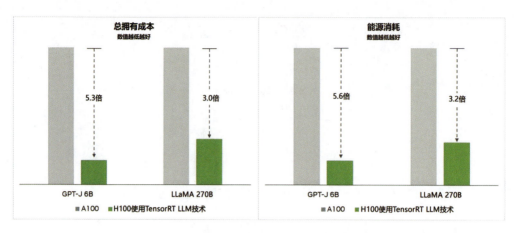

图1-16 大模型计算不断向低功耗进化示意

综上所述，大模型的发展趋势将围绕更大规模与更深层次的模型架构、跨模态学习与融合、可解释性与鲁棒性增强、个性化与定制化服务、持续学习与自适应能力，以及绿色计算与可持续性等方面展开。这些趋势将共同推动大模型技术的不断进步和创新应用，为人类社会带来更多福祉和发展机遇。

1.5 本章小结

本章探讨了大模型的发展历程，内容涉及大模型的计算理论、大规模数据的表示与处理、大模型的算法创新以及大模型的发展趋势。

第 **2** 章

大模型的 Python 开发环境

在人工智能领域，Python 作为一门简洁、易读且功能强大的编程语言，已成为开发大模型的首选工具。为了高效地构建和训练大模型，搭建一个合适的 Python 开发环境至关重要。本章将详细介绍如何设置和优化一个针对大模型开发的 Python 开发环境，涵盖软件安装、配置步骤及最佳实践。

本章涉及的主要知识点如下。

- ◆ Python 语言视角下大模型的开发生态。
- ◆ Python 开发环境搭建。
- ◆ 深度学习框架概览：TensorFlow 与 PyTorch。
- ◆ 大模型微调技术简介。

2.1 Python语言视角下大模型的开发生态

在信息技术蓬勃发展的今天，Python语言已成为人工智能领域，尤其是大模型开发中的核心工具。Python语言之所以能在这一领域占据如此重要的地位，很大程度上得益于其丰富的生态系统，这个系统为开发者提供了从数据处理、模型构建到训练部署的全链条支持。本节将从Python语言的视角出发，探讨大模型开发中的开发生态。

2.1.1 数据处理与分析

图2-1所示为Python语言数据处理中最常见的两款工具NumPy与Pandas的标志。

在大模型的开发过程中，数据处理是至关重要的一步。Python语言提供了强大的数据处理库，如NumPy和Pandas，它们能够高效地处理大规模数据集。NumPy以其高效的数组操作和多维数组支持，成为科学计算和数据分析的基础库。而Pandas则在此基础上进一步提供了易于使用的数据结构和数据分析工具，使数据清洗、转换和聚合等操作变得简单直观。图2-2所示为NumPy的矩阵相乘计算过程示意，符合线性代数矩阵乘法。

图2-1　NumPy和Pandas的标志

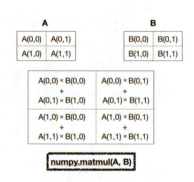

图2-2　NumPy的矩阵相乘计算过程示意

2.1.2 模型构建与训练

图2-3所示为深度学习领域最常见的两款框架TensorFlow与PyTorch的标志。

Python语言拥有丰富的深度学习框架，这些框架为大模型的构建与训练提供了强大的支持。TensorFlow和PyTorch是当前最流行的两个框架。TensorFlow以其高性能的分布式计算能力、自动微分和灵活的模型部署选项而闻名，非常适合构建大规模分布式训练系统。而PyTorch则以其

图2-3　TensorFlow与PyTorch的标志

动态计算图和简洁的应用程序编程接口设计著称，便于原型开发和实验。此外，还有 Keras、MXNet等其他框架也提供了丰富的功能和良好的社区支持。图2-4所示为PyTorch的计算图组织形式，从图中可以清晰地看到蓝色部分节点信号由下至上前向传播的过程，以及绿色部分计算结果由上至下反向传播的过程。

注意：目前的主流深度学习框架一般都分为CPU和GPU版本，在具有NVIDIA显卡的主机上可以通过安装GPU版本来提高训练速度，在第3章和第4章中将会介绍。

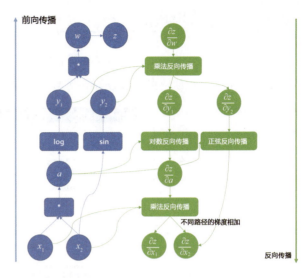

图 2-4　PyTorch 的计算图组织形式

2.1.3　可视化与调试

图2-5所示为Python语言中最常见的可视化与绘图工具Matplotlib的标志。

在大模型的开发过程中，可视化与调试是不可或缺的部分。Python语言中的Matplotlib、Seaborn等库提供了丰富的图表绘制功能，帮助开发者直观地理解数据分布和模型性能。同时，Jupyter Notebook等交互式计算环境使代码编写、运行和结果展示无缝衔接，极大地方便了模型的调试和优化。图2-6所示为JupyterLab的基本操作界面，基于Web界面的左右结构便于使用者管理和操作Notebook文件，而Notebook除了支持Python语言核心，还支持Julia、Plotter、R等语言核心。

图 2-5　Matplotlib 的标志

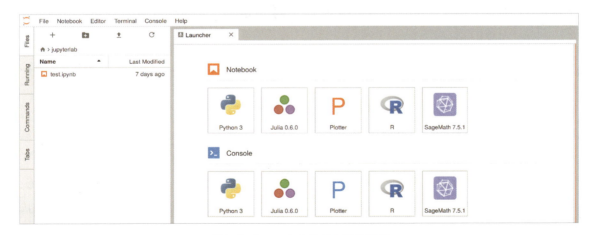

图 2-6　JupyterLab 的基本操作界面

2.1.4 部署与集成

当大模型训练完成后，如何将其部署到实际应用中是一个重要的问题。Python语言生态中提供了多种部署方案，如使用Flask、Django等Web框架构建RESTful API，或者通过TensorFlow Serving等工具将模型封装为服务。此外，还可以通过Docker容器化技术将模型及其运行环境打包为一个独立的单元，便于在不同环境下进行部署和迁移。图2-7所示为TensorFlow Serving模型部署界面，从图中可以看到模型服务的状态及部署参数。

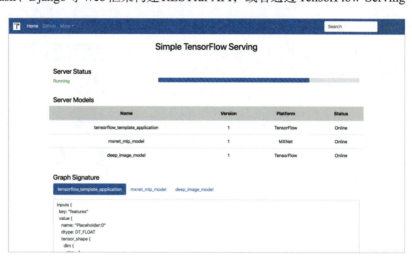

图2-7　TensorFlow Serving模型部署界面

2.1.5 社区与资源

Python语言在人工智能领域的成功还得益于其活跃的社区和丰富的资源。GitHub、Stack Overflow等平台聚集了大量的开发者和专家，他们分享经验、解答问题、发布项目和工具。此外，还有Kaggle等竞赛平台鼓励开发者通过参与竞赛来提升自己的技

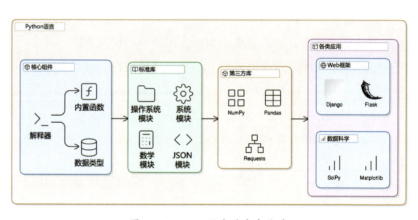

图2-8　Python语言的生态体系

能并学习最新的技术。这些社区和资源不仅为开发者提供了学习的机会，还促进了技术的快速迭代和进步。如图2-8所示，Python语言的生态系统采用分层架构，从最基础的核心组件、标准库到第三方库，最终延伸至各类应用场景，构成了一个完整的技术体系。

综上所述，Python语言视角下大模型的开发生态是一个集数据处理与分析、模型构建与训练、可视化与调试、部署与集成及社区与资源于一体的综合体系。这个生态的繁荣和发展为大模型的快速迭代和广泛应用提供了坚实的基础。

2.2　Python开发环境搭建

在开始大模型的开发前，搭建稳定高效的Python开发环境是至关重要的。Miniconda作为轻量级的科学计算Python发行版，集成了Conda包管理器和大量常用的科学计算库，非常适合用于大模型的开发，如图2-9所示，Miniconda可以看作以Conda为核心的Anaconda的子集，两者具有包含关系：Anaconda包含Miniconda的全部功能，而Miniconda则保留了Anaconda的核心组件。本节将详细介绍基于Miniconda的Python开发环境配置方法。

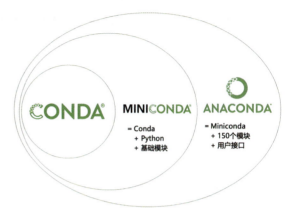

图2-9　Miniconda可以看作以Conda为核心的Anaconda的子集

注意：以下以Miniconda为示例进行讲解，并不意味着它是最优方案，只需理解其概念，读者可以结合自身的需要自行选择并部署合适的开发环境配置方案。

2.2.1　安装 Miniconda

首先，需要从Miniconda的官方网站下载适合操作系统的Miniconda安装程序。在安装过程中，请按照提示操作，通常安装程序会引导完成安装，并自动将Conda添加到系统路径中。

2.2.2　创建并激活新的 Conda 环境

使用Conda可以轻松地创建新的环境，并为不同项目配置特定的Python版本和依赖包。以下命令展示了如何创建一个名为myenv的新Conda环境，并指定安装Python 3的最新稳定版本。

```
conda create --name myenv python=3
```

创建环境后，需要激活环境才能开始安装库或运行脚本。激活环境的命令如下。

```
conda activate myenv
```

注意：从Conda 4.6版本开始，官方推荐使用conda activate来激活环境，但在一些旧版本的Conda中，则可以直接使用以下命令。

```
activate myenv
```

在UNIX或macOS操作系统上，也可以使用以下命令。

```
source activate myenv
```

2.2.3 安装必要的库

激活环境后，可以使用Conda或pip来安装大模型开发所需的库。对于许多科学计算库，Conda是一个很好的选择，因为它可以处理库之间的依赖关系，并确保库之间的兼容性。然而，有些库可能只能通过pip安装。

以下是一个使用Conda安装TensorFlow（假设它可用）的示例。

conda install tensorflow

如果Conda中没有所需的特定版本的库，或者所需安装的库仅通过pip提供，可以在激活的环境中安全地使用pip。首先确保Conda环境已激活，然后使用pip命令来安装库。

pip install tensorflow

2.2.4 配置IDE或代码编辑器

为了提高开发效率，建议使用集成开发环境（IDE）或高级代码编辑器。主流工具包括PyCharm、Visual Studio Code（VS Code）等。这些工具支持为项目配置特定的Python解释器。在配置IDE时，请确保将其指向刚创建的Conda环境中的Python解释器。图2-10所示为Visual Studio Code的编辑界面，与大多数IDE工具类似，左侧为功能导航区，右侧为代码编辑界面。

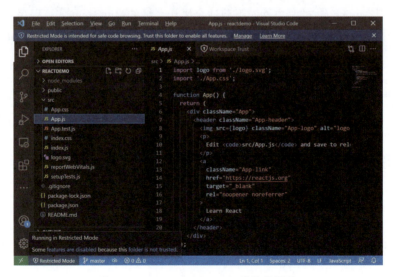

图2-10　Visual Studio Code 的编辑界面

2.2.5 测试环境

环境搭建完成后，建议进行一些简单的测试以确保一切正常工作。可以编写一个简单的Python脚本，尝试导入一些已安装的库（如TensorFlow），并运行一些基本的操作来验证环境配置是否正确。

如图 2-11 所示，可以在 VS Code 的插件栏搜索并安装 Python 语言相关的插件，通过单击最左侧的"插件"栏，能切换到插件管理界面安装或配置插件。

图 2-11　在 VS Code 的插件栏搜索并安装 Python 语言相关的插件

通过使用 Miniconda，可以轻松搭建一个适合大模型开发的 Python 环境。Miniconda 不仅提供了方便的包管理功能，还集成了许多科学计算库，使大模型的开发更加高效。需要定期更新 Conda 环境和库，以保持软件的最新状态和兼容性。

2.3　深度学习框架概览：TensorFlow 与 PyTorch

在深度学习的世界里，选择合适的框架对大模型的构建、训练和部署至关重要。目前，TensorFlow 和 PyTorch 是两个最受欢迎的深度学习框架，它们各自拥有独特的特性和优势。本节将对这两个框架进行简要介绍，帮助开发者了解它们的基本特点、应用场景以及如何在大模型开发中做出选择。

2.3.1　TensorFlow

图 2-12 所示为 TensorFlow 的开发生态，包括了核心部分的计算图和 TensorFlow 运行时环境；API 部分包括更高层次的接口封装 Keras API、Estimator API，面向 JavaScript 环境的 TensorFlow.js，面向移动端环境的 TensorFlow Lite；工具部分包括监控工具 TensorBoard，部署工具 TensorFlow Serving，模型管理工具 TensorFlow Hub。

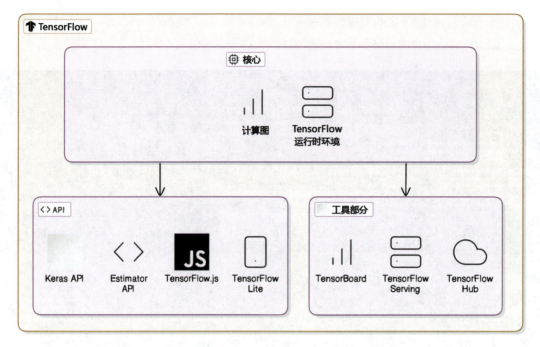

图2-12 TensorFlow的开发生态

TensorFlow的特点概述如下。

静态图与动态图结合：TensorFlow早期以静态图为核心，需要事先定义好计算图再执行。从TensorFlow 2.x开始，引入了动态图执行模式，使代码更直观、调试更便捷。

高性能计算：TensorFlow针对大规模分布式训练进行了优化，支持多种硬件加速（如GPU、TPU），并提供了丰富的API来简化分布式训练的设置。

模型部署方便：TensorFlow Serving、TensorFlow Lite等工具使训练好的模型可以方便地部署到服务器、移动设备或网页上。

生态系统丰富：TensorFlow拥有庞大的社区和丰富的生态系统，提供了大量的预训练模型、工具和库，支持从研究到生产的整个流程。

TensorFlow的应用场景如下。

TensorFlow适合需要高性能计算、大规模分布式训练及模型部署到多种平台上的项目。特别是在自然语言处理、计算机视觉等领域，TensorFlow有着广泛应用。

2.3.2 PyTorch

图2-13所示为PyTorch的开发生态，其核心部分包括具备自动微分特性的Tensor Library；网络模块则包含了分别用于处理音频数据的TorchAudio、处理视频数据的TorchVision、处理文本数据的TorchText；同时也有基于更高层次接口封装的PyTorch Lightning；作为深度学习任务的扩展和延伸，还包括数据处理工具及相关扩展包。

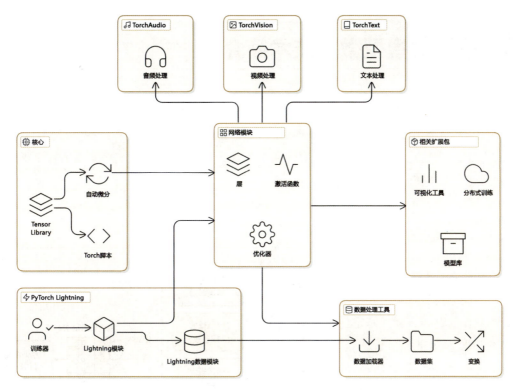

图 2-13　PyTorch 的开发生态

PyTorch 的特点概述如下。

动态图优先： PyTorch 从一开始就采用动态图机制，代码更加直观易懂，调试也更加方便。

灵活性高： PyTorch 提供了丰富的 API，允许开发者以更灵活的方式定义模型结构和训练过程。

易于上手： 对初学者来说，PyTorch 的简洁性和直观性使它更容易上手和学习。

扩展性强： PyTorch 提供了 C++ 扩展接口，允许开发者根据需要自定义底层操作，实现高效的自定义层或函数。

PyTorch 的应用场景如下。

PyTorch 特别适合那些需要快速原型设计和实验的项目。由于其灵活性和易用性，PyTorch 在学术研究、小型项目和需要快速迭代的应用场景中非常受欢迎。

2.3.3 如何选择

在选择 TensorFlow 或 PyTorch 时，开发者应考虑以下几个因素。

项目需求： 根据项目需求（如性能要求、部署平台等）选择合适的框架。

团队熟悉度： 考虑团队成员对某个框架的熟悉程度，选择大家更熟悉的框架可以减少学习成本。

社区支持： 查看框架的社区活跃度、文档完善度及生态系统的丰富程度。

未来趋势： 关注深度学习领域的最新动态，了解框架的发展趋势和潜在风险。

总之，TensorFlow 和 PyTorch 各有优势，开发者应根据项目需求和个人偏好做出选择。无论选择哪个框架，掌握其基本特性和使用技巧都是成功开发大模型的关键。

2.4 大模型微调技术简介

在大规模预训练模型（如BERT、GPT等）的基础上，微调技术已经成为提升模型性能、适应特定任务需求的重要手段。微调技术允许开发者在保持预训练模型大部分参数不变的情况下，通过在小规模特定任务数据集上重新训练模型的一部分参数，来快速适应新的任务。本节将简要介绍大模型微调技术的基本概念、流程及重要性。

2.4.1 微调技术的基本概念

微调技术基于迁移学习的思想，即以在大规模通用数据集上预训练的模型参数作为起点，针对特定任务的小规模数据集进行参数调整。由于预训练模型已经学习了丰富的语言知识和上下文信息，因此微调能够更快地收敛，并且通常需要较少的训练数据和计算资源。如图2-14所示，大模型微调包括两种方式：

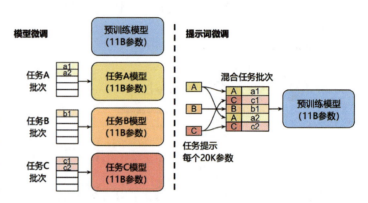

图2-14 大模型微调的两种方式

模型微调和提示词微调。模型微调使用特定数据集对预训练模型进行微调，使模型满足特定任务的推理需要；而提示词微调则通过修改精心设计的提示词，使模型满足多种混合任务的推理要求。

2.4.2 微调技术的流程

微调技术的流程通常包括以下几个步骤。

选择预训练模型：根据任务需求选择合适的预训练模型。不同的预训练模型在不同的任务上可能表现出不同的性能。

准备数据集：收集并标注特定任务的数据集。这些数据集通常比预训练时使用的数据集规模小得多，但针对特定任务进行了精心设计和标注。

修改模型结构（可选）：根据任务需求，可能需要对预训练模型的结构进行微调，如添加特定任务的输出层、调整模型参数等。

设置训练参数：包括学习率、批量大小、训练轮次等，这些参数需要根据具体任务和数据集进行调整以优化训练过程。

开始训练：在特定任务的数据集上重新训练模型的部分参数。通常，预训练模型的底层参数会被冻结，只重新训练顶层参数或新添加的特定任务层参数。

评估与调优：在验证集上评估微调后的模型性能，并根据评估结果进行必要的调优操作。

2.4.3　微调技术的重要性

微调技术在大模型开发中扮演着至关重要的角色。它不仅能够显著提升模型在特定任务上的性能，还能够减少模型训练所需的时间和计算资源。此外，微调技术还使预训练模型的应用范围更加广泛，能够覆盖更多的实际场景和需求。

通过微调技术，开发者可以更加灵活地利用预训练模型的优势，快速构建出针对特定任务的深度学习模型。这对于推动人工智能技术在各个领域的应用和发展具有重要意义。

2.5　实例：使用Python语言进行简单的模型微调

本节将通过一个简单的实例来演示如何使用Python语言进行模型的微调。假设已经有一个预训练的文本分类模型，现在想利用这个模型来微调它以适应一个新的文本分类任务。使用PyTorch框架作为示例，因为它以其灵活性和易用性在深度学习社区中广受欢迎。

2.5.1　准备阶段

首先，确保已经安装了PyTorch和其他必要的库（如TorchText用于数据处理）。如果未安装，可以通过pip安装。

```
pip install torch torchtext pandas
```

然后需要准备数据集。在这个实例中，假设已经有一个经过标记的文本分类数据集，该数据集包含训练集和验证集。

2.5.2　数据加载与预处理

本实例使用TorchText加载和预处理数据。这里不深入实现细节，但标准流程通常包括字段定义（用于指定数据的处理方式，如文本分词、数值化等）、数据集（用于指定数据的加载方式）和数据加载器（用于批量加载数据）。

当进行数据加载与预处理时，具体的实现方式会依赖具体项目使用的库及数据的格式。这里提供一个使用TorchText和torch.utils.data.DataLoader进行数据加载与预处理的简单示例。假设目前的数据是以CSV文件的形式提供，其中包含文本数据列和标签列。

使用以下Python代码来加载和预处理数据。

```python
import pandas as pd
import torch
from torch.utils.data import Dataset, DataLoader
from torchtext.data.utils import get_tokenizer
from torchtext.vocab import build_vocab_from_iterator

# 假设 CSV 文件名为 'data.csv'，包含两列：'text' 和 'label'
class TextClassificationDataset(Dataset):
    def __init__(self, csv_file, tokenizer=None, max_len=512):
        self.data = pd.read_csv(csv_file)
        if tokenizer is None:
            # 这里使用简单的空格分词，但在实际应用中可能需要更复杂的分词器
            tokenizer = get_tokenizer('basic_english')
        self.tokenizer = tokenizer
        self.max_len = max_len

        # 构建词汇表（这里仅作为示例，在实际应用中可能需要更复杂的处理）
        self.vocab = build_vocab_from_iterator(
            (token for text in self.data['text'] for token in tokenizer(text)),
            specials=["<unk>", "<pad>", "<bos>", "<eos>"] # 特殊标记
        )

        # 将文本和标签转换为张量（这里仅展示思路，实际转换应在 __getitem__ 中进行）

    def __len__(self):
        return len(self.data)

    def __getitem__(self, idx):
        text = self.data.iloc[idx, self.data.columns.get_loc('text')]
        label = self.data.iloc[idx, self.data.columns.get_loc('label')]

        # 分词
        tokens = self.tokenizer(text)
        # 这里可以添加截断、填充等操作来确保所有文本长度一致
        # 但由于使用的是 BERT 等预训练模型，通常会在模型内部处理这些细节
        # 在实际应用中，这里会调用预训练模型的分词器（如 BertTokenizer）来处理 text
        # 并使用模型特定的标记（如 [CLS]、[SEP]、[PAD]、[UNK]）
        # 假设已经有处理好的 tokens（实际上是 token ids），并且已经做了截断 / 填充
        # tokens_tensor = …  # 这应该是由分词器处理后的结果，并转换为张量
        # label_tensor = torch.tensor(label, dtype=torch.long)

        # 注意：以下两行是伪代码，仅用于说明 __getitem__() 方法应该如何返回数据
        # 在实际应用中，需要返回 tokens_tensor 和 label_tensor
        return None, None  # 替换为实际的张量
```

```
# 使用 DataLoader
dataset = TextClassificationDataset('data.csv')
dataloader = DataLoader(dataset, batch_size=32, shuffle=True)

# 遍历 DataLoader 将执行 dataset 的 __getitem__() 方法
for texts, labels in dataloader:
    # 在这里处理数据
    pass
```

注意：上述代码有几个重要说明。

TextClassificationDataset 类是一个自定义的 Dataset 类，它继承自 torch.utils.data.Dataset。需要根据具体数据格式来调整这个类的实现。

在 __init__() 方法中，示例创建了一个简单的分词器（基于空格的分词，英文文本通常不够准确，在实际应用中建议使用如 spaCy、NLTK 或预训练模型自带的分词器）。

示例构建了一个简单的词汇表，但在实际应用中，可能需要根据预训练模型的要求构建词汇表（或直接使用预训练模型提供的词汇表）。

__getitem__() 方法应该返回处理后的文本数据和标签。示例中返回了 None，因为具体的文本处理（如分词、转换为 token ids、截断/填充等）需要根据预训练模型和分词器来实现。

示例使用了 DataLoader 批量加载数据，并设置了 batch_size 和 shuffle 参数。

在实际应用中，需要使用预训练模型提供的分词器来处理文本数据，并将文本转换为模型可以理解的格式（通常是 token ids 的张量表示）。此外，可能还需要对文本进行截断或填充操作，以确保每个批次中的文本长度一致。这些操作通常可以在 __getitem__() 方法中完成，但具体实现取决于使用的预训练模型和分词器。

2.5.3　加载预训练模型

假设使用的是 BERT 这样的预训练模型。在 PyTorch 中，可以使用 Transformers 库（由 Hugging Face 公司提供）来加载预训练模型。首先，安装 Transformers 库。

```
pip install transformers
```

然后，加载预训练模型。以下是一个简化的代码示例，用于加载 BERT 模型。

```
from transformers import BertTokenizer, BertForSequenceClassification
# 加载预训练的 BERT 模型和分词器
model_name = 'bert-base-uncased'
tokenizer = BertTokenizer.from_pretrained(model_name)
model = BertForSequenceClassification.from_pretrained(model_name, num_labels=num_labels)
# num_labels 是分类任务中的类别数
```

在微调之前，需要根据任务对模型进行一些修改，如添加自定义的输出层。然而，在本例中，假设预训练模型已经有适合任务的输出层。

设置训练循环微调模型。这通常涉及定义损失函数、优化器，并在每个训练周期（epoch）中选

代数据加载器，计算损失，执行反向传播，并更新模型参数。

在微调过程中，需要定义一个优化器来更新模型的权重，以及定义一个损失函数来衡量模型预测与实际标签之间的差异。以下为 PyTorch 示例。

```python
import torch
import torch.nn as nn
import torch.optim as optim

# 定义损失函数和优化器
criterion = nn.CrossEntropyLoss() # 适用于多分类问题的损失函数
optimizer = optim.Adam(model.parameters(), lr=1e-5)
# 使用 Adam 优化器，学习率设为 1e-5
```

接下来，编写一个训练循环，该循环将迭代数据加载器中的每个批次，执行前向传播、计算损失、执行反向传播并更新模型参数。以下仅展示核心部分。

```python
# 假设我们有一个 DataLoader 实例名为 train_dataloader
device = torch.device("cuda" if torch.cuda.is_available() else "cpu")
model.to(device)

model.train() # 设置模型为训练模式

for epoch in range(num_epochs):
    for inputs, labels in train_dataloader:
        # 将数据和标签移动到正确的设备（CPU 或 GPU）
        inputs, labels = inputs.to(device), labels.to(device)

        # 清除之前的梯度
        optimizer.zero_grad()

        # 前向传播
        outputs = model(inputs, labels=None) # 注意：某些模型可能需要不同的输入格式
        loss = criterion(outputs, labels)

        # 反向传播和优化
        loss.backward()
        optimizer.step()

    # 在每个 epoch 结束时，可以在验证集上进行评估（这里省略）
```

注意：上述代码是一个简化的示例，需要根据实际使用的具体模型和 DataLoader 的配置进行调整。特别是，model(inputs, labels=None) 这一行可能需要根据模型 API 进行调整，因为不是所有的模型都接受 labels 作为输入参数。

2.5.4 微调时的注意事项

在进行模型微调时，需要注意一些要点，如表2-1所示。

表2-1　微调时的注意要点说明

要点	说明
学习率	微调时通常使用较小的学习率，因为预训练模型已经在一个大型数据集上进行了训练，要避免破坏已经学习到的良好表示
冻结层	在微调初期，可以考虑冻结预训练模型的部分层（尤其是底层），只训练顶层或新添加的层。这有助于模型更快地适应新任务，同时保留预训练模型的有用特征
批量大小	由于计算资源的限制，批量大小需要根据实际情况进行调整。较小的批量大小可能会导致训练过程更加不稳定，但较大的批量大小可能会消耗更多的内存
早停法	为了防止过拟合，可以使用早停法（Early Stopping）在验证损失不再下降时提前停止训练
正则化	考虑使用L2正则化、Dropout等技术来防止过拟合
数据增强	对于文本数据，可以通过同义词替换、回译等方式进行数据增强，以增加模型的泛化能力
监控指标	除了准确率外，还可以监控召回率、F1分数等指标来全面评估模型性能

通过遵循上述步骤和注意事项，可以有效地使用Python语言进行模型的微调工作。需要注意的是，每个项目和任务都有其独特性，因此在实际操作中可能需要根据具体情况进行调整和优化。

2.5.5 评估与部署

训练完成后，应该在测试集上评估模型的性能，以验证其泛化能力。如果模型表现良好，可以考虑将其部署到实际应用中。部署的具体方式取决于应用场景，可能包括将模型导出为特定格式、集成到Web服务中或嵌入到移动应用中。

在机器学习中，评估模型的性能是开发过程中的一个重要步骤，而部署模型则是将训练好的模型应用到实际场景中的关键过程，大模型也不例外。下面分别提供评估环节与部署环节的示例代码框架。

1. 评估环节

评估模型通常涉及在验证集或测试集上运行模型，并计算一些性能指标，如准确率（Accuracy）、召回率、F1分数等。以下是一个使用PyTorch框架的简单评估示例。

```
import torch
from sklearn.metrics import classification_report, accuracy_score

# 假设 model 是模型实例，已经加载了训练好的权重
```

```
# 假设 test_loader 是测试集 DataLoader 实例

model.eval()                                    # 设置模型为评估模式
true_labels = []
pred_labels = []

with torch.no_grad():                           # 在评估模式下关闭梯度计算，节省内存和加速计算
    for inputs, labels in test_loader:
        outputs = model(inputs)                 # 前向传播获取预测结果
        _, predicted = torch.max(outputs.data, 1) # 获取预测标签
        true_labels.extend(labels.tolist())
        pred_labels.extend(predicted.tolist())

# 计算性能指标
accuracy = accuracy_score(true_labels, pred_labels)
report = classification_report(true_labels, pred_labels)

print(f"Accuracy: {accuracy}")
print(report)
```

注意：上述代码示例使用了 sklearn.metrics 中的函数来计算性能指标，但输入需要先转换为 NumPy 数组或列表形式。PyTorch 本身也提供了一些性能指标计算的功能，但在本例中为了简化使用了 sklearn。

2. 部署环节

部署模型的方式取决于实际的应用场景。这里给出两种常见部署方式的概念性框架。

集成到 Web 服务中：可以使用 Flask、Django 等 Web 框架将模型封装为一个 API 服务。用户可以通过 HTTP 请求发送数据到服务器，服务器调用模型进行预测，并返回预测结果。

```
from flask import Flask, request, jsonify
import torch

app = Flask(__name__)

@app.route('/predict', methods=['POST'])
def predict():
    # 假设这里有一个函数 load_model() 用于加载模型，且 model 是一个全局变量
    # model = load_model()

    data = request.get_json() # 假设客户端发送的是 JSON 格式的数据
    # 这里需要对 data 进行处理，转换成模型可以接受的输入格式
    # processed_data = …

    with torch.no_grad():
        prediction = model(processed_data) # 假设 model 的前向传播已经能够处理单个样本
```

```
        predicted_label = torch.argmax(prediction).item()

        return jsonify({'prediction': predicted_label})

if __name__ == '__main__':
    app.run(debug=True)
```

注意：上述代码是一个简化的示例，实际部署时需要考虑更多的细节，如错误处理、安全性、性能优化等。

集成到现有系统中：如果模型需要集成到一个已有的系统中（如一个大型应用、数据库驱动的网站等），可能需要将模型预测的逻辑编写为系统可以调用的函数或模块。这种方式的具体实现会依赖系统架构和编程语言，这里不再举例说明。

无论哪种部署方式，都需要确保模型能够稳定、高效地运行，并且能够处理实际应用中可能出现的各种情况。在部署之前，充分的测试是必不可少的。

2.5.6 要点回顾

综上所述，大模型微调的核心步骤包括以下内容。

（1）将原始文本数据转换为模型可处理的格式（分词、转换为模型输入所需的格式）。

（2）前向传播：将处理后的数据输入模型，获取预测结果。

（3）计算损失：使用适当的损失函数（如交叉熵损失）计算真实标签与预测标签之间的差异。

（4）反向传播：通过优化器（如 Adam）执行反向传播，更新模型参数。

（5）验证：在每个训练周期结束时，在验证集上评估模型性能，以监控训练过程。

（6）部署集成：将模型保存为二进制文件后，在应用中加载并预测。

2.6 本章小结

本章深入探讨了使用 Python 语言进行大模型开发的多个关键环节，从搭建 Python 开发环境、了解深度学习框架（如 TensorFlow 与 PyTorch）到掌握大模型微调技术，每一步都为实现高效、精准的大模型构建与应用奠定了坚实的基础。通过实例的展示，不仅理论联系实际，还亲身体验了模型微调的全过程，从数据加载与预处理到模型评估与部署，每一步操作都更加贴近人工智能技术的核心。

在数据科学和人工智能发展日新月异的今天，掌握这些关键技能对于推动技术进步、解决实际问题至关重要。希望读者继续深化对这些技术的理解和应用，不断探索和创新，为人工智能领域的发展贡献自己的力量。未来，随着技术的不断进步和应用场景的拓展，相信大模型将在更多领域发挥巨大潜力，为社会带来更加深远的影响。

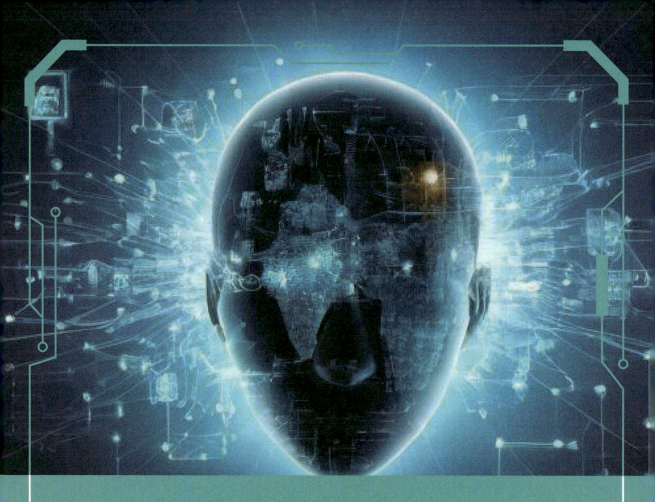

02

大模型
训练与加速

    随着人工智能技术的飞速发展，大模型已成为推动深度学习领域进步的关键力量。然而，大模型的训练过程复杂且耗时，对计算资源提出了极高的要求。为了应对这一挑战，以下将深入探讨大模型训练的高效方法与硬件加速技术。本部分将引领读者了解大模型训练的最新趋势，掌握如何通过利用优化算法、高性能硬件等手段来显著提升训练效率。

第 3 章

训练加速常用硬件

在人工智能大模型的训练过程中,计算资源的有效利用是加速训练过程、缩短开发周期的关键因素之一。GPU作为并行计算的重要硬件平台,因其强大的浮点运算能力和高度并行化的架构,成为加速深度学习训练的首选硬件。本章将详细介绍GPU的架构与编程模型,为理解如何利用GPU加速大模型训练奠定基础。

本章涉及的主要知识点如下。

◆ GPU架构与编程模型。

◆ CUDA编程模型与GPU内存管理。

◆ 大模型训练中的GPU优化。

注意:本章内容不包含TPU等其他异构加速硬件的介绍。

3.1 GPU 架构与编程模型

图 3-1 所示为 NVIDIA TESLA 系列 GPU，采用标准 PCIe 接口设计，可直接安装在主板的 PCI Express 扩展插槽上。

图形处理器（Graphics Processing Unit，GPU）又称显示核心、视觉处理器、显示芯片，是一种专门在个人计算机、工作站、游戏机和一些移动设备（如平板电脑、智能手机等）上进行图像和图形相关运算工作的微处理器。

图 3-1　NVIDIA TESLA 系列 GPU

在深入探讨大模型训练加速的硬件基础之前，理解 GPU 的架构和编程模型对开发者来说是至关重要的。GPU 最初设计用于处理图形和图像的渲染，但随着时间的推移，它已经演变成一种强大的并行计算设备，特别适合用于深度学习中大模型的训练。

3.1.1　GPU 架构概述

并行处理能力： 与 CPU 相比，GPU 具备更强的并行处理能力，如图 3-2 所示，虽然 GPU 的单个计算核心没有 CPU 强大，但其核心数量远超 CPU，GPU 的核心数量通常都是 CPU 的上百甚至上千倍。GPU 就像一个工厂，这些核心就好比工厂里的工人，它们可以同时处理很多任务，这就是 GPU 擅长处理并行任务的原因。

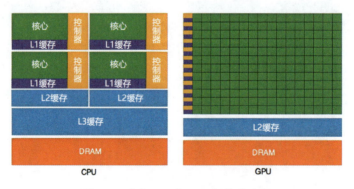

图 3-2　现代 CPU 与 GPU 架构的对比

以目前主流硬件为例：NVIDIA RTX 4090 GPU 拥有 16384 个 CUDA 核心，单个 CUDA 核心的频率为 2.28～2.52 GHz，而 Intel® Core™ i9 CPU 通常仅配备 8～24 个内核，但单个内核的频率为 2.4～6.2 GHz。

内存带宽： GPU 内存带宽是指 GPU 内存与 GPU 之间交换数据的速度。想象一下，工厂需要原材料来生产产品，GPU 的内存带宽就像是原材料的运输带，带宽越大，原材料运输速度越快，生产效率也就越高。图 3-3 所示为 GPU 中的数据流转，这里的内存带宽是指流转路线中的数据传输速度，图中受带宽制约的环节有数据传输、渲染输出、数据保存。

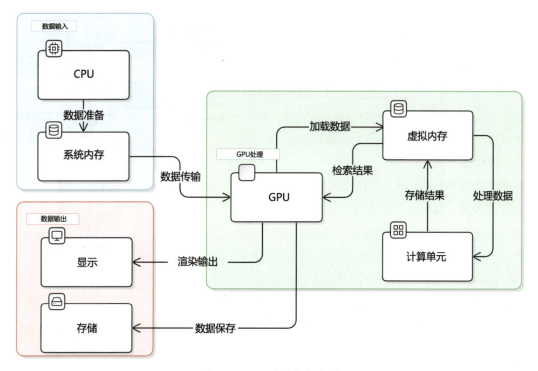

图 3-3 GPU 中的数据流转

同样以 NVIDIA RTX 4090 为例，其内存带宽高达 1008.0 GB/s，而 Intel® Core™ i9 的最大内存带宽可以达到 89.6 GB/s。

注意：以上设备的数据统计日期截至 2024-08-17，具体性能指标以厂家实际发布为准。

流处理器： 流处理器（Stream Processors，SPs）是指直接将多媒体的图形数据流映射到处理单元上进行计算的过程。在 GPU 中，流处理器是执行计算任务的"工人"。它们是 GPU 能够快速完成复杂计算的关键。图 3-4 所示为流处理过程，数据源的数据通过批量处理的方式传输给 Streamz 核心，经过数据预处理与数据转换后，同样通过批量处理的方式传输给下一阶段。

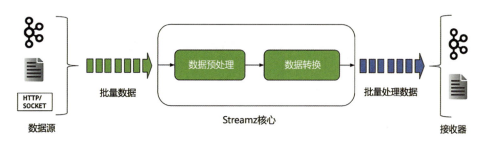

图 3-4 流处理过程

3.1.2 GPU 编程模型

GPU（图形处理器）在现代计算体系中扮演着关键角色，其编程模型的设计旨在高效利用 GPU 的并行计算能力。与 CPU 编程模型不同，GPU 编程模型更侧重于数据并行和任务并行，以应对大规模数据处理和复杂计算任务的需求。图 3-5 所示为 GPU 数据处理流程。

GPU编程模型的核心要素包括并行执行单元、线程与线程块、内存层次结构、数据并行与任务并行、同步与通信，下面分别展开介绍。

并行执行单元： GPU内部包含大量的并行执行单元，这些单元可以同时处理多个数据项或任务。开发者通过编写并行算法，将计算任务分配给这些执行单元，以实现计算加速。

线程与线程块： 在GPU编程模型中，计算任务通常被组织成线程（Thread）和线程块（Block）的形式。线程是最小的执行单元，而线程块则是由多个线程组成的集合。线程块可以在GPU的流多处理器（Streaming Multiprocessor，SM）上并行执行，从而充分利用GPU的并行计算能力。

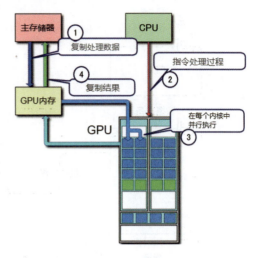

图 3-5　GPU 数据处理流程

内存层次结构： GPU具有复杂的内存层次结构，包括全局内存、共享内存、常量内存和纹理内存等。每种内存类型都有其特定的访问速度和容量限制，开发者需要根据计算任务的需求来合理分配和使用内存资源。

数据并行与任务并行： GPU编程模型支持数据并行和任务并行两种并行计算模式。数据并行是指对大量独立的数据项进行相同的操作，而任务并行则是指将复杂的计算任务分解成多个子任务，并在不同的执行单元上并行执行。

同步与通信： 在GPU编程中，线程之间的同步和通信是一个重要问题。开发者需要确保线程在执行过程中能够正确地同步和交换数据，以避免数据竞争和错误。

3.1.3　CUDA核心概念

核函数： 核函数（Kernel）是CUDA编程中的主角。顾名思义，核函数就是指在核心上执行的函数。核函数如同工作指令，指示GPU上的所有线程如何执行任务。以下是一个简单的CUDA核函数示意代码，展示了在GPU上计算a+b的过程。

```
// 包含 CUDA 运行时的头文件
#include <cuda_runtime.h>
// CUDA 核函数定义
__global__ void addVectors(float *a, float *b, float *c, int n) {
    // 计算当前数据的索引
    int index = threadIdx.x + blockIdx.x * blockDim.x;
    if (index < n) {
        c[index] = a[index] + b[index];
    }
}
```

线程同步：在CUDA程序中，由于很多线程同时工作，需要确保它们协同工作，就像指挥交通一样，避免冲突和延误。线程同步是CUDA编程的一个重要概念，特别是在多个线程需要协作完成一个任务时。CUDA提供了多种同步机制，以确保线程在执行过程中协调一致。

1. __syncthreads() 函数

__syncthreads()是CUDA编程中最基础的线程块级同步原语，用于同步同一线程块内的所有线程。当一个线程执行__syncthreads()函数时，它会等待，直到同一线程块内所有线程都到达这个同步点。这通常用于确保所有线程在访问共享内存之前，都已经完成了对它的写入操作，下面这段代码展示了__syncthreads()函数的用法。

```
__global__ void kernelExample() {
    int tid = threadIdx.x;
    __shared__ float sharedData[256];
    // 每个线程写入共享内存
    sharedData[tid] = tid;
    // 同步点：所有线程必须在此等待，直到所有写入完成
    __syncthreads();
    // 所有线程都同步后，可以安全地读取共享内存
    if (tid == 0) {
        // 例如：执行某种基于共享数据的计算
    }
}
```

2. __threadfence_block() 函数

在CUDA编程中，线程间的同步是一个至关重要的问题。为了确保数据的一致性和计算的正确性，CUDA提供了一系列同步函数，其中__threadfence_block()是专门用于线程块内线程同步的函数。__threadfence_block()函数的作用是确保在调用它之前所有线程块内全局内存或共享内存的写入操作，对于调用它之后同一线程块内的所有线程都是可见的。简言之，它设置了一个屏障，使所有线程在执行到同步点时都必须等待，直到线程块内的所有线程都完成了之前的写入操作。

__threadfence_block()函数的使用场景如下。

共享内存同步：在CUDA程序中，共享内存是线程块内线程之间共享的数据存储区域。由于共享内存的访问速度非常快，因此经常被用于线程间的数据交换。然而，如果没有适当的同步机制，就可能导致数据竞争和不一致的问题。该函数可以确保在访问共享内存之前，所有线程都完成了对共享内存的写入操作，从而避免数据竞争。

全局内存写入同步：在某些情况下，线程块内的线程可能需要向全局内存写入数据，并且希望确保这些写入操作在继续执行之前对所有线程都是可见的。该函数可以实现这一目的，确保全局内存的写入操作在线程块内同步。

以下示例代码展示了在CUDA编程中全局内存写入同步的过程。

```
__global__ void exampleKernel(int *d_data) {
    __shared__ int sharedData[256];
    int tid = threadIdx.x;

    // 每个线程写入共享内存
    sharedData[tid] = tid;

    // 线程同步，确保所有线程都完成了对共享内存的写入
    __threadfence_block();

    // 现在可以安全地读取共享内存中的数据
    int value = sharedData[tid];

    // 将读取到的值写入全局内存
    d_data[tid] = value;
}
```

在示例中，每个线程首先向共享内存写入一个值，然后调用__threadfence_block()函数来确保所有线程都完成了写入操作。最后，线程可以安全地读取共享内存中的数据，并将其写入全局内存。

注意：__threadfence_block()函数只在线程块内部起作用，它不会等待其他线程块中的线程。使用__threadfence_block()函数会增加线程同步的开销，因此应该谨慎使用，只在必要时调用。在使用__threadfence_block()函数时，需要确保所有线程都会执行到同步点，否则可能会导致死锁或其他同步问题。

3. __threadfence_system() 函数

除了之前提到的__threadfence_block()函数用于线程块内的同步外，CUDA还提供了__threadfence_system()函数，用于实现更广泛的系统级同步。

__threadfence_system()函数的作用是确保在调用它之前所有全局内存的写入操作，对于所有CUDA流中所有GPU上的所有线程都是可见的。简言之，它设置了一个系统级的屏障，使所有线程在执行到同步点时都必须等待，直到所有之前的全局内存写入操作都完成了对所有线程的可见性更新。

__threadfence_system()函数的使用场景如下。

跨流同步： 在CUDA程序中，流是用于管理并发执行的一种机制。不同的流可以独立地执行计算任务和数据传输操作，但它们之间可能共享全局内存。为了确保一个流中的全局内存写入操作对另一个流中的线程可见，可以使用__threadfence_system()函数进行同步。

多GPU同步： 在涉及多个GPU的CUDA程序中，可能需要确保一个GPU上的全局内存写入操作对另一个GPU上的线程可见。__threadfence_system()函数同样适用于这种跨GPU的同步场景。

注意：__threadfence_system()函数的作用范围非常广，因此它可能会引入较大的同步开销。在实际应用中，应谨慎使用，避免不必要的性能损失。由于__threadfence_system()函数会阻塞所有CUDA流和设备上的线程，因此在使用时需要确保所有相关线程都已经执行到同步点，否则可能会导致死锁或其他同步问题。在

大多数情况下，__threadfence_system() 函数并不是必需的。开发者应优先考虑使用更细粒度的同步机制（如 __threadfence_block() 函数或 CUDA 事件）来优化性能。

由于 __threadfence_system() 函数的使用场景相对较少且可能引入较大的性能开销，因此在实际编程中很少直接调用它。为了说明其工作原理，下面是一个简化的示例代码框架，展示了 __threadfence_system() 函数的使用方法。

```
__global__ void kernel1(int *d_data) {
    // 执行一些计算并将结果写入全局内存
    d_data[threadIdx.x] = some_computation();

    // 系统级同步，确保所有之前的全局内存写入操作对所有线程可见
    __threadfence_system();
}


__global__ void kernel2(int *d_data) {
    // 在 kernel1 的所有全局内存写入操作完成后读取数据
    int value = d_data[threadIdx.x];
    // 执行后续计算
}

// 主函数中启动两个内核
kernel1<<<1, N>>>(d_data);
kernel2<<<1, N>>>(d_data);
```

在这个示例中，kernel1 将所有计算结果写入全局内存，并通过 __threadfence_system() 函数确保这些写入操作对所有线程可见。然后，kernel2 在读取全局内存中的数据之前等待 __threadfence_system() 函数同步完成。需要注意的是，这个示例仅用于说明 __threadfence_system() 函数的工作原理，并不代表最佳实践。在实际应用中，应根据具体需求选择合适的同步机制。

4. __threadfence() 函数

在 CUDA 提供的一系列同步函数中，__threadfence() 是一个较为特殊且较少直接使用的函数，它的作用范围和行为依赖上下文环境。

__threadfence() 函数本身并不直接提供明确的同步范围。实际上，它是一个占位符函数，其行为和效果取决于编译时的指令或上下文设置。在某些情况下，__threadfence() 函数可能会被解释为 __threadfence_block() 或 __threadfence_system() 函数，但这不是由函数本身决定的，而是由编译环境或特定的 CUDA 版本和配置决定的。

使用场景：由于 __threadfence() 函数的行为具有不确定性，因此在编写 CUDA 程序时，通常不推荐直接使用它。相反，开发者应该根据具体的同步需求，明确选择 __threadfence_block() 或 __threadfence_system() 等具有明确同步范围的函数。

然而，在某些特定的编程环境或高级用法中，__threadfence() 函数可能会被用作一种灵活的同

步机制，允许开发者通过编译时选项或运行时配置来动态地改变同步范围。这种用法较为罕见，并且要求开发者对CUDA的编译和运行环境有深入了解。

注意：在大多数情况下，应避免直接使用 __threadfence() 函数，而是选择具有明确同步范围的 __threadfence_block() 或 __threadfence_system() 函数。如果确实需要使用 __threadfence() 函数，务必深入了解编译环境和运行时配置，确保其行为符合预期。同步操作通常会对性能产生影响，因此在选择同步函数时，应权衡同步需求和性能开销。

由于 __threadfence() 函数的实际行为取决于上下文环境，以下示例代码仅用于说明其可能的用法（注意：这并非CUDA编程中的推荐做法）。

```
__global__ void exampleKernel(int *d_data) {
    // 假设某些条件下需要动态选择同步范围
#ifdef USE_BLOCK_SYNC
    __threadfence_block();
#elif defined(USE_SYSTEM_SYNC)
    __threadfence_system();
#else
    // 注意：以下用法并不推荐，仅用于说明
    __threadfence();
#endif

    // 继续执行后续计算
}
```

在这个假设性的示例中，通过预处理器指令来选择不同的同步函数。然而，在实际编程中，更推荐的做法是根据具体需求直接选择适当的同步函数，而不是依赖 __threadfence() 这种具有不确定性的函数。

总之，在CUDA编程中，__threadfence() 并不是一个常用的同步函数，其行为依赖上下文环境。开发者在编写CUDA程序时，应明确选择具有明确同步范围的同步函数，以确保程序的正确性和性能。

3.2 CUDA编程模型与GPU内存管理

CUDA是NVIDIA推出的一种并行计算平台和编程模型，它使开发者能够利用NVIDIA GPU的强大计算能力来加速计算密集型任务，如深度学习模型的训练。在CUDA编程中，理解其编程模型与GPU内存管理机制是高效利用GPU资源的关键。

3.2.1 CUDA编程模型

CUDA提供了细粒度GPU编程模型，它通过扩展标准编程语言（如C/C++），提供对GPU计算

资源的底层控制能力，显著提升并行计算效率。图 3-6 所示为 CUDA 并行计算平台的层次结构。

网格、线程块和线程： CUDA 编程模型的核心分为三个管理层次，由上至下分别是网格、线程块与线程。线程是执行并行计算的基本单元，而线程块则是包含一组线程的集合，网格则是由多个线程块组成。在 CUDA 中，我们将计算任务分解成很多小任务，每个小任务由一个线程执行。这些线程被组织成线程块及网格，就像将工人分成不同的团队来完成不同的部分。图 3-7 所示为 CUDA 中网格、线程块与线程的层次关系。

图 3-6　CUDA 并行计算平台的层次结构　　　　图 3-7　CUDA 中网格、线程块与线程的层次关系

内存层次结构： GPU 中的内存就像不同大小的仓库，每种内存类型都有其特定的用途和访问速度。表 3-1 为 CUDA 中的各种内存层次结构。

表 3-1　CUDA 中的各种内存层次结构

对象	英文名	说明
寄存器	Registers	寄存器是最快的存储资源，位于 GPU 核心内部。每个线程可以访问自己的寄存器。寄存器数量有限，因此过度使用寄存器可能导致资源竞争
共享内存	Shared Memory	共享内存是一种快速的片上内存，由同一线程块内的所有线程共享。它比全局内存快，但是大小有限，通常在 16KB 到 48KB 之间。共享内存用于线程块内的数据共享和通信
局部内存	Local Memory	局部内存实际上是全局内存的一部分，但是通过 L2 缓存来访问，用于存储溢出寄存器变量，访问速度较慢
全局内存	Global Memory	全局内存是 GPU 上的主要存储资源，所有线程都可以访问。它比共享内存和寄存器慢得多，但是容量大得多
常量内存	Constant Memory	常量内存是一种只读内存，用于存储所有线程都可以访问的常量数据。它通过缓存来访问，因此对于重复访问的数据来说，速度很快
纹理内存	Texture Memory	纹理内存是专门为图形渲染设计的，但也可以用于通用计算。它通过硬件加速的纹理单元来访问，可以提供高性能的数据访问

对象	英文名	说明
L2缓存	L2 Cache	L2缓存是全局内存的缓存层，用于减少对全局内存的直接访问
DRAM	Dynamic Random-Access Memory	DRAM是GPU的物理内存，所有类型的内存最终都会映射到DRAM上

图3-8所示为CUDA中各内存的层次结构。

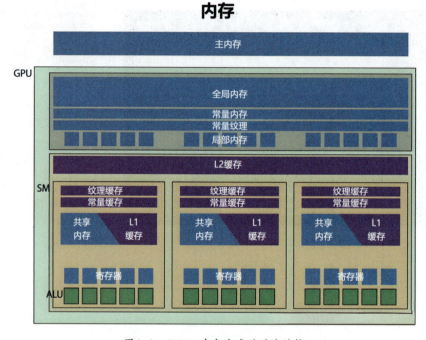

图3-8　CUDA中各内存的层次结构

在CUDA程序中，合理地使用这些不同层次的内存对于优化性能至关重要。开发者需要根据数据访问模式和算法需求来选择最合适的内存类型。

3.2.2　GPU内存管理

在CUDA程序中，有效的GPU内存管理对于实现高性能计算至关重要。GPU内存管理不仅涉及内存分配和释放，还包括数据传输、内存访问策略和内存池技术，这些都会影响程序的执行效率和稳定性。以下是对GPU内存管理的详细介绍。

1.　内存分配和释放

在CUDA程序中，开发者需要使用CUDA API在GPU上分配和释放内存。cudaMalloc()函数用于分配设备内存，而cudaFree()函数则用于释放已分配的内存。与CPU内存不同，GPU内存是有限的资源，因此合理分配和及时释放内存是避免内存泄漏和提高资源利用率的关键。

2. 数据传输

由于CPU和GPU拥有独立的内存空间，因此在进行计算之前，需要将数据从CPU内存传输到GPU全局内存（称为"拷贝到设备"，即Host-to-Device传输，简称H2D传输）。在计算完成后，也需要将数据从GPU全局内存传输回CPU内存（称为"拷贝回主机"，即Device-to-Host传输，简称D2H传输）。CUDA提供了cudaMemcpy()函数来支持这两种类型的数据传输。为了提高数据传输效率，开发者可以采取多种策略，如批量传输、异步传输等。

3. 内存访问策略

在GPU上，不同的内存类型具有不同的访问速度和容量限制。因此，开发者需要根据具体需求选择合适的内存访问策略，以优化计算性能。例如，对于需要频繁访问的小规模数据，可以使用共享内存来提高访问速度；对于大规模数据，通常使用全局内存进行存储和访问。此外，还可以通过优化数据布局、减少内存访问冲突等方式来提高内存访问效率。

4. 内存池技术

为了进一步提高内存使用效率，在CUDA编程中还可以采用内存池技术。内存池是一种预先分配一定量内存的技术，当程序需要分配内存时，可以从内存池中快速获取，而不需要每次都调用内存分配函数。这样可以减少内存分配和释放的开销，提高程序执行效率。在CUDA程序中，开发者可以实现自己的内存池来管理GPU内存。

注意：

（1）内存对齐：在GPU上，某些内存操作要求数据对齐到特定的边界。因此，在分配内存和传输数据时，需要注意数据对齐问题，以避免性能下降或错误。

（2）错误检查：CUDA API调用可能会返回错误代码。开发者应该定期检查这些错误代码，以确保程序能够正确处理各种异常情况。

（3）资源管理：在CUDA程序中，需要合理管理GPU资源，如线程、内存等。过度使用资源可能导致性能下降或系统崩溃。

GPU内存管理是CUDA编程中的重要组成部分。通过合理的内存分配和释放、高效的数据传输、优化的内存访问策略及采用内存池技术等方式，可以显著提高CUDA程序的执行效率和稳定性。在深度学习模型的训练中，有效的GPU内存管理对于加速训练过程、提高模型性能具有重要意义。

3.3 大模型训练中的GPU优化

在深度学习领域，大模型的训练往往伴随着巨大的计算需求，而GPU凭借其强大的并行处理能力，成为加速这一过程的理想选择。然而，仅仅依赖GPU的硬件优势并不足以实现最优的训练性能。在大模型训练中，通过合理的GPU优化策略，可以进一步提升训练效率，缩短训练时间。

3.3.1 数据并行与模型并行

在深度学习领域，大模型的训练往往伴随着巨大的计算需求。为了充分利用GPU的计算能力和加速训练过程，数据并行与模型并行是两种常用的优化策略。图3-9所示为数据并行与模型并行的对比示意，数据并行见图中上方流程，将数据分成多块执行；模型并行见图中下方流程，将模型分成多个小模型，每个小模型通过数据交换与其他模型交互。

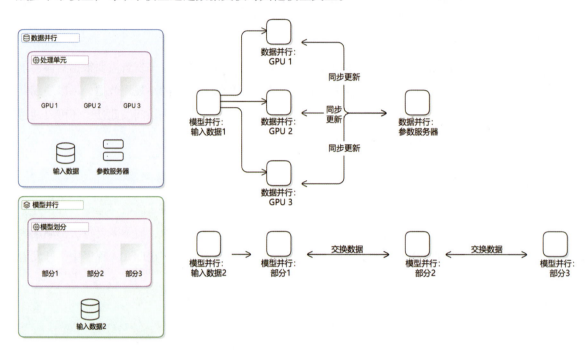

图3-9 数据并行与模型并行的对比示意

1. 数据并行

数据并行是一种将数据集分割成多个子集，并在多个GPU上并行处理这些子集的方法。每个GPU处理数据集的一个子集，执行前向传播、损失计算和反向传播等计算步骤。最后，通过某种方式（如参数平均）将各个GPU上的模型参数进行同步，以确保所有GPU上的模型保持一致。

数据并行的优点在于可以充分利用多个GPU的计算资源和加速训练过程。然而，它也存在一些挑战，如参数同步的开销、GPU间通信的延迟等。为了应对这些挑战，可以采用梯度累积、异步更新等技术来优化数据并行训练。

在PyTorch等深度学习框架中，实现数据并行相对简单。PyTorch提供了torch.nn.DataParallel和torch.nn.parallel.DistributedDataParallel等API，可以方便实现数据的并行训练。

2. 模型并行

与数据并行不同，模型并行是将模型的不同部分分配到不同的GPU上进行计算。这种策略适用于模型规模非常大，单个GPU无法容纳整个模型的情况。通过将模型分割成多个部分，每个部分分配到不同的GPU上计算，可以实现大模型的并行训练。

模型并行的实现相对复杂，因为需要考虑模型各部分之间的依赖关系和通信开销。在模型并行中，通常需要将模型的不同层或模块分配到不同的GPU上，并通过某种方式（如NVLink、PCIe等）进行GPU间的通信。

在PyTorch中，实现模型并行可以使用torch.nn.parallel.DistributedDataParallel，但需要手动指定模型各部分所在的GPU。此外，一些高级库（如Megatron-LM）也提供了更易于使用的模型并行实现。

3. 并行技术小结

数据并行与模型并行是加速大模型训练的两种重要策略。数据并行适用于数据集较大、模型规模适中的情况，可以通过多个GPU并行处理数据集的不同子集来加速训练。而模型并行则适用于模型规模非常大、单个GPU无法容纳整个模型的情况，通过将模型分割成多个部分并在多个GPU上并行计算来实现加速。在实际应用中，开发者可以根据具体需求和硬件环境选择合适的并行策略，以实现最优的训练性能。

3.3.2 内存优化

在大模型训练中，GPU内存管理是一个至关重要的方面。由于大模型通常具有庞大的参数数量和复杂的网络结构，它们往往会占用大量的GPU内存。因此，进行内存优化对于提高训练效率、避免内存溢出及实现更高效的资源利用至关重要。以下是一些在大模型训练中进行内存优化的常用策略。

1. 梯度累积

梯度累积是一种有效的内存优化技术，特别适用于批量大小受限的情况。在梯度累积中，模型不是每次迭代都更新参数，而是将多个小批量的梯度累积起来，在累积到一定次数后再进行参数更新。这样做可以减少每次迭代所需的内存量，因为不需要为每个小批量都保存完整的梯度。梯度累积的缺点是增加了参数更新的延迟，但通常这种延迟是可以接受的，特别是在训练大模型时。

2. 混合精度训练

混合精度训练（Mixed Precision Training）是指同时使用单精度浮点数（FP32）和半精度浮点数（FP16）进行训练。半精度浮点数占用更少的内存空间，因此可以显著减少内存使用。同时，通过适当的缩放和校正技术，混合精度训练还可以保持甚至提高模型的训练速度和精度。现代GPU通常支持半精度浮点数运算，因此混合精度训练是一种非常实用的内存优化策略。

3. 内存池技术

内存池技术是一种通过预先分配和重用内存来减少内存分配和释放开销的方法。在大模型训练中，频繁的内存分配和释放会导致性能下降。通过使用内存池，可以将常用的内存块预先分配好，并在需要时从内存池中快速获取和释放，从而减少内存管理的开销。图3-10所示为Python语言中使用内存池技术管理内存的示意，其中usedpools为已使用的内存池，freepools为空闲的内存池，freeblock为用完后释放的内存块，untouched为未使用的内存空间free为已释放的内存空间，allocated为已分配的内存空间。

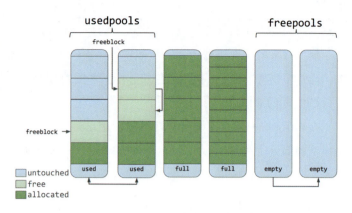

图3-10　Python语言中使用内存池技术管理内存的示意

4. 优化数据加载和预处理

数据加载和预处理是训练过程中的一个重要环节，也是内存使用的一个主要来源。通过优化数据加载和预处理流程，可以减少内存使用并提高训练效率。例如，可以使用数据增强技术在线生成训练样本，而不是事先将所有增强后的样本都加载到内存中。此外，还可以考虑使用更高效的数据格式和压缩算法来减少数据占用的内存空间。

5. 分批加载模型参数

对于非常大的模型，可能无法一次性将所有参数加载到GPU内存中。在这种情况下，可以考虑分批加载模型参数。例如，可以将模型分成多个部分，每次只加载一部分参数到GPU中进行计算，然后在计算完成后将这部分参数卸载，并加载下一部分参数。这种方法需要合理管理模型参数的分批和同步，以确保训练的正确性和效率。

3.3.3　计算优化

在大模型训练中，计算优化是提升训练效率、缩短训练时间的关键手段之一。通过优化计算过程，可以充分利用GPU的计算能力，减少不必要的计算开销，从而提高整体训练性能。以下是一些在大模型训练中进行计算优化的常用策略。

1. 算子融合

算子融合是一种将多个计算步骤合并成一个步骤的技术，以减少内存访问次数和计算开销。在大模型训练中，许多操作（如卷积、激活函数、批量归一化等）可以融合成一个复合算子，从而减少数据在GPU内存中的传输次数，提高计算效率。现代深度学习框架（如TensorFlow、PyTorch）通常提供了算子融合的功能，开发者可以通过框架的API或配置选项来启用这一功能。

2. 使用高效的计算库和算法

现代GPU通常配备了专门的计算库和算法，用于加速深度学习中的常见操作。例如，CUDA提供了cuDNN（CUDA Deep Neural Network）库，用于加速卷积神经网络中的卷积和池化等操作；cuBLAS（CUDA Basic Linear Algebra Subprograms）库则用于加速矩阵运算。使用这些高效的计算库和算法可以显著提高计算效率。此外，开发者还可以探索更先进的算法和数据结构，以进一步优化计算过程。

3. 优化数据布局和访问模式

数据布局和访问模式对计算性能有着重要影响。在大模型训练中，合理的数据布局可以减少内存访问冲突、提高缓存命中率，从而降低计算开销。例如，可以采用连续的内存布局来存储模型参数和数据，以便在GPU上进行高效的内存访问。此外，还可以通过调整数据访问顺序、使用循环展开等技术来优化数据访问模式，进一步提高计算效率。

4. 利用 GPU 的并行和异步计算能力

GPU有强大的并行计算能力，可以通过同时执行多个计算任务来加速训练过程。在大模型训练中，可以充分利用GPU的并行计算能力，通过增加批量大小、使用更多的GPU或调整模型架构等方式来提高计算效率。同时，还可以利用GPU的异步计算能力，在GPU进行计算的同时，CPU可以执行其他任务（如数据预处理、模型评估等），从而实现计算资源的最大化利用。

5. 监控和调优计算性能

最后，监控和调优计算性能是进行计算优化的重要步骤。开发者可以使用深度学习框架提供的性能分析工具（如TensorFlow Profiler、PyTorch Profiler）来监控训练过程中的计算性能瓶颈，并根据分析结果进行相应的调优。例如，可以调整模型参数、优化数据加载和预处理流程、使用更高效的计算库和算法等方式来提高计算效率。图3-11所示为带有TensorBoard的PyTorch Profiler界面，其中可以很方便地查看和统计模型训练时各环节的执行开销。

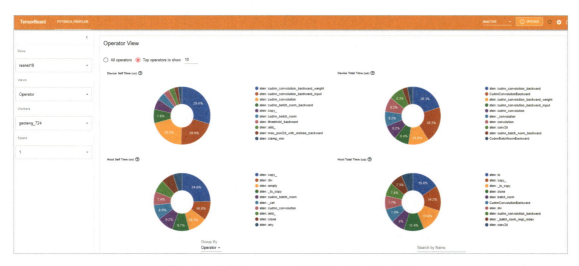

图 3-11　带有 TensorBoard 的 PyTorch Profiler 界面

3.3.4 GPU优化总结

在大模型训练中，通过合理的GPU优化策略，可以显著提升训练效率。数据并行与模型并行、内存优化及计算优化是三种常用的优化手段。开发者应根据具体需求和硬件环境选择合适的优化策略，以实现最优的训练性能。同时，随着GPU架构和深度学习框架的不断发展，新的优化技术和方法也将不断涌现，为大模型训练带来更多的可能性。

3.4 实例：使用CUDA加速大模型训练

为了更好地理解和应用大模型训练中的GPU优化策略，本节将提供一个实例，展示如何在Python语言中使用CUDA和深度学习框架（如TensorFlow或PyTorch）来加速大模型的训练。

3.4.1 实例背景

在深度学习领域，随着模型规模的不断扩大，训练过程中的计算需求也日益增长。为了加速训练过程，充分利用GPU等硬件资源变得尤为重要。本实例旨在通过一个简单的深度学习模型训练任务，展示如何利用Python语言和CUDA进行GPU加速，并介绍在实际应用中可能遇到的一些优化技巧。

实例概述：以一个简单的CNN模型为例，该模型用于图像分类任务；使用PyTorch深度学习框架，并结合CUDA来加速训练过程。通过本实例，读者将学习如何设置训练环境、定义模型结构、准备数据集、配置训练参数，并利用GPU进行模型训练。

本实例的主要目标有以下三点。

展示GPU加速的效果： 通过对比在CPU和GPU上训练模型的时间，直观展示GPU加速的优势。

实践CUDA编程： 虽然PyTorch等框架已经封装了大部分CUDA细节，但本实例将简要介绍CUDA的基本概念，帮助读者理解底层原理。

探索优化技巧： 在训练过程中，探讨一些常见的优化策略，如数据并行、混合精度训练等，以进一步提高训练效率。

3.4.2 环境准备

在进行实践之前，确保开发环境已经准备好。以下步骤将指导如何设置一个适合大模型训练的环境，包括安装必要的软件库和配置硬件资源。

步骤一： 安装Python和PyTorch。在前面的章节中已经做了介绍，这里不再赘述。

步骤二： 安装CUDA和cuDNN。通常需要从NVIDIA的官网下载对应的安装包，并按照提供的安装指南进行安装。确保安装的版本与所使用的PyTorch版本兼容。

步骤三： 配置环境变量。安装完成后，可能需要配置一些环境变量来确保系统能够定位CUDA和cuDNN库。通常包括将CUDA的安装路径添加到系统的PATH环境变量中，以及设置CUDA_HOME环境变量。

在Linux或macOS操作系统上，可以在终端中使用export命令来设置环境变量。

```
export PATH=/usr/local/cuda/bin:$PATH
export CUDA_HOME=/usr/local/cuda
```

在Windows操作系统上，可以通过系统属性中的"环境变量"设置来添加这些路径。

如果使用conda环境，则在安装完cudatookit后，系统会自动设置好环境变量。

步骤四： 验证安装。完成安装和配置后，验证环境是否设置正确。可以通过运行一些简单的CUDA程序来检查CUDA是否能够正常工作。此外，运行PyTorch提供的一些示例代码也可以帮助验证PyTorch和CUDA的安装是否成功。

在Python语言中，可以使用以下代码来检查PyTorch是否能够检测到CUDA。

```
import torch

if torch.cuda.is_available():
    print("CUDA is available. GPU count:", torch.cuda.device_count())
else:
    print("CUDA is not available.")
```

如果输出显示CUDA可用，并且GPU计数大于0，那么环境准备就绪。

步骤五： 准备数据集。在进行模型训练前，还需要准备相应的数据集。通常包括下载数据集、进行数据预处理以及划分训练集、验证集和测试集等步骤。具体的数据集准备过程取决于选择的模型和任务。

3.4.3 模型定义和数据加载

在接下来的步骤中，将定义CNN模型和数据加载器。这里使用PyTorch的内置模块来简化过程。

1. 定义模型

首先，需要定义一个CNN模型。在PyTorch中，模型通常是通过继承torch.nn.Module类来实现的。下面是一个简单的CNN模型定义示例。

```
import torch
import torch.nn as nn
import torch.nn.functional as F
```

```python
class SimpleCNN(nn.Module):
    def __init__(self):
        super(SimpleCNN, self).__init__()
        # 定义卷积层
        self.conv1 = nn.Conv2d(in_channels=1, out_channels=32, kernel_size=3, stride=1, padding=1)
        self.conv2 = nn.Conv2d(in_channels=32, out_channels=64, kernel_size=3, stride=1, padding=1)
        # 定义池化层
        self.pool = nn.MaxPool2d(kernel_size=2, stride=2, padding=0)
        # 定义全连接层
        self.fc1 = nn.Linear(64 * 7 * 7, 128) # 假设输入图像大小为 28×28
        self.fc2 = nn.Linear(128, 10) # 假设有 10 个类别

    def forward(self, x):
        # 前向传播
        x = self.pool(F.relu(self.conv1(x)))
        x = self.pool(F.relu(self.conv2(x)))
        x = x.view(-1, 64 * 7 * 7) # 展平
        x = F.relu(self.fc1(x))
        x = self.fc2(x)
        return x

# 实例化模型并移动到 GPU（如果可用）
model = SimpleCNN()
if torch.cuda.is_available():
    model.cuda()
```

2. 数据加载

接下来，需要准备用于训练的数据集。PyTorch 提供了 torchvision.datasets 和 torch.utils.data. DataLoader 来简化数据加载和预处理过程。

以 MNIST 手写数字数据集为例，可以使用以下代码来加载和预处理数据。

```python
from torchvision import datasets, transforms
from torch.utils.data import DataLoader

# 定义数据变换
transform = transforms.Compose([
    transforms.ToTensor(), # 转换为张量
    transforms.Normalize((0.1307,), (0.3081,)) # 归一化
])

# 加载训练集和测试集
train_dataset = datasets.MNIST(root='./data', train=True, download=True, transform=transform)
test_dataset = datasets.MNIST(root='./data', train=False, download=True, transform=transform)
```

```
# 创建数据加载器
train_loader = DataLoader(dataset=train_dataset, batch_size=64, shuffle=True)
test_loader = DataLoader(dataset=test_dataset, batch_size=1000, shuffle=False)
```

在上述代码中，首先定义了一个数据变换序列，包括将图像转换为张量和进行归一化处理。然后，使用datasets.MNIST加载了MNIST数据集，并为训练集和测试集分别创建了数据加载器。DataLoader会自动处理批处理、打乱数据等任务，使数据加载更加高效和便捷。

至此，已经完成了模型的定义和数据加载的准备工作。接下来，可以编写训练循环来训练模型。

3.4.4 模型训练

这一部分将使用前面定义的SimpleCNN模型和加载的MNIST数据集来训练模型。编写一个训练循环，包括前向传播、损失计算、反向传播和参数更新等步骤。同时，将利用GPU进行加速，并监控训练过程中的损失和准确率。

1. 编写训练循环

首先，需要定义损失函数和优化器。对于分类任务，常用的损失函数是交叉熵损失，而优化器可以选择Adam、SGD等。

```
import torch.optim as optim

# 定义损失函数和优化器
criterion = nn.CrossEntropyLoss()
optimizer = optim.Adam(model.parameters(), lr=0.001)
```

然后，编写训练循环。

```
num_epochs = 5  # 训练周期数

for epoch in range(num_epochs):

    model.train()  # 设置模型为训练模式
    running_loss = 0.0
    correct = 0
    total = 0

    for inputs, labels in train_loader:
        # 将数据移动到 GPU（如果可用）
        if torch.cuda.is_available():
            inputs, labels = inputs.cuda(), labels.cuda()
```

```
# 前向传播
outputs = model(inputs)
loss = criterion(outputs, labels)

# 反向传播和优化
optimizer.zero_grad()
loss.backward()
optimizer.step()

# 统计损失和准确率
running_loss += loss.item() * inputs.size(0)
_, predicted = torch.max(outputs.data, 1)
total += labels.size(0)
correct += (predicted == labels).sum().item()


epoch_loss = running_loss / total
epoch_acc = 100. * correct / total


print(f'Epoch [{epoch+1}/{num_epochs}], Loss: {epoch_loss:.4f}, Accuracy: {epoch_acc:.2f}%')
```

2. 监控训练过程

在训练过程中，在每个epoch结束后监控损失和准确率，并将它们打印出来。从而了解模型的训练进度和性能。

为了更直观地监控训练过程，可以使用TensorBoard，它是一个强大的可视化工具，能够帮助大家更好地理解模型的训练动态。

使用TensorBoard监控训练过程的步骤如下。

（1）确保已经安装TensorBoard。如果没有安装，可以通过以下命令进行安装。

```
pip install tensorboard
```

（2）导入TensorBoard库。在训练脚本的开头，导入TensorBoard所需的库。

```
from torch.utils.tensorboard import SummaryWriter
```

（3）初始化SummaryWriter。在训练循环之前，初始化一个SummaryWriter对象，用于记录数据。

```
writer = SummaryWriter('runs/simple_cnn_mnist') # 指定日志目录
```

（4）在训练循环中记录数据。在训练循环中，使用writer.add_scalar()方法来记录损失值。

```
......
epoch_loss = running_loss / total
```

```
epoch_acc = 100. * correct / total

# 记录损失和准确率到 TensorBoard
writer.add_scalar('Training/Loss', epoch_loss, epoch)
writer.add_scalar('Training/Accuracy', epoch_acc, epoch)
```

（5）启动 TensorBoard。在训练完成后或者在查看训练过程时，启动 TensorBoard。

```
tensorboard --logdir=runs/simple_cnn_mnist
```

注意：tensorboard命令的logdir参数必须与前面代码中指定的日志目录一致。

在浏览器中打开 TensorBoard 提供的 URL（通常是 http://localhost:6006），将看到一个交互式的界面，展示了训练过程中的损失和准确率变化，如图 3-12 所示。

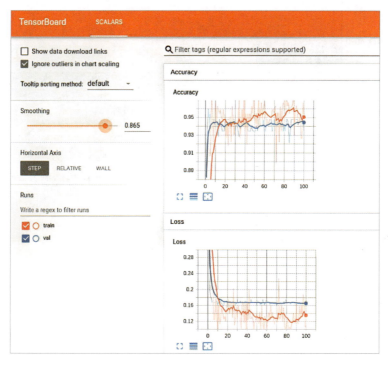

图 3-12　训练过程中的损失和准确率变化

3. 利用 GPU 加速

可以通过检查 torch.cuda.is_available() 来确定 GPU 是否可用，如果可用，可以将数据和模型移动到 GPU 上进行计算。这样会显著加速训练过程，特别是对于大型模型和数据集。实现该功能的关键代码如下。

```
if torch.cuda.is_available():
    inputs, labels = inputs.cuda(), labels.cuda()
```

PyTorch 提供了 cuda() 与 cpu() 函数，可以方便地将数据或模型移入和移出 GPU。图 3-13 所示为 CPU 与 GPU 的训练时间对比，可以看出 GPU 的运行时间显著小于 CPU 的运行时间。

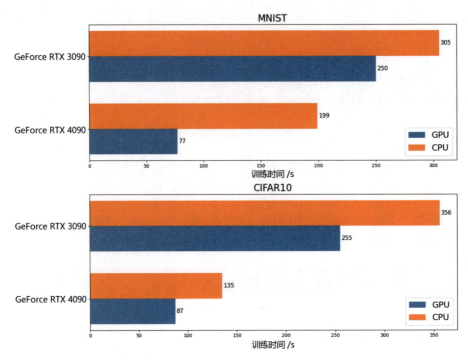

图3-13　CPU与GPU的训练时间对比

4. 测试模型

在训练完成后，还需要测试模型的性能。可以通过在测试集上运行模型并计算准确率来实现，以下代码展示了如何计算模型在测试集上的准确率。

```python
model.eval() # 设置模型为评估模式
correct = 0
total = 0

with torch.no_grad():
    for inputs, labels in test_loader:
        if torch.cuda.is_available():
            inputs, labels = inputs.cuda(), labels.cuda()
        outputs = model(inputs)
        _, predicted = torch.max(outputs.data, 1)
        total += labels.size(0)
        correct += (predicted == labels).sum().item()

print(f'Test Accuracy: {100. * correct / total:.2f}%')
```

在测试中，使用torch.no_grad()函数来禁用梯度计算，以节省内存和计算资源。

至此，已经完成了模型的训练过程，并监控了训练过程中的损失和准确率。后续可以根据需要对模型进行进一步的调优和测试。

3.4.5　实例总结

通过本次实例，深入体验了在大模型训练中利用Python语言和CUDA实现GPU加速的全过程。从环境准备、模型定义、数据加载到模型训练，系统性地演示了如何高效利用GPU资源加速深度学习任务。

1.　实例收获

环境搭建与配置： 学会如何安装Python、PyTorch及CUDA和cuDNN等必要的软件和库，并配置了环境变量，以确保系统能够正确识别和使用GPU资源。

模型定义与数据加载： 通过定义一个简单的CNN模型，并使用PyTorch的数据加载工具加载MNIST数据集，掌握模型定义和数据预处理的基本流程。

GPU加速训练： 在模型训练过程中，利用PyTorch的GPU支持，将数据和模型移动到GPU上进行计算，显著加速了训练过程。通过对比CPU和GPU的训练时间，直观感受到了GPU加速的优势。

性能监控与优化： 在训练过程中，监控了损失和准确率等性能指标，这些经验对于未来的模型训练和优化具有重要意义。

2.　实例反思

硬件资源限制： 虽然GPU加速能够显著提高训练速度，但硬件资源的限制仍然是一个不可忽视的问题。在实际应用中，可能需要考虑使用多个GPU、分布式训练等技术来进一步加速训练过程。

模型复杂度与训练效率： 随着模型复杂度的增加，训练所需的时间和资源也会显著增加。因此，在追求高性能的同时，也需要考虑模型的复杂度和训练效率之间的平衡。

数据预处理与增强： 数据预处理和增强是提高模型性能的重要手段。在未来的实例中，可以尝试更多的数据预处理和增强技术，以进一步提高模型的泛化能力和鲁棒性。

3.5　本章小结

本章内容聚焦于训练加速常用的硬件技术。随着大模型规模的日益增大，训练过程对计算资源的需求也急剧上升。本章详细介绍了GPU作为核心加速硬件的技术优势，包括其强大的并行计算能力和高效的内存管理，这些都显著加速了深度学习模型的训练过程。此外，还探讨了利用CUDA编程模型进一步优化GPU性能的方法，以及如何通过数据并行与模型并行等策略来充分利用多GPU资源，实现训练效率的进一步提升。通过本章的学习，读者能够深入了解如何利用现代硬件技术加速大模型的训练过程，为构建高性能、可扩展的深度学习训练系统奠定坚实基础。

第 **4** 章

大模型训练的硬件加速

在上一章中，介绍了 GPU 的概念，本章将进一步探讨大模型训练中的硬件加速技术，主要包括 GPU 等硬件平台的应用，以及如何利用这些硬件资源来加速大模型的训练过程。

本章涉及的主要知识点如下。

◆ GPU 加速技术的原理与实践。

◆ cuDNN 库在深度学习中的应用。

◆ cuBLAS 库与线性代数运算加速。

◆ 分布式 GPU 训练。

◆ 大模型的并行计算与内存管理。

4.1　GPU加速技术的原理与实践

在深度学习领域，GPU已成为加速大规模神经网络训练的核心硬件。GPU专为并行计算设计，其架构特性尤其适合处理大规模矩阵运算，这正是深度学习训练过程中的主要计算需求。本节将深入探讨GPU加速技术的原理，并通过实例展示如何在实际训练中应用GPU加速。

4.1.1　GPU加速技术的原理

并行处理能力：GPU内部集成了成百上千个CUDA核心，这些核心能够同时处理多个计算任务，实现高度的并行计算。与CPU相比，GPU在处理大量独立且可并行的简单任务时具有显著优势。如图4-1所示，CPU的核心较少，通常是串行计算，而GPU的核心较多，一般为并行计算。

单指令多线程（Single Instruction Multiple Threads，SIMT）架构：GPU采用SIMT架构，允许单个指令同时操作多个数据元素。这种架构非常适合执行大量的浮点运算，因为深度学习中的很多操作（如矩阵乘法）都可以转化为SIMT操作。如图4-2所示，传统的Scalar操作是逐条执行，计算效率较低；而SIMT操作则是将多条指令合并后执行，效率得到提升。

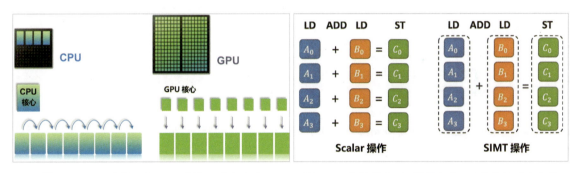

图4-1　CPU的核心与GPU的核心对比示意　　　图4-2　传统的Scalar操作与SIMT操作的对比示意

高速内存访问：GPU配备了专门的显存，其显存带宽通常远高于CPU的常规内存，但延迟可能更高。这种设计更适合大规模并行计算任务，能够显著减少数据吞吐的时间开销，提高整体计算效率。

CUDA与OpenCL：NVIDIA公司推出的CUDA和跨平台的OpenCL（Open Computing Language）是两种主流的GPU编程模型。它们提供了丰富的API和库函数，使开发者能够高效利用GPU进行高性能计算。

4.1.2　实例：使用GPU加速深度学习训练

环境准备：确保计算机或服务器装备了NVIDIA GPU，并安装了最新的NVIDIA驱动程序。

安装CUDA Toolkit，它包含了CUDA运行时库、编译器和调试器等工具。安装深度学习框架（如

TensorFlow 或 PyTorch），并确保它们已配置为使用 CUDA 后端。

以下是一个简化的 TensorFlow 示例，展示如何使用 GPU 加速训练一个简单的神经网络。

```python
import tensorflow as tf

# 指定 TensorFlow 使用 GPU
gpus = tf.config.list_physical_devices('GPU')
if gpus:
    try:
        # 设置 TensorFlow 使用增长式内存分配
        for gpu in gpus:
            tf.config.experimental.set_memory_growth(gpu, True)
    except RuntimeError as e:
        print(e)

# 构建一个简单的神经网络模型
model = tf.keras.models.Sequential([
    tf.keras.layers.Dense(128, activation='relu', input_shape=(784,)),
    tf.keras.layers.Dropout(0.2),
    tf.keras.layers.Dense(10, activation='softmax')
])

# 编译模型
model.compile(optimizer='adam',
        loss='sparse_categorical_crossentropy',
        metrics=['accuracy'])

# 加载并预处理数据（这里省略具体实现）
# …

# 训练模型
model.fit(x_train, y_train, epochs=10)
```

在上述代码中，首先通过 tf.config.list_physical_devices('GPU') 检查 GPU 是否可用，并通过 tf.config.experimental.set_memory_growth(gpu, True) 设置 TensorFlow 使用增长式内存分配策略，以避免一次性分配过多 GPU 内存。然后，构建一个简单的全连接神经网络模型，并使用 MNIST 数据集进行训练。在训练过程中，TensorFlow 会自动利用 GPU 进行加速计算。

性能评估：训练完成后，可以通过比较使用 GPU 加速前后的训练时间来评估加速效果。通常，GPU 加速可以带来显著的性能提升，特别是在处理大规模数据集和复杂模型时。

通过本节的介绍和实践案例，希望读者能够深入理解 GPU 加速技术的原理，并掌握如何在深度学习训练中应用 GPU 加速的方法。

4.2　cuDNN库在深度学习中的应用

在深度学习领域，为了进一步提升GPU加速的效果，NVIDIA公司推出了cuDNN库。cuDNN是一个针对深度神经网络的GPU加速库，它提供了高度优化的神经网络前向传播和反向传播算法，旨在减少计算资源消耗并缩短训练时间。本节将详细介绍cuDNN库在深度学习中的应用及其带来的性能优势。

4.2.1　cuDNN概述

cuDNN是NVIDIA公司为深度学习应用提供的一个底层API库，它直接作用于CUDA，为卷积神经网络（CNN）、循环神经网络（RNN）等多种神经网络结构提供了高效优化的实现。cuDNN通过对神经网络中常见操作的优化，如卷积、池化、激活函数等，显著提升了计算效率。如图4-3所示，cuDNN作为CUDA与深度学习框架连接的桥梁，负责将上层框架指令发送给CUDA，进而实现对GPU的操作。

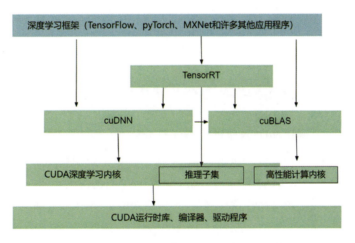

图4-3　cuDNN与cuBLAS在整个深度学习架构中的位置

4.2.2　cuDNN在深度学习框架中的集成

主流的深度学习框架，如TensorFlow、PyTorch等，都已经集成了cuDNN库以支持GPU加速。

TensorFlow： TensorFlow通过其内置的tf.keras API或底层的tf.nn模块与cuDNN进行交互，自动选择最优的卷积、池化等操作实现。

PyTorch： PyTorch同样集成了cuDNN，通过其C++扩展机制（如ATen库）与cuDNN进行底层交互，提供了高度灵活的神经网络构建和训练能力。

cuDNN 在深度学习应用中的主要特点及其优劣对比见表4-1。

表4-1　cuDNN在深度学习应用中的主要特点及其优劣对比

特点	描述	优势	劣势
高度优化的深度学习算子	cuDNN 提供了针对 NVIDIA GPU 深度优化的原语，包括卷积、池化、归一化和激活层	提供高性能的深度学习操作，尤其是在处理 CNN 时	需要特定的 NVIDIA GPU 支持，且优化可能不适用于非深度学习任务
支持多种深度学习框架	与多种流行的深度学习框架集成，如 TensorFlow、PyTorch、Keras 等	方便开发者在不同框架中使用，提高了库的通用性	集成和更新过程可能需要额外的配置和维护工作
支持多种精度计算	支持FP32、FP16、BF16和TF32浮点格式及INT8和UINT8整数格式	能够满足不同应用场景对计算性能和精度的要求	在某些情况下，精度降低可能会影响模型的准确性
融合操作支持	支持将多个操作融合为一个内核调用	可以减少内存访问次数，进一步提高计算速度	融合操作可能需要特定的硬件支持，且编程复杂度较高
支持 Tensor Core 加速	利用 NVIDIA Tensor Core 进行加速，特别是在使用 FP16 精度时	大幅度提升性能，尤其是在处理大规模深度学习模型时	需要特定架构的 NVIDIA GPU 支持，如 Volta 或更新的架构
适用于多种深度学习模型	针对各种深度学习模型中使用的规模调整 GEMM 性能	适用于多种深度学习模型，提高了库的通用性	对于特定模型的优化可能不如专用库

注意：表格中的信息是基于搜索结果的概括，在实际应用中的优劣可能会根据具体的使用场景和硬件环境有所不同。

4.2.3　使用Python语言调用cuDNN示例

直接使用Python语言调用cuDNN库进行编程并不常见，因为cuDNN主要是作为底层库被高级深度学习框架（如TensorFlow、PyTorch）调用。然而，为了说明如何在Python环境中间接利用cuDNN，可以通过使用这些框架的API来展示如何触发cuDNN的优化。

以下是一个使用PyTorch框架的简单示例，它间接利用了cuDNN来加速CNN的训练。虽然代码本身并不直接调用cuDNN API，但PyTorch后端会利用cuDNN（如果可用）来优化卷积、池化等操作。

```
import torch
import torch.nn as nn
import torch.optim as optim

# 假设我们有一个简单的 CNN 模型
class SimpleCNN(nn.Module):
    def __init__(self):
        super(SimpleCNN, self).__init__()
        self.conv1 = nn.Conv2d(1, 20, 5)    # 输入通道为 1，输出通道为 20，卷积核大小为 5×5
```

```
        self.pool = nn.MaxPool2d(2, 2)      # 池化窗口大小为 2×2，步长为 2
        self.conv2 = nn.Conv2d(20, 50, 5)   # 输入通道为 20，输出通道为 50，卷积核大小为 5×5
        self.fc1 = nn.Linear(4*4*50, 500)   # 全连接层，输入特征数根据前面层计算得出
        self.fc2 = nn.Linear(500, 10)       # 输出层，10 类分类问题

    def forward(self, x):
        x = self.pool(torch.relu(self.conv1(x)))
        x = self.pool(torch.relu(self.conv2(x)))
        x = x.view(-1, 4*4*50)              # 展平操作，为全连接层做准备
        x = torch.relu(self.fc1(x))
        x = self.fc2(x)
        return x


# 假设有一些模拟数据（这里用随机数据代替）
# 注意：在实际应用中，需要用真实的数据集替换这部分
input_tensor = torch.randn(1, 1, 32, 32)   # 假设输入是 1 张 32×32 的灰度图
target = torch.randint(0, 10, (1,))        # 假设是 10 分类问题


# 创建模型、定义损失函数和优化器
model = SimpleCNN()
if torch.cuda.is_available():
    model = model.cuda()                   # 将模型移动到 GPU 上
    input_tensor = input_tensor.cuda()     # 将输入数据也移动到 GPU 上


criterion = nn.CrossEntropyLoss()
optimizer = optim.SGD(model.parameters(), lr=0.01, momentum=0.9)


# 训练模型（这里只迭代一次作为示例）
optimizer.zero_grad()                      # 梯度归零
output = model(input_tensor)
loss = criterion(output, target)
loss.backward()       # 反向传播计算梯度
optimizer.step()      # 更新权重


print(f"Loss: {loss.item()}")
```

在这个示例中，当模型和输入数据被移动到 GPU 上时（如果 GPU 可用），PyTorch 会自动利用 cuDNN 来加速卷积、池化等运算。虽然没有直接调用 cuDNN 的 API，但 PyTorch 后端已经完成相关工作。

如果确实需要直接调用 cuDNN 的 API（通常不推荐，除非开发新的深度学习操作或优化器），则需要使用 C++ 和 CUDA 编程，并通过 Python 语言的 ctypes 或 cffi 库与 C++ 代码交互。然而，这种方法较为复杂，通常只在开发深度学习框架或进行底层优化时才需要。对于大多数应用来说，使用现成的深度学习框架并利用它们对 cuDNN 的内置支持已足够。

4.2.4 cuDNN带来的性能优势

计算效率提升：cuDNN通过对神经网络中常见操作的深度优化，显著提高了计算效率。与未使用cuDNN的情况相比，训练时间可以大幅缩短。

内存占用减少：cuDNN通过智能的数据布局和内存管理策略，减少了内存占用，降低了GPU内存溢出的风险。

易于集成：cuDNN库与主流的深度学习框架无缝集成，开发者无须关心底层的GPU加速细节，即可轻松实现高效的神经网络训练。

4.2.5 使用cuDNN的注意事项

版本兼容性：确保安装的cuDNN版本与CUDA版本及深度学习框架版本兼容。

性能调优：虽然cuDNN已经对神经网络操作进行了优化，但在实际应用中仍可能需要根据具体任务进行性能调优，如调整批量大小、学习率等超参数。

错误处理：在使用cuDNN时，注意处理可能出现的错误和异常情况，确保训练的稳定性和可靠性。

cuDNN库作为NVIDIA公司为深度学习提供的底层GPU加速库，在提升计算效率、减少内存占用等方面发挥了重要作用。通过与主流深度学习框架的集成，cuDNN使开发者能够更加方便地实现高效的神经网络训练。在未来的深度学习研究和应用中，cuDNN将继续发挥不可或缺的作用，推动深度学习技术的进一步发展。

4.3 cuBLAS库与线性代数运算加速

在深度学习模型的训练过程中，线性代数运算占用了大量的计算资源，尤其是矩阵乘法和向量运算。为了加速这些关键计算任务，NVIDIA公司提供了cuBLAS库，它是一个高度优化的GPU加速库，专为执行基本的线性代数运算而设计。本节将探讨cuBLAS库在深度学习中的应用，特别是如何加速线性代数运算。

4.3.1 cuBLAS概述

cuBLAS是CUDA Toolkit的一部分，它提供了一套丰富的API，用于在NVIDIA GPU上执行高效的线性代数运算。这些运算包括但不限于矩阵乘法、向量运算、LU分解、QR分解等。cuBLAS

针对 GPU 架构进行了深度优化，能够充分利用 GPU 的并行处理能力，显著提升计算速度。

cuBLAS 是 NVIDIA 公司提供的 CUDA 基本线性代数库，它支持多种矩阵和向量操作，这些操作在深度学习、科学计算等领域中发挥着重要作用。表 4-2 是 cuBLAS 支持的主要操作或算子及其适用场景。

表 4-2　cuBLAS 支持的主要操作或算子及其适用场景

操作/算子	描述	适用场景
GEMM	矩阵与矩阵的乘法运算	深度学习中的全连接层、卷积层后处理等
矩阵转置	将矩阵的行和列互换	数据预处理、矩阵运算优化等
向量点积	计算两个向量的点积（内积）	相似性度量、特征向量计算等
矩阵求逆	计算矩阵的逆矩阵	线性方程组求解、优化算法等
LU 分解	将矩阵分解为下三角矩阵和上三角矩阵的乘积	线性方程组求解、矩阵求逆等
QR 分解	将矩阵分解为正交矩阵和上三角矩阵的乘积	最小二乘问题求解、矩阵近似等
矩阵范数计算	计算矩阵的某种范数，如 L1 范数、L2 范数等	矩阵条件数估计、稳定性分析等
矩阵条件数估计	基于矩阵范数估计矩阵的条件数	评估矩阵求解线性方程组的稳定性
矩阵求和/均值	计算矩阵所有元素的和或均值	数据统计分析、特征归一化等
矩阵最大值/最小值查找	在矩阵中查找最大值或最小值的元素及其位置	数据异常检测、性能优化等

这些操作或算子在 cuBLAS 中得到了高度优化，能够充分利用 NVIDIA GPU 的并行计算能力，从而在处理大规模矩阵运算时实现显著的性能提升。在深度学习领域，cuBLAS 被广泛用于加速神经网络的训练过程，特别是在处理全连接层、卷积层等涉及大量矩阵运算的层时。在科学计算领域，cuBLAS 同样能够加速各种线性代数运算，提高计算效率。

注意：以上列出的操作或算子仅为 cuBLAS 支持的一部分，cuBLAS 还提供了更多高级功能和优化选项，以满足不同应用场景的需求。在实际使用中，用户可以根据具体任务选择合适的操作或算子，并结合 cuBLAS 提供的优化参数来获得最佳性能。

4.3.2　cuBLAS 在深度学习中的应用

在深度学习中，许多关键的计算步骤都涉及线性代数运算，特别是矩阵乘法。例如，在神经网络的前向传播和反向传播过程中，大量的权重矩阵与输入数据或梯度进行乘法运算。通过调用 cuBLAS 库中的函数，这些矩阵乘法运算可以在 GPU 上高效地执行，从而加速整个训练过程。

表 4-3 是 cuBLAS 在深度学习应用中的主要特点及其优劣对比。

表4-3　cuBLAS在深度学习应用中的主要特点及其优劣对比

特点	描述	优势	劣势
高度优化的矩阵乘法	cuBLAS 提供了针对 NVIDIA GPU 高度优化的矩阵乘法实现，包括对 Volta 及 Turing Tensor Core 的优化	提供高性能的线性代数运算，尤其是在处理大型矩阵运算时	需要特定的硬件支持，且优化可能不适用于所有类型的矩阵运算
支持多种精度	支持半精度和整数矩阵乘法，以及混合精度执行	能够满足不同应用场景对计算性能和精度的要求	在某些情况下，精度降低可能会影响模型的准确性
批量运算和多 GPU 执行	支持批量运算和跨多个 GPU 的执行	提高了大规模深度学习模型训练和推理的效率	需要复杂的编程和内存管理，以充分利用这些特性
融合操作支持	支持 GEMM 和 GEMM 扩展程序的融合优化	可以减少内存访问次数，进一步提高计算速度	融合操作可能需要特定的硬件支持，且编程复杂度较高
支持 CUDA 流	支持用于并发操作的 CUDA 流	可以提高 GPU 资源的利用率，实现更高效的并行计算	对于不熟悉 CUDA 流的开发者来说，可能会增加编程难度
适用于多种深度学习模型	针对各种深度学习模型中使用的规模调整 GEMM 性能	适用于多种深度学习模型，提高了库的通用性	对于特定模型的优化可能不如专用库（如 cuDNN）

注意：表格中的信息是基于搜索结果的概括，在实际应用中的优劣可能会根据具体的使用场景和硬件环境有所不同。

4.3.3　使用 Python 语言调用 cuBLAS 示例

直接使用 Python 语言调用 cuBLAS 库进行编程并不常见，因为 cuBLAS 主要是为 CUDA C/C++ 编程设计的。然而，可以通过 Python 语言的 CUDA 扩展（如 PyCUDA）来间接调用 cuBLAS 的功能。需要注意的是，这通常比直接使用高级深度学习框架（如 TensorFlow 或 PyTorch）要复杂得多，因为这些框架已经为大多数常见操作（包括线性代数运算）提供了优化的实现。

以下示例展示了如何通过 PyCUDA 库来调用 cuBLAS 的 cublasDgemm() 函数（双精度矩阵乘法）。需要注意的是，这个示例主要是为了教育，在实际使用中很少这样做。

本示例需要安装 PyCUDA 库，这通常涉及安装 CUDA Toolkit 和 PyCUDA。安装过程可能会根据操作系统和 CUDA 版本有所不同。

以下为示例代码。

```
import pycuda.autoinit
import pycuda.driver as cuda
from pycuda.compiler import SourceModule
import numpy as np

# 双精度矩阵乘法函数声明
cublas_dgemm_code = """
__global__ void dgemm_wrapper(double *A, double *B, double *C, int lda, int ldb, int ldc, int m,
                              int n, int k)
```

```
{
    extern __shared__ double sdata[];

    // 这里只是一个示例框架，实际上需要使用 cuBLAS API 来调用 cublasDgemm() 函数
    // 但由于 PyCUDA 的限制，通常不会在 CUDA 内核中直接调用 cuBLAS（因为需要额外的
    //    上下文和句柄管理）
    // 相反，会在 Python 代码中调用 cuBLAS

    // 假设的计算（不是真实的矩阵乘法）
    int idx = threadIdx.x + blockIdx.x * blockDim.x;
    if (idx < m * n) {
        int i = idx / n;
        int j = idx % n;
        // 注意：这里只是简单地将 C 初始化为 0，实际计算需要替换为 cuBLAS 调用
        C[idx] = 0.0;
    }
}
"""


mod = SourceModule(cublas_dgemm_code)
dgemm_wrapper = mod.get_function("dgemm_wrapper")

# 假设的矩阵大小
m, n, k = 1024, 1024, 1024
lda, ldb, ldc = m, n, k

# 分配 GPU 内存
A_gpu = cuda.mem_alloc(m * k * cuda.sizeof(np.double))
B_gpu = cuda.mem_alloc(k * n * cuda.sizeof(np.double))
C_gpu = cuda.mem_alloc(m * n * cuda.sizeof(np.double))

# 这里应该填充 A_gpu 和 B_gpu，但为了简化，省略了这一步

# 设置执行参数（注意：这个内核实际上并不执行矩阵乘法）
threadsperblock = (256, 1, 1)
blockspergrid_x = (divmod(m * n, threadsperblock[0])[0] + (1 if divmod(m * n, threadsperblock[0])
                   [1] > 0 else 0),)
blockspergrid = (blockspergrid_x, 1)
shared_size = 0  # 这个内核实际上不使用共享内存，但为了与 cuBLAS 兼容，保留这个参数

# 注意：这里并没有真正调用 cuBLAS 的 culasDgemm() 函数，
# 因为 PyCUDA 内核中不支持直接调用 cuBLAS API
# 需要在 Python 级别使用 pycuda.driver 或 pycuda.curand 等模块来调用 cuBLAS
```

```
# 假设的 "调用" （实际上并不执行矩阵乘法）
dgemm_wrapper(
    A_gpu, B_gpu, C_gpu, np.int32(lda), np.int32(ldb), np.int32(ldc), np.int32(m), np.int32(n), np.int32(k),
    block=threadsperblock, grid=blockspergrid, shared=shared_size)
```

注意：上述代码实际上并没有调用 cuBLAS 的 cublasDgemm() 函数来执行矩阵乘法，而是展示了一个框架，说明如果要在 CUDA 内核中调用 cuBLAS 函数，该如何设置内核参数。然而，在 PyCUDA 中，通常不会在 CUDA 内核中直接调用 cuBLAS，而是在 Python 代码中通过加载 cuBLAS 库并使用其 API 来调用函数。但这种方法比较复杂，且通常不是必要的，因为高级深度学习框架已经做了这些工作。如果确实需要在 Python 代码中直接调用 cuBLAS，请查阅 PyCUDA 文档以了解如何加载和使用 CUDA 库中的函数。

4.3.4　cuBLAS 性能优势

高效并行处理： cuBLAS 利用 GPU 的并行处理能力，能够同时处理多个线性代数运算，显著提升计算效率。

优化算法： cuBLAS 提供了多种算法实现，每种算法都针对特定的硬件平台和问题规模进行了优化，以确保最佳性能。

易于集成： 作为 CUDA Toolkit 的一部分，cuBLAS 与 CUDA 无缝集成，使开发者可以轻松地在 CUDA 程序中调用 cuBLAS 函数。

4.3.5　使用 cuBLAS 的注意事项

版本兼容性： 确保安装的 cuBLAS 版本与 CUDA 版本兼容。

错误处理： 在使用 cuBLAS 时，应注意错误处理机制，确保在运算失败时能够及时发现并处理错误。

性能调优： 虽然 cuBLAS 已经对线性代数运算进行了优化，但在实际应用中可能仍需根据具体任务进行性能调优，如选择合适的算法、调整批处理大小等。

cuBLAS 库作为 CUDA Toolkit 的重要组成部分，为深度学习中的线性代数运算提供了高效的 GPU 加速解决方案。通过调用 cuBLAS 库中的函数，开发者可以轻松地实现矩阵乘法、向量运算等关键计算步骤的加速，从而显著提升深度学习模型的训练速度。

4.4　分布式 GPU 训练

随着深度学习模型的不断扩大，对计算资源的需求也日益增长。单个 GPU 往往难以满足大规模模型的训练需求，因此分布式 GPU 训练策略成为提升训练效率的重要手段。本节将探讨分布式 GPU 训练的基本原理、常用框架和实施策略。

4.4.1　基本原理

分布式GPU训练通过将模型和数据分布在多个GPU上进行并行处理，显著加速深度学习模型的训练过程。其基本原理包括数据并行和模型并行两种策略。这两种策略的详细介绍见3.3.1节，此处不再赘述。

4.4.2　常用框架

为了简化分布式GPU训练的实现，业界开发了一系列框架和工具，如TensorFlow的Distributed TensorFlow、PyTorch的DistributedDataParallel (DDP) 和Horovod等。

Distributed TensorFlow： TensorFlow提供了内置的分布式训练支持，允许用户通过简单的API配置实现多GPU或多机训练。

DistributedDataParallel： PyTorch的DDP是专为分布式训练设计的，它支持单程序多数据（Single Program Multiple Data，SPMD）模式，能够高效利用多个GPU进行并行训练。

Horovod： Horovod是一个开源的分布式深度学习训练框架，支持TensorFlow、PyTorch、MXNet等多种框架。它使用消息传递接口（Message Passing Interface，MPI）进行GPU间的通信，能够提供高效的梯度聚合和参数更新。

表4-4是分布式训练框架对比，主要基于TensorFlow的Distributed TensorFlow、PyTorch的DistributedDataParallel（DDP）、Horovod等框架的功能特点进行归纳。

表4-4　分布式训练框架对比

框架名称	支持框架	数据并行	模型并行	通信方式	易用性	扩展性	社区支持
Distributed TensorFlow	仅 TensorFlow	支持	支持（有限）	TensorFlow 内部机制	较好，内置于 TensorFlow	较好，支持多机多卡	强大，由 Google 公司维护
Distributed DataParallel (DDP)	仅 PyTorch	支持	支持较弱	使用 NCCL 库进行 GPU 间通信	较好，PyTorch 原生支持	较好，适用于大规模集群	强大，由 PyTorch 社区支持
Horovod	TensorFlow、PyTorch、MXNet 等	支持	支持（通过扩展）	使用 MPI 进行通信	良好，API 简洁	优秀，支持大规模集群部署	活跃，由 Uber 公司开源并维护

数据并行： 所有框架都支持数据并行，即每个GPU处理不同的数据子集，但在处理大型模型时，某些框架（如Distributed TensorFlow）对数据并行的支持可能更为原生和高效。

模型并行： 模型并行支持方面，Distributed TensorFlow和Horovod通过扩展可以支持一定程度的模型并行，但PyTorch的DDP在模型并行方面支持较弱，通常需要结合其他技术或框架来实现。

通信方式： Distributed TensorFlow使用TensorFlow内部的通信机制，而DDP则依赖NCCL（NVIDIA Collective Communications Library）库进行GPU间的通信。Horovod则使用MPI进行通信，

这在跨节点通信时具有优势。

易用性：所有框架都旨在简化分布式训练的复杂度，但具体易用性取决于用户对其API和配置的熟悉程度。PyTorch DDP作为PyTorch的原生支持，对PyTorch用户来说可能更加直观易用。

扩展性：这些框架都具有良好的扩展性，可以支持大规模集群部署。Horovod和Distributed TensorFlow在扩展性方面表现尤为突出，因为它们都支持跨节点通信和大规模集群部署。

社区支持：这些框架背后都有强大的社区支持。TensorFlow和PyTorch作为最流行的深度学习框架之一，其分布式训练功能也得到了广泛关注和讨论。Horovod作为Uber公司开源的项目，也拥有活跃的社区和持续的技术更新。

注意：以上对比仅基于当前主流框架的一般特点进行归纳，在实际使用时还需考虑具体场景、模型复杂度、计算资源等因素。

4.4.3 实施策略

选择合适的框架：根据模型大小、计算资源及开发团队的熟悉程度选择合适的分布式训练框架。

优化数据加载：确保数据加载不会成为训练过程中的瓶颈。可以使用数据预取、异步加载等技术来加速数据读取。

调整批量大小和学习率：在分布式训练中，可能需要增加批量大小以提高计算效率。同时，根据批量大小的变化调整学习率，以保持训练过程的稳定性。

同步与异步更新：根据实际需求选择同步或异步参数更新策略。同步更新可以保证模型的一致性，但可能会导致某些GPU等待其他GPU完成计算；异步更新则可以提高训练速度，但可能引入额外的噪声。

监控与调试：在分布式训练过程中，需要实时监控各个GPU的计算负载、内存使用情况及通信延迟等指标，以便及时发现并解决问题。

分布式GPU训练策略是加速大规模模型训练的有效手段。通过合适的框架选择、数据加载优化、批量大小和学习率调整及监控与调试等措施，可以显著提高训练效率并降低计算成本。随着深度学习技术的不断发展，分布式GPU训练策略将在更多领域得到广泛应用。

4.5 大模型的并行计算与内存管理

深度学习模型规模正在不断扩大，如何高效地利用并行计算和有效管理内存成为大模型训练中的关键问题。本节将深入探讨大模型的并行计算策略与内存管理技术，旨在帮助读者理解并优化大模型的训练过程。

4.5.1　大模型的并行计算策略

大模型的并行计算主要包括数据并行和模型并行两种策略，这些策略在前面的章节中已有简要介绍，但在这里将进一步细化其实现细节和考虑因素。

1.　数据并行

数据并行是分布式训练中最为常见的并行计算方式。其核心思想是将数据集分割成多个小部分，每个计算节点（或 GPU）处理其中的一部分数据，并独立计算梯度。随后，所有节点的梯度被汇总并用于更新全局模型参数。为了优化数据并行计算，可以考虑以下几点。

（1）负载均衡：确保每个计算节点处理的数据量大致相等，以避免某些节点过早完成计算而等待其他节点。

（2）梯度聚合：采用高效的梯度聚合算法，如环规约等，以减少通信开销。

（3）异步更新：在某些情况下，可以采用异步更新策略，即允许某些节点在其他节点完成梯度计算前就开始更新模型参数，以进一步提高训练速度。需要注意的是，异步更新可能会引入额外的噪声和收敛性问题。

2.　模型并行

对于非常大的模型，单个计算节点可能无法容纳整个模型。此时，可以采用模型并行策略，将模型的不同部分分配到不同的计算节点上。模型并行的实现相对复杂，需要考虑以下几点。

（1）模型分割：合理地将模型分割成多个部分，并确保各部分之间的通信开销尽可能小。

（2）流水线并行：在模型的不同层之间采用流水线并行策略，即前一层的输出可以直接作为下一层的输入，以减少等待时间。

（3）参数服务器架构：在某些情况下，可以采用参数服务器架构来管理模型参数，各计算节点通过参数服务器进行参数更新和同步。

4.5.2　大模型的内存管理技术

在大模型训练中，内存管理尤为重要。不当的内存管理可能导致训练过程中频繁出现内存溢出错误，严重影响训练效率。以下是一些内存管理的关键策略。

（1）动态内存分配：采用动态内存分配机制，根据实际需要动态申请和释放内存资源。

（2）内存复用：在训练过程中复用已分配的内存空间，减少不必要的内存申请和释放操作。

（3）内存池：使用内存池技术来管理小块内存的分配和释放，提高内存利用率。

（4）稀疏表示：对于稀疏矩阵等数据结构，采用稀疏表示方法以减少内存占用。

（5）梯度累积：在大批量梯度下降方法中，如果批量大小受到内存限制，可以采用梯度累积技术，即先计算小批量数据的梯度，并累积到一定程度后再进行参数更新，以减少内存占用。

4.5.3 使用Python语言设置并行策略和内存管理示例

在Python语言中直接设置大模型的并行计算策略和内存管理通常依赖所使用的深度学习框架（如PyTorch或TensorFlow）及其提供的分布式训练工具。以下分别给出基于PyTorch和TensorFlow的简化示例，说明如何设置并行计算和进行基本的内存管理。

对于PyTorch，可以使用torch.nn.parallel.DistributedDataParallel (DDP) 来实现数据并行。以下代码不会直接展示内存管理，因为PyTorch的内存管理主要由其内部机制自动处理，但会提到一些减少内存使用的策略。

```python
import torch
import torch.nn as nn
import torch.optim as optim
from torch.nn.parallel import DistributedDataParallel as DDP
import torch.distributed as dist

def setup(rank, world_size):
    dist.init_process_group("nccl", rank=rank, world_size=world_size)

def cleanup():
    dist.destroy_process_group()

class SimpleModel(nn.Module):
    def __init__(self):
        super(SimpleModel, self).__init__()
        self.fc = nn.Linear(10, 2)  # 示例模型

    def forward(self, x):
        return self.fc(x)

def train(rank, world_size, model, device):
    torch.manual_seed(1234)
    model.to(device)
    model = DDP(model, device_ids=[rank])
    optimizer = optim.SGD(model.parameters(), lr=0.01)

    # 假设的数据加载和训练循环（这里省略具体实现）
    # …

    # 内存管理策略:
    # 1. 使用梯度累积减少批量大小，从而减少每次迭代的内存使用;
    # 2. 优化数据加载，确保不会一次性加载整个数据集到内存中。
```

```
if __name__ == "__main__":
    world_size = 2  # 假设有两个 GPU
    mp.spawn(train,
            args=(world_size, SimpleModel(), torch.device("cuda")),
            nprocs=world_size,
            join=True)
```

注意：上述代码是一个简化的示例，用于说明如何在 PyTorch 中设置分布式训练。在实际应用中，需要使用 torch.multiprocessing 来启动多个进程，每个进程绑定到一个 GPU 上，并且需要处理数据加载、模型保存／加载等更多细节。此外，内存管理通常通过调整批量大小、优化数据加载策略等方式间接进行。

大模型的并行计算和内存管理是提升训练效率的关键。通过合理的数据并行和模型并行策略及有效的内存管理技术，可以显著提高大模型的训练速度和稳定性。未来随着硬件和算法的不断进步，相信大模型的训练将更加高效和可靠。

4.6　实例：使用分布式GPU训练大模型

本节将通过一个简单的实例来展示如何在 PyTorch 环境下设置并使用分布式 GPU 训练，以加速大模型的训练过程。使用 torch.distributed 包来实现数据并行训练，并使用 torch.nn.parallel. DistributedDataParallel（DDP）来封装模型。

4.6.1　环境准备

首先，确保计算机上安装了 Miniconda、CUDA、PyTorch，并且至少有两个可用的 GPU。此外，还需要安装 torchvision 库（用于加载示例数据集，尽管本例中不会深入使用）。以下代码展示了创建 conda 环境并安装必要的库。

```
# 创建名为 llm 的 conda 虚拟环境，指定 Python 版本为 3.12
conda create -n llm python=3.12
# 激活 llm 环境
conda activate llm
# 安装 cuda-toolkit
conda install nvidia/label/cuda-12.6.1::cuda-toolkit
# 安装 PyTorch CUDA 12.4
pip3 install torch torchvision torchaudio --index-url https://download.pytorch.org/whl/cu124
```

4.6.2 数据准备

数据准备部分通常涉及加载、预处理和批处理数据集以供模型训练使用。由于实例旨在保持简单，此处不会使用复杂的数据集，但会模拟一些基本的数据加载和批处理步骤。

以下是一个简化的数据准备部分的代码示例，它使用PyTorch的DataLoader和TensorDataset来准备数据。

```python
import torch
from torch.utils.data import DataLoader, TensorDataset

def prepare_data(num_samples, input_dim, num_classes):
    """
    模拟数据准备函数

    Args:
    - num_samples: 数据集中的样本数
    - input_dim: 输入特征的维度
    - num_classes: 类别数

    Returns:
    - train_loader: 训练数据加载器
    """
    # 随机生成一些数据
    # 注意：在实际应用中，这里应该是从真实数据集中加载数据
    inputs = torch.randn(num_samples, input_dim) # 随机生成输入数据
    targets = torch.randint(0, num_classes, (num_samples,)) # 随机生成目标标签

    # 将数据和标签封装成 TensorDataset
    dataset = TensorDataset(inputs, targets)

    # 创建 DataLoader 来批处理数据
    # 在分布式训练中，batch_size 和 num_workers 可能需要根据 GPU 的数量和内存进行调整
    train_loader = DataLoader(dataset, batch_size=32, shuffle=True, num_workers=0)

    return train_loader

# 在主程序中调用数据准备函数
if __name__ == "__main__":
    num_samples = 100 # 假设有 100 个样本
    input_dim = 10    # 假设输入特征维度为 10
    num_classes = 2   # 假设是一个二分类问题

    train_loader = prepare_data(num_samples, input_dim, num_classes)
```

```
# 接下来是模型定义、训练循环等步骤
# 但由于这里只关注数据准备部分，所以省略了这些步骤
```

注意：该示例与 2.5.2 节中的数据加载略有不同，但加载逻辑是相似的，读者可根据自己的实际项目对代码逻辑进行调整。

在本实例中，prepare_data() 函数模拟了数据准备过程。它首先生成了一些随机的输入数据和目标标签，然后将这些数据封装成一个 TensorDataset 对象。之后，它使用 DataLoader 来创建一个可以迭代的数据加载器，该加载器会按批次提供数据，这里设置的批次大小为32。在分布式训练中，batch_size 和 num_workers 参数可能需要根据实际环境（如 GPU 数量、内存大小等）进行调整。此外，对于大规模数据集，可能还需要使用更复杂的数据加载和预处理策略，以优化内存使用和提高加载速度。

4.6.3　模型设计

大模型通常是由 Transfomer 模块构成，本节以 Transformer 模块为例，设计一个简化版的大模型，因为 Transformer 模型通常包含编码器（Encoder）和解码器（Decoder）部分，每个部分又由多个层组成，每层包含自注意力机制和前馈神经网络。

以下是一个简化的基于 Transformer 的编码器部分的代码示例。

```python
import torch
import torch.nn as nn
import torch.nn.functional as F

class MultiHeadAttention(nn.Module):
    def __init__(self, embed_size, heads):
        super(MultiHeadAttention, self).__init__()
        # 这里仅展示初始化过程的一部分，省略了权重和偏置的初始化
        self.embed_size = embed_size
        self.heads = heads
        self.head_dim = embed_size // heads

        # 通常还会包含权重和偏置的初始化，这里省略

    def forward(self, values, keys, query, mask):
        # 这里仅展示函数签名，省略了实际的注意力计算过程
        # 实际的实现需要考虑缩放点积注意力、多头注意力机制及 mask 的应用
        pass

class TransformerEncoderLayer(nn.Module):
    def __init__(self, embed_size, heads, forward_expansion, dropout):
```

```
        super(TransformerEncoderLayer, self).__init__()
        self.self_attn = MultiHeadAttention(embed_size, heads)
        self.norm1 = nn.LayerNorm(embed_size)
        self.feed_forward = nn.Sequential(
            nn.Linear(embed_size, forward_expansion * embed_size),
            nn.ReLU(),
            nn.Dropout(dropout),
            nn.Linear(forward_expansion * embed_size, embed_size)
        )
        self.norm2 = nn.LayerNorm(embed_size)
        self.dropout = nn.Dropout(dropout)

    def forward(self, src):
        # 注意：这里省略了 mask 参数，但在实际应用中可能需要处理 mask
        src2 = self.self_attn(src, src, src)  # 这里假设 self_attn 已经实现了必要的逻辑
        src = src + self.dropout(src2)
        src = self.norm1(src)
        src2 = self.feed_forward(src)
        src = src + self.dropout(src2)
        src = self.norm2(src)
        return src

class TransformerEncoder(nn.Module):
    def __init__(self, embed_size, num_layers, heads, forward_expansion, dropout):
        super(TransformerEncoder, self).__init__()
        self.layers = nn.ModuleList([TransformerEncoderLayer(embed_size, heads, forward_expansion,
dropout)
                        for _ in range(num_layers)])
        self.norm = nn.LayerNorm(embed_size)

    def forward(self, src):
        output = src
        for layer in self.layers:
            output = layer(output)
        return self.norm(output)

# 示例实例化
if __name__ == "__main__":
    embed_size = 512
    num_layers = 6
    heads = 8
    forward_expansion = 4
    dropout = 0.1
```

```
model = TransformerEncoder(embed_size, num_layers, heads, forward_expansion, dropout)
# 注意：这里没有提供输入数据的具体形状和类型，仅展示了模型结构
# 在实际应用中，需要根据任务需求准备相应的输入数据
```

注意：上述代码中的 MultiHeadAttention 类只是一个框架，没有实现具体的多头注意力机制。在实际应用中，你需要实现缩放点积注意力、分割嵌入多个头、应用注意力权重，并将结果合并回原始的嵌入空间。此外，也没有处理位置编码（Positional Encoding），这是 Transformer 模型中用于给模型提供序列中单词相对或绝对位置信息的一种机制。在实际应用中，需要在输入编码器之前将位置编码添加到嵌入中。最后，示例仅包含了编码器部分，如果需要实现完整的 Transformer 模型，还需要添加解码器部分，并实现编码器–解码器注意力（Encoder–Decoder Attention）。

4.6.4　模型训练

设计好模型后，可以调用深度学习框架的分布式训练接口实现多 GPU 的分布式训练，以下是一个简化的使用 PyTorch 实现的分布式训练示例。

```
import torch
import torch.nn as nn
import torch.optim as optim
from torch.nn.parallel import DistributedDataParallel as DDP
import torch.distributed as dist
import torch.multiprocessing as mp

def setup(rank, world_size):
    dist.init_process_group("nccl", rank=rank, world_size=world_size)

def cleanup():
    dist.destroy_process_group()

# 这里可以将 SimpleModel 更换为上述示例中的 Transformer 模型
class SimpleModel(nn.Module):
    def __init__(self):
        super(SimpleModel, self).__init__()
        self.fc = nn.Linear(10, 2)  # 一个简单的全连接层作为示例

    def forward(self, x):
        return self.fc(x)

def train(rank, world_size, model):
    torch.manual_seed(1234 + rank)
    device = torch.device(f"cuda:{rank}")
    model.to(device)
    model = DDP(model, device_ids=[rank])
```

```
    optimizer = optim.SGD(model.parameters(), lr=0.01)

    # 假设的数据加载和训练循环（这里使用随机数据代替真实数据）
    for epoch in range(2):  # 简化的训练过程，仅训练两次
        for _ in range(10):  # 假设每个 epoch 有 10 个 batch
            inputs = torch.randn(32, 10, device=device)  # 假设的 batch 数据
            labels = torch.randint(0, 2, (32,), device=device)  # 假设的标签

            optimizer.zero_grad()
            outputs = model(inputs)
            loss = nn.functional.cross_entropy(outputs, labels)
            loss.backward()
            optimizer.step()

        print(f"Rank {rank}, Epoch {epoch+1}, Loss: {loss.item()}")

def main():
    world_size = torch.cuda.device_count()
    mp.spawn(train,
            args=(world_size, SimpleModel()),
            nprocs=world_size,
            join=True)

if __name__ == "__main__":
    main()
```

注意：上述分布式训练代码有以下几点需要了解。

（1）设备分配：每个进程（每个GPU）都会运行train()函数的一个实例，并且每个实例都会将其模型和数据加载到分配给它的GPU上。

（2）数据并行：使用DDP封装模型，它会自动处理跨多个GPU的数据并行。

（3）随机性和可重复性：为了确保结果的可重复性（尽管在本示例中可能不那么重要），为每个进程设置了不同的随机种子。

运行此脚本时，它将自动检测可用的GPU数量，并在每个GPU上启动一个训练进程。每个进程都将独立地训练模型的副本，并使用NCCL后端进行梯度同步。这种分布式训练方法能够显著提高大规模模型的训练速度。

4.6.5 模型评估

模型评估通常涉及加载测试数据集、运行模型进行预测、计算评估指标等步骤。

以下是一个简化的模型评估部分的代码示例，假设已经有训练好的Transformer模型（或任何类型的模型）和一些测试数据。使用准确率作为评估指标，需要注意的是，在实际应用中，可能需要根据任务类型选择合适的评估指标（如精确度、召回率、F1分数等）。

```python
import torch

def evaluate_model(model, test_loader, device):
    """
    评估模型在测试集上的性能

    Args:
    - model: 已训练好的模型
    - test_loader: 测试数据加载器
    - device: 模型运行的设备（CPU 或 GPU）

    Returns:
    - accuracy: 模型在测试集上的准确率
    """
    model.eval()  # 设置模型为评估模式
    correct = 0
    total = 0

    with torch.no_grad():  # 在评估模式下关闭梯度计算以节省内存和加速计算
        for inputs, labels in test_loader:
            inputs, labels = inputs.to(device), labels.to(device)
            outputs = model(inputs)  # 假设模型输出的是未经过 softmax 激活的 logits
            _, predicted = torch.max(outputs.data, 1)  # 获取预测类别
            total += labels.size(0)
            correct += (predicted == labels).sum().item()

    accuracy = 100 * correct / total
    print(f'Accuracy of the model on the test images: {accuracy}%')
    return accuracy

# 假设已有训练好的模型实例 model 和测试数据加载器 test_loader
# 以及模型运行的设备 device（如 'cuda' 或 'cpu'）

# 在主程序中调用评估函数
if __name__ == "__main__":
    # 假设 device 已经被设置为 'cuda'（如果可用），否则为 'cpu'
    # model 是已经训练好的 Transformer 模型（或任何其他模型）
    # test_loader 是测试数据的 DataLoader 实例
    accuracy = evaluate_model(model, test_loader, device)
```

注意：上述代码示例做了一些简化假设。

（1）model 是一个已经训练好的模型实例，它能够在给定的输入上产生输出。

（2）test_loader 是一个 DataLoader 实例，用于加载测试数据集。它应该能够迭代地产生输入数据和对应的

标签。

（3）device是一个字符串，指示模型应该在哪个设备上运行（例如，'cuda'表示GPU，'cpu'表示CPU）。

（4）假设模型的输出是未经softmax激活的logits，因此使用torch.max()函数来获取预测类别，并与真实标签进行比较以计算准确率。

在实际应用中，需要根据模型的具体输出和任务需求调整代码。例如，如果模型输出的是经过softmax激活的概率分布，需要直接比较概率最高的类别与真实标签。另外，根据任务的不同，还需要计算其他评估指标，如精确度、召回率、F1分数等。

4.7 本章小结

本章深入探讨了在大规模深度学习模型训练中，如何通过硬件加速技术提升训练效率与性能。随着深度学习模型规模的日益增大，对计算资源的需求也急剧增加，传统的单机训练方式已难以满足需求。因此，硬件加速技术，特别是GPU加速，成为解决这一问题的关键途径。

通过本章的学习，读者不仅能够理解大模型训练中的硬件加速技术原理和实现方法，还能够掌握如何在实际项目中应用这些技术来优化训练过程，提升模型训练效率和性能。

总之，硬件加速技术特别是GPU加速在大模型训练中发挥着至关重要的作用。未来随着硬件技术的不断进步和深度学习应用的持续拓展，相信硬件加速技术将在更多领域展现出其强大的潜力和价值。

第 **5** 章

大模型的训练过程

随着大模型技术的飞速发展，大模型的训练成为研究和应用中的关键环节。然而，大模型的训练并非易事，需要精心设计的训练策略、充足的计算资源及高效的优化算法。本章将深入探讨大模型的训练过程，包括数据预处理、模型初始化、训练策略、优化算法、正则化与过拟合处理、训练监控与评估等方面。

本章涉及的主要知识点如下。

◆ 模型训练流程简介。

◆ 训练前的准备。

◆ 训练过程详解。

◆ 训练中的技术要点。

◆ 训练后的评估与优化。

◆ 训练过程中的挑战与应对。

5.1 模型训练流程简介

在大规模深度学习模型的训练过程中，遵循系统化流程对于确保训练的高效性和模型性能的优化至关重要。本节将简要介绍大模型训练的一般流程，从数据准备开始，到模型定义、环境配置、训练配置、模型训练、验证与测试，直至最终模型部署，每一步都紧密相连，共同构成了大模型训练的生命周期。图5-1所示为人工智能模型训练流程，该流程实际是一个不断迭代的闭环。

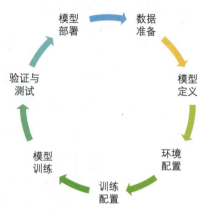

图5-1　人工智能模型训练流程

5.1.1 数据准备

数据准备是大模型训练的第一步，也是至关重要的一步。数据准备包括数据的收集、清洗、标注、预处理等过程。数据的质量直接影响模型的性能，因此必须确保数据的准确性、完整性和一致性。此外，根据模型的需求，可能还需要对数据进行增强，以增加模型的泛化能力。

5.1.2 模型定义

在数据准备好后，接下来是定义模型架构。大模型的架构通常比较复杂，包含多个层次和组件。根据任务的具体需求（如分类、检测、生成等），选择合适的网络结构和参数配置。同时，也需要考虑模型的计算复杂度和内存需求，以确保在现有硬件资源下能够高效训练。

5.1.3 环境配置

在开始训练前，需要配置适当的训练环境，包括选择合适的深度学习框架（如TensorFlow、PyTorch等）、设置必要的库和依赖项、配置GPU或TPU等加速硬件等。一个稳定且高效的训练环境对于大模型的训练至关重要。

5.1.4 训练配置

训练配置包括设置学习率、批量大小、优化算法等超参数。这些参数的选择对模型的训练速度和性能有直接影响。对于大模型来说，由于参数众多，训练过程可能非常耗时，因此合理的训练配置能够显著加速训练过程并提高模型性能。

5.1.5 模型训练

模型训练是整个流程的核心部分。在这一阶段，将使用配置好的模型和数据集进行迭代训练。在每次迭代中，模型会根据输入的数据计算出预测结果，并与真实标签进行比较以计算损失值。然后，使用优化算法根据损失值对模型参数进行更新。这个过程会重复进行多次迭代，直到满足预设的停止条件（如达到最大迭代次数、损失值不再下降等）。

5.1.6 验证与测试

在训练过程中，需要定期使用验证集对模型进行评估，以监控模型的性能变化并避免过拟合。验证集是与训练集相互独立的数据集，用于评估模型在未见过的数据上的表现。当训练完成后，还需要使用测试集对模型进行最终评估，以验证模型的泛化能力和实际应用效果。

5.1.7 模型部署

如果模型在测试集上表现出良好的性能，就可以考虑将模型部署到实际应用场景中。部署过程可能包括将模型转换为特定格式（如 ONNX、TensorRT 等）、优化模型推理速度、集成到现有系统中等步骤。部署后还需要对模型进行持续监控和维护，以确保其稳定运行并满足实际需求。

在模型部署上线后，就会得到用户的进一步反馈，进而开始下一轮的迭代。

综上所述，大模型的训练过程是一个系统而复杂的工程任务，需要综合考虑数据、模型、环境、配置等多个方面的因素。通过遵循上述流程并不断优化各个环节，可以显著提升大模型的训练效率和性能。

5.2 训练前的准备

在大规模深度学习模型训练前，充分的准备工作是确保训练顺利进行和模型性能优化的关键。这一阶段涉及多个方面，包括数据集准备、计算资源规划、环境配置与依赖安装、模型架构设计与初始化等。以一个简单的手写数字识别任务（类似于 MNIST 数据集，称为"手写数字–简易版"）为例，阐述相关准备工作。

5.2.1 数据集准备

数据收集：首先，需要收集与任务相关的数据集。可能涉及从公开数据集下载、内部数据库提

取或通过网络爬虫获取等多种方式。例如，可以从网络下载包含手写数字图片的数据集，这些图片应经过初步筛选，去除模糊或损坏的图像。

数据清洗：收集到的原始数据往往包含噪声、缺失值或格式不一致等问题，需要进行清洗处理。包括去除重复项、填充缺失值、纠正错误数据、统一数据格式等步骤。假设数据集中有少数图片标签错误，应手动更正这些错误标签。为统一数据格式，应将所有图片调整为相同的大小和分辨率。

数据划分：将清洗后的数据集划分为训练集、验证集和测试集。通常，训练集用于模型训练，验证集用于调整超参数和监控训练过程，测试集用于评估模型的最终性能。例如，将数据集随机划分为70%的训练集、15%的验证集和15%的测试集。确保模型在未见过的数据上也能表现良好。

注意：数据划分的比例并没有强制要求，只要确保验证集和测试集涵盖样本的多样性。

数据增强：为了提高模型的泛化能力，可以对训练集进行数据增强操作，如旋转、缩放、翻转、添加噪声等，以增加样本的多样性。例如，为了提高模型的泛化能力，对训练集中的图片进行随机旋转、缩放和轻微的仿射变换等。

注意：数据增强的操作并不是随意的，而是在不影响整体逻辑性的前提下，生成可能存在的数据分布。

5.2.2 计算资源规划

硬件选择：根据模型规模和训练需求选择合适的计算硬件，如GPU、TPU等。对于大模型训练，通常需要多台机器并行计算以加速训练过程。

考虑到手写数字识别任务相对简单，使用一台配备单个NVIDIA GPU的工作站进行训练即可。该工作站选用NVIDIA RTX 2080 Ti GPU，因为它在性价比和计算能力之间达到了良好的平衡。图5-2所示为NVIDIA RTX 2080 Ti GPU的外观图。

图 5-2　NVIDIA RTX 2080 Ti GPU 的外观图

集群配置：如果采用分布式训练，需要提前配置好计算集群，包括节点间的网络连接、存储共享、任务调度等。

由于此任务不需要分布式训练，也不需要配置计算集群，所以所有计算都在单机上完成。

5.2.3 环境配置与依赖安装

操作系统：建议选择Linux操作系统，因其稳定性和对高性能计算的良好支持。

本例选用Ubuntu 18.04 LTS作为操作系统，因为它稳定且广泛支持深度学习框架。

深度学习框架： 安装并配置深度学习框架，如 TensorFlow、PyTorch 等。这些框架提供了丰富的 API 和工具，方便模型定义、训练、验证和部署。

本例安装了 PyTorch 框架，因为它提供了灵活的 API 和易于使用的工具，非常适合快速原型开发和实验。

依赖库： 安装模型训练所需的其他依赖库，如 NumPy、Pandas 用于数据处理，CUDA、cuDNN 用于 GPU 加速等。

除了 PyTorch 外，还安装了 CUDA 11.8 和 cuDNN 8.9，以便利用 GPU 加速计算。同时，安装了 Pillow 库用于图像加载和处理。

版本控制： 为了确保可重复性和一致性，建议使用版本控制系统（如 Git）来管理代码和依赖库版本。

本例使用 Git 进行版本控制，确保代码和依赖库的可追溯性和可重复性。

5.2.4 模型架构设计与初始化

模型选择： 根据任务需求选择合适的模型架构。对于大模型训练，可能需要自定义复杂的网络结构或使用预训练模型作为起点。

针对手写数字识别任务，选择一个简单的 CNN 作为模型架构。它包含多个卷积层、池化层和全连接层。图 5-3 所示为 CNN 模型架构示意，在输入一张图像后，卷积层和池化层交替进行，卷积层按照一定步长将卷积核范围内的图像特征求内积，而池化层则是按照一定的步长将池化窗口内的数据求平均值或最大值等，最终连接两个全连接层输出预测结果。

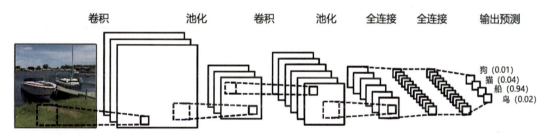

图 5-3　CNN 模型架构示意

参数初始化： 合理的参数初始化对模型训练至关重要。常见的初始化方法有随机初始化、Xavier 初始化、He 初始化等。对于预训练模型，还需要考虑如何加载预训练权重。

本例使用 He 初始化方法来初始化卷积层的权重，因为它特别适用于 ReLU 激活函数。全连接层的权重则采用 Xavier 初始化。

注意：Xavier 初始化，又称 Glorot 初始化，是一种在神经网络中初始化权重的流行技术。它是由 Xavier Glorot 在 2010 年提出的，目的是解决在训练深度前馈神经网络时遇到的困难。

Xavier 初始化的主要思想是在网络的前向传播和反向传播过程中，使激活值和梯度能够有效地流动。它通过考虑每一层的输入和输出单元的数量来确定随机初始化的规模。具体来说，Xavier 初始化有两种形式：均匀分布初始化和正态分布初始化。

Xavier 均匀分布初始化：每个权重 w 从范围为 $[-x, x]$ 的均匀分布中抽取，其中 $x = \sqrt{\dfrac{6}{\text{inputs}+\text{outputs}}}$。这里

的inputs是该层的输入单元数，outputs是输出单元数。

Xavier正态分布初始化：每个权重w从均值为0，标准差为$\sigma = \sqrt{\dfrac{2}{inputs+outputs}}$的正态分布中抽取。

Xavier初始化的目的是保持每一层输出的方差大致相同，这样可以避免在深度网络中出现的梯度消失或梯度爆炸的问题。这是因为如果方差在每一层都保持不变，那么无论是在前向传播还是反向传播过程中，信号都不会因为方差过小而消失，或者因为方差过大而爆炸。

在实际应用中，如果神经网络使用了激活函数，如Sigmoid或Tanh，Xavier初始化通常能够工作得很好。但对于ReLU激活函数，通常会使用He初始化，因为它考虑了ReLU丢弃负值的特性，从而在初始化时提供更大的方差。

总的来说，Xavier初始化是一种有效的权重初始化方法，它通过考虑网络层的输入和输出单元数量来设置权重的初始值，以保持网络中信息的有效流动，从而有助于提高深度学习模型的训练效果。

超参数设置： 在训练开始前，需要预设一些超参数，如学习率、批量大小、优化器类型等。这些超参数将直接影响模型的训练效果和收敛速度。

本例设置学习率为0.001，批量大小为64，优化器选择Adam。这些超参数的选择基于经验和对任务的理解。

通过以上准备工作，可以为大模型的训练奠定坚实的基础。在准备过程中，需要仔细考虑每个步骤的细节和潜在问题，确保训练过程的顺利进行和模型性能的最优化。

5.3 训练过程详解

在大模型的训练过程中，训练阶段是核心环节，它涉及模型参数的迭代更新，旨在最小化损失函数，从而提高模型在给定任务上的性能。以下是对大模型训练过程的详细解析，结合一个简单的NLP任务实例文本分类来具体说明每个步骤。

5.3.1 模型定义

首先需要加载数据，这里就不再赘述。接下来详细介绍模型的定义，以BERT的简化版文本分类模型为例（BERT是一个大型预训练模型）。

```
import torch
import torch.nn as nn
import torch.nn.functional as F

# 假设的 BERT 模型简化版（仅作示例）
class SimplifiedBERT(nn.Module):
    def __init__(self, vocab_size, hidden_size, num_classes):
        super(SimplifiedBERT, self).__init__()
```

```
        self.embeddings = nn.Embedding(vocab_size, hidden_size)
        # 假设只有一层 Transformer 层（实际 BERT 有多层）
        self.transformer = nn.TransformerEncoderLayer(d_model=hidden_size, nhead=8)
        self.fc = nn.Linear(hidden_size, num_classes)

    def forward(self, x):
        # x 的 shape 假设为 [batch_size, seq_length]
        x = self.embeddings(x)  # [batch_size, seq_length, hidden_size]
        # 假设输入已经是加了位置编码的
        output = self.transformer(x.unsqueeze(0))  # Transformer 需要加上 batch 维度
        output = torch.mean(output, dim=1)  # 对序列取平均得到句子表示
        output = self.fc(output)
        return F.log_softmax(output, dim=1)  # 返回 log_softmax，便于与 NLLLoss 结合

# 实例化模型
model = SimplifiedBERT(vocab_size=10000, hidden_size=768, num_classes=2)
```

注意：BERT 是一种基于 Transformer 架构的预训练语言模型，它通过深度双向表示来理解语言的上下文和细微差别。BERT 模型的核心特点包括以下几点。

双向编码能力：BERT 能够捕捉到文本中每个词的前后文信息，这得益于其使用的 Transformer 编码器结构，该结构通过自注意力机制实现。这种机制允许模型在处理序列数据时，同时考虑局部和全局的上下文信息。

预训练和微调：BERT 模型的训练分为预训练和微调两个阶段。在预训练阶段，BERT 在大规模无标签文本数据上进行训练，主要通过掩码语言模型（Masked Language Model, MLM）和下一句预测（Next Sentence Prediction, NSP）两种任务来学习语言特征。微调阶段则是在特定任务的数据集上进行，以使模型更好地适应该任务。

大规模参数：BERT 模型通常具有大量的参数，这使它能够捕捉到丰富的语义和语法信息。这些参数在预训练阶段被训练，然后在微调阶段根据特定任务进行调整。

灵活性和通用性：BERT 模型的设计使其具有很高的灵活性和通用性。通过在模型的顶部添加不同的网络层，如用于分类任务的全连接层、用于序列标记的 CRF 层等，BERT 可以适应多种不同的 NLP 任务，如文本分类、问答系统、命名实体识别等。

高计算需求：由于 BERT 模型的参数量巨大，因此需要大量的计算资源进行训练，包括高性能的 GPU 或 TPU 等硬件资源。

BERT 模型的出现为 NLP 领域带来了革命性的变革，它在多项 NLP 任务上取得了显著的性能提升，并为未来的研究和应用提供了丰富的土壤。

模型定义是训练过程中的关键步骤之一，它涉及选择或设计合适的模型架构以解决特定问题。表 5-1 列出了模型定义过程中的注意事项。

表5-1　模型定义过程中的注意事项

注意事项	描述
明确任务需求	在定义模型之前，必须清楚任务的具体需求，包括任务的性质（如分类、回归、生成等）、输入数据的类型（如图像、文本、时间序列等）及目标输出

注意事项	描述
选择或设计合适的模型架构	根据任务需求选择合适的模型架构。对于复杂的任务,可能需要设计更复杂的模型,如深度神经网络。同时,也要考虑模型的泛化能力和计算效率
考虑模型的可扩展性	设计模型时,应考虑到未来可能的需求变化,使模型具有一定的可扩展性。例如,通过模块化设计,可以方便地添加新的功能模块
参数初始化	合理的参数初始化对于模型的收敛速度和性能至关重要。常用的初始化方法包括随机初始化、Xavier初始化、He初始化等
正则化策略	为了防止过拟合,可以在模型定义时加入正则化项,如L1正则化、L2正则化、Dropout等
激活函数的选择	激活函数的选择对模型的性能有很大影响。常见的激活函数包括ReLU、Sigmoid、Tanh等。不同的激活函数适用于不同的场景
优化器配置	虽然优化器的配置通常不在模型定义阶段直接进行,但选择合适的优化器(如SGD、Adam等)对模型训练效果至关重要
层数与神经元数量	根据任务复杂度和数据规模合理设置模型的层数和每层神经元的数量。层数过多或神经元数量过多可能导致过拟合和计算效率低下
考虑计算资源	在定义模型时,需要考虑可用的计算资源(如CPU、GPU等)和内存限制,避免设计出超出资源限制的模型
可解释性与透明度	对于某些需要可解释性的应用场景(如医疗、金融等),模型定义时应考虑如何提高模型的可解释性和透明度
持续迭代与优化	模型定义是一个迭代的过程,需要根据实验结果和反馈不断调整和优化模型架构和参数设置

注意:上述技巧和注意事项并非孤立存在,而是相互关联、相互影响的。在实际应用中,需要根据具体情况综合考虑这些因素。此外,随着深度学习技术的不断发展,新的模型架构、优化算法和正则化策略不断涌现,因此也需要持续关注最新研究成果并尝试将其应用于模型定义中。

表5-2列出了常见大模型的定义、适用场景及优缺点。

表5-2 常见大模型的定义、适用场景及优缺点

大模型	定义	适用场景	优点	缺点
GPT系列(如GPT-3)	基于Transformer架构的大型语言模型,通过自监督学习进行预训练	NLP任务,如文本生成、机器翻译、问答系统等	强大的文本生成能力;广泛的知识迁移能力;支持多语言处理	训练成本高,计算资源需求大;过拟合风险,特别是在小数据集上;可解释性较差,模型决策过程不透明
BERT	基于Transformer架构的双向编码器,通过大量文本数据进行预训练	自然语言理解(Natural Language Understanding, NLU)任务,如情感分析、命名实体识别等	强大的上下文理解能力;适用于多种NLP任务;易于与其他模型结合使用	主要针对理解任务,生成能力较弱;计算资源需求较大;在某些特定任务上可能需要微调以获得最佳性能

大模型	定义	适用场景	优点	缺点
RoBERTa	BERT的改进版，通过更大的数据集和更长的训练时间进行预训练	同BERT，且在多个NLP基准测试中表现更佳	提高了BERT的性能；减少了预训练时的噪声数据；增强了模型的泛化能力	训练成本更高；仍面临BERT的一些固有缺点
T5	基于Transformer架构的文本到文本模型，旨在统一多种NLP任务为文本生成任务	多种NLP任务，特别是那些可以转化为文本生成任务的情况	灵活性高，适用于多种任务；强大的文本生成能力；统一的框架简化了模型设计和训练过程	训练复杂度高，计算资源需求大；在某些特定任务上可能需要进一步微调
BART	基于编码器—解码器架构的预训练模型，适用于序列到序列的任务	机器翻译、文本摘要等序列到序列的任务	高效的文本生成能力；适用于多种序列到序列的任务；可通过微调快速适应新任务	训练成本较高；需要大量数据进行预训练
ELMo	基于双向LSTM的语言模型，能够学习单词在不同上下文中的表示	NLP中的多种任务，特别是那些需要理解单词在不同语境中含义的任务	能够捕捉单词的上下文敏感表示；提高了下游任务的性能；适用于多种NLP任务	计算效率相对较低；需要较长的训练时间

注意：在实际应用中，选择合适的模型应基于具体任务的需求、可用资源及预期的性能要求。此外，随着技术的不断发展，新的大模型不断涌现，其性能和应用场景也在不断扩展和演变。

以上信息主要基于当前深度学习领域的公开知识和研究成果，但由于技术发展迅速，具体情况可能会有所变化。在实际应用中，建议参考最新的研究成果和技术文档。

5.3.2　迭代训练

大模型的训练过程通常通过一个循环来实现，这个循环不断迭代直到满足某个停止条件（如达到预设的迭代次数、验证集上的性能不再提升等）。在每次迭代中，模型会对一批数据进行前向传播、计算损失、进行反向传播并更新参数。在迭代训练过程中，通常包括以下几个关键步骤。

预训练：使用大规模的无标签数据进行预训练，使模型学习到通用的语言表示。这一过程有助于模型捕捉到语言的深层结构和语义信息。

微调：针对特定的NLP任务，使用有标签的数据对预训练好的模型进行微调。通过调整模型参数，使其更好地适应目标任务。

评估与迭代：在微调过程中，不断评估模型在验证集上的表现，并根据评估结果调整训练策略（如学习率、批量大小等）。通过多次迭代训练，逐步优化模型性能。

表5-3列出了常见大模型的迭代训练设计。

表5-3 常见大模型的迭代训练设计

大模型名称	迭代训练设计
GPT 系列（如GPT-3）	初始预训练 + 微调
BERT	双向编码器预训练 + 微调
T5	文本到文本统一框架预训练 + 微调
RoBERTa	BERT 改进版预训练 + 微调

以文本分类模型为例，目标是判断输入文本的情感倾向（正面或负面）。该模型可以基于BERT等预训练语言模型构建，并通过微调适应特定任务。以下是训练循环的核心要点，其核心是通过迭代更新模型参数来优化性能。

```python
num_epochs = 10

for epoch in range(num_epochs):
    model.train()
    for images, labels in train_loader:
        images, labels = images.to(device), labels.to(device)

        # 前向传播
        outputs = model(images)
        loss = criterion(outputs, labels)

        # 反向传播和优化
        optimizer.zero_grad()
        loss.backward()
        optimizer.step()

    print(f'Epoch [{epoch+1}/{num_epochs}], Loss: {loss.item():.4f}')
```

迭代训练是深度学习模型训练的核心环节，它涉及多次重复的前向传播、损失计算、反向传播和参数更新过程。表5-4是迭代训练过程中的注意事项。

表5-4 迭代训练过程中的注意事项

注意事项	描述
学习率调整	初始学习率的选择对模型的收敛速度和性能至关重要。在训练过程中，可以根据验证集的表现动态调整学习率，如采用学习率衰减策略或学习率预热策略
批量大小选择	批量大小影响模型的泛化能力和训练稳定性。较大的批量可以减少梯度估计的噪声，但可能增加内存消耗和计算时间。需要根据硬件资源和任务需求选择合适的批量大小
梯度裁剪	在训练过程中，梯度的范数可能会变得非常大，导致训练不稳定。梯度裁剪是一种防止梯度爆炸的有效方法，通过将梯度范数限制在某个阈值以下来保持训练的稳定性
早停法	当验证集上的性能开始下降时，早停法可以提前终止训练过程，防止模型在训练集上过拟合。通过设定一个监控指标（如验证集上的损失或准确率）和早停条件（如连续多个训练周期性能未提升）来实现

注意事项	描述
模型保存与加载	在训练过程中定期保存模型状态（包括模型参数、优化器状态等），以便在训练中断或需要评估模型性能时能够快速恢复训练。同时，在训练完成后保存最终模型以便后续使用
超参数调优	超参数（如学习率、批量大小、正则化系数等）对模型性能有显著影响。通过网格搜索、随机搜索或贝叶斯优化等方法对超参数进行调优，以提高模型性能
数据增强	通过随机变换输入数据（如旋转、缩放、裁剪、添加噪声等）来增加样本多样性，提高模型的泛化能力。数据增强特别适用于样本量较少的任务
监控训练过程	使用可视化工具（如 TensorBoard）监控训练过程中的损失变化、梯度分布、参数更新等情况，以便及时发现并解决潜在问题
分布式训练	对于大规模模型和数据集，分布式训练可以显著提高训练速度。通过数据并行或模型并行等方式将训练任务分配到多个计算节点上并行执行
混合精度训练	使用 FP16 代替 FP32 进行训练，以减少内存占用和计算时间。同时采用动态损失缩放等技术来避免数值下溢问题

综上所述，大模型的迭代训练设计旨在通过预训练和微调策略提高模型的泛化能力和任务适应性。然而，在实际应用中仍需注意计算资源、数据质量和微调过程的复杂性等问题。

5.3.3 前向传播

在大模型的前向传播设计中，通常需要考虑模型的架构、输入数据的处理、中间层的计算及输出结果的生成。对于像 GPT 这样的自回归生成模型，前向传播过程主要是根据输入文本逐步生成后续文本。而对于像 BERT 这样的双向编码器模型，前向传播则侧重于对输入文本进行深层的语义理解。T5 模型通过文本到文本的统一框架，简化了多种 NLP 任务的处理方式，使前向传播过程更加灵活和高效。CLIP（Contrastive Language-Image Pre-training）等多模态模型则需要在前向传播过程中同时处理图像和文本两种模态的数据，实现跨模态的理解和匹配。

表 5-5 为常见大模型的前向传播设计和适用场景。

表 5-5 常见大模型的前向传播设计和适用场景

大模型名称	前向传播设计	适用场景
GPT 系列（如 GPT-4）	基于 Transformer 架构的自回归生成模型	NLP，如文本生成、问答系统、对话机器人等
BERT	基于 Transformer 架构的双向编码器模型	NLU，如情感分析、命名实体识别、语义角色标注等
T5	文本到文本的统一框架	多种 NLP 任务，特别是那些可以转化为文本生成任务的情况
CLIP	基于对比学习的多模态模型	图像-文本匹配、图像生成等跨模态任务

在前向传播阶段，模型接收一批输入数据（在本例中为一系列文本），通过各个网络层进行处理，

最终输出预测结果。对于文本分类任务而言，输出可能是一个表示正面或负面情感倾向的概率分布。

模型接收一批文本数据，首先通过BERT的嵌入层将文本转换为向量表示。其次，这些向量通过一系列Transformer层进行编码，提取出文本中的高级特征。最后通过一个全连接层将这些特征映射到情感倾向的分类空间上，输出预测的概率分布。

前向传播是深度学习模型训练过程中的一个基本步骤，它涉及将输入数据通过模型逐层传递，最终得到输出结果。表5-6是前向传播过程中的注意事项。

表5-6　前向传播过程中的注意事项

注意事项	描述
数据预处理	在前向传播前，确保输入数据已经过适当的预处理，如归一化、标准化、编码转换等，以提高模型的训练效率和性能
输入验证	对输入数据进行验证，确保其符合模型的输入要求（如形状、类型、范围等），避免因输入错误导致前向传播失败
逐层计算	按照模型架构逐层进行计算。确保每层的输出作为下一层的输入，并正确应用激活函数等非线性变换
缓存中间结果	在前向传播过程中，可以缓存一些中间结果，以便在后续的反向传播中使用，减少重复计算
激活函数的选择	根据任务需求和模型特性选择合适的激活函数。不同的激活函数对模型的训练效果和性能有显著影响
数值稳定性	注意数值稳定性问题，如避免梯度消失或梯度爆炸。可以通过选择合适的激活函数、优化器和学习率调整策略来提高数值稳定性
并行计算	利用现代计算设备的并行处理能力，如通过GPU加速来加快前向传播的速度。确保模型设计充分利用了并行计算的优势
异常处理	在前向传播过程中添加异常处理机制，以便在出现错误时能够及时捕获并处理，避免程序崩溃或产生无效结果
性能监控	监控前向传播的性能指标，如计算时间、内存占用等，以便及时发现性能瓶颈并进行优化

注意：前向传播是深度学习模型训练的基础步骤之一，其正确性和效率直接影响模型的最终性能。因此，在设计和实现前向传播过程时，需要充分考虑上述技巧和注意事项，以确保模型的稳定性和高效性。

综上所述，大模型的前向传播设计需要根据具体任务和场景进行定制和优化，以充分发挥其强大的处理能力和泛化能力，同时克服计算资源、数据需求量和实时性等方面的挑战。

5.3.4　损失计算

在得到模型的预测结果后，需要计算损失值来评估模型在当前批次数据上的表现。损失函数的设计通常基于任务类型和模型输出类型。对于回归任务，常用的损失函数包括MSE、RMSE和MAE，它们通过不同的方式衡量预测值与真实值之间的差异。对于分类任务，交叉熵损失和对数损失是常用的选择，它们能够很好地衡量预测概率分布与真实概率分布之间的差异。此外，针对特定任务（如最大间隔分类），还有专门的损失函数（如 Hinge Loss）被设计出来。

在上述文本分类任务示例中，使用交叉熵损失函数来计算模型预测的概率分布与真实标签之间的差异。这个差异越大，损失值就越高，表明模型在当前批次数据上的表现越差。

在深度学习模型的训练过程中，损失计算是评估模型预测值与真实值之间差异的关键步骤，它直接指导了模型的优化方向。表 5-7 为损失计算中的注意事项。

表5-7　损失计算中的注意事项

注意事项	描述
选择合适的损失函数	根据任务类型和模型输出类型（如分类、回归等），选择合适的损失函数。例如，对于二分类问题，常使用交叉熵损失；对于回归问题，常使用均方误差损失
考虑类别不平衡问题	在处理多分类问题时，如果不同类别的样本数量差异较大，应考虑使用加权损失函数或重新采样技术来处理类别不平衡问题，以避免模型对多数类样本的过度拟合
损失函数的正则化	在损失函数中加入正则化项（如L1、L2正则化），以约束模型参数的规模，防止过拟合。正则化项的强度可通过超参数进行调整
损失值的稳定性和敏感性	确保损失函数在不同输入下具有一定的稳定性，避免因极端值或异常值导致的损失值异常波动。同时，损失函数应具有一定的敏感性，能够准确反映模型预测值与真实值之间的差异
损失值的监控和记录	在训练过程中，定期监控并记录损失值的变化情况。这有助于评估模型的训练进度和性能表现，并及时发现潜在的问题
损失值与其他评估指标的关联	损失值虽然是模型优化的直接目标，但也需要与其他评估指标（如准确率、召回率、F1分数等）相结合，以全面评估模型的性能。确保损失值的降低与模型整体性能的提升相一致
避免梯度消失或梯度爆炸	在某些情况下，损失函数的设计可能导致梯度消失或梯度爆炸问题，影响模型的训练效果。通过调整损失函数的形式或使用梯度裁剪等技术手段来避免这类问题
利用损失函数进行模型调试	在模型调试过程中，可以通过调整损失函数的参数或形式来观察模型性能的变化情况。这有助于快速定位问题并进行针对性的优化

注意：损失计算是深度学习模型训练过程中的一个重要环节，其准确性和稳定性对模型的最终性能具有重要影响。因此，在实际应用中需要根据具体任务和数据集的特点来选择合适的损失函数，并关注损失值的变化情况以指导模型的优化方向。同时，也需要结合其他评估指标来全面评估模型的性能表现。

表 5-8 为常见的损失函数设计、适用场景及优缺点。

表5-8　常见的损失函数设计、适用场景及优缺点

损失函数	设计	适用场景	优点	缺点
均方误差（Mean-Square Error，MSE）	计算预测值与真实值之间差的平方的平均值	回归任务	计算简单，易于理解；对较大误差给予更大的惩罚，有助于模型捕捉主要趋势	对异常值敏感，可能因个别极端值影响整体性能；不适用于分类任务

损失函数	设计	适用场景	优点	缺点
均方根误差（Root Mean Squared Error, RMSE）	MSE的平方根	回归任务，尤其是需要直观理解误差大小时	提供误差的标准偏差形式，便于直观理解模型性能；与MSE类似，但数值范围更小，便于比较	与MSE相似，同样对异常值敏感
交叉熵损失	计算预测概率分布与真实概率分布之间的差异	分类任务，尤其是多分类问题	适用于多分类问题，能够很好地衡量预测概率分布与真实概率分布之间的差异；在梯度下降过程中，交叉熵损失函数往往能提供更加稳定的梯度	需要预测概率分布，计算相对复杂；当预测概率接近0或1时，梯度可能变得非常小，导致训练速度变慢
对数损失	预测概率的对数与真实标签的乘积的负值	二分类任务	直接与预测概率相关，能够很好地反映模型对类别的判断能力；在二分类问题中广泛使用，与交叉熵损失在二分类情况下等价	仅适用于二分类问题；对预测概率的准确度要求较高
平均绝对误差（Mean Absolute Error, MAE）	计算预测值与真实值之间差的绝对值的平均值	回归任务，尤其是对异常值不敏感的场景	对异常值不敏感，能够更稳定地反映模型性能；计算简单，易于理解	不如MSE对较大误差的惩罚力度大，可能导致模型对主要趋势的捕捉不够准确
Hinge Loss	计算预测值与真实标签之间差的最大值（对于不满足边界条件的样本）	支持向量机（Support Vector Machine, SVM）等最大间隔分类问题	鼓励分类器输出正确的类别标签，同时最大化不同类别之间的间隔；适用于需要明确分类边界的场景	不适用于回归任务；对损失函数的优化可能相对复杂

5.3.5 反向传播

在计算出损失值后，需要通过反向传播算法来更新模型的参数。反向传播利用链式法则，从损失函数开始，逐层计算梯度，并将梯度传递给前一层，最终更新每一层的参数。

仍然以上述文本分类任务为例，使用梯度下降法（或其变体，如Adam优化器）来更新模型参数。通过反向传播，计算出每个参数的梯度，并根据学习率调整这些参数的值，以期望在下一次迭代中降低损失值。

反向传播是大规模神经网络训练中的核心算法，它通过计算损失函数对模型参数的梯度，并利用这些梯度来更新模型参数，以最小化损失函数。反向传播的设计需要考虑模型的复杂性、任务的多样性及计算资源的限制。常见的反向传播设计包括基于Transformer架构的反向传播、双向编码器结构的反向传播及统一框架的反向传播等。

表5-9是常见大模型的反向传播设计、适用场景及优缺点。

表5-9　常见大模型的反向传播设计、适用场景及优缺点

大模型	反向传播设计	适用场景	优点	缺点
GPT系列	基于Transformer架构的反向传播	NLP，如文本生成、问答系统、对话机器人等	1. 高效性：通过Transformer架构，反向传播能够高效地计算梯度并更新参数； 2. 灵活性：GPT系列模型支持多种NLP任务，反向传播设计灵活，能够适应不同任务需求	1. 计算资源要求高：由于模型参数多，反向传播过程中计算量大，对硬件要求高； 2. 梯度消失或梯度爆炸问题：在深层网络中，梯度可能消失或爆炸，影响训练效果
BERT	双向编码器结构的反向传播	NLU，如情感分析、命名实体识别、语义角色标注等	1. 深入理解上下文：BERT的双向编码器结构使模型能够深入理解文本上下文，反向传播能够优化模型对上下文的捕捉能力； 2. 多任务适应性：经过预训练的BERT模型，通过微调可以快速适应多种NLU任务，反向传播设计支持这种快速适应	1. 生成能力有限：相比生成式模型，BERT更侧重于理解而非生成，反向传播设计主要优化理解性能，而非生成能力； 2. 计算资源需求大：同样由于模型参数多，反向传播过程计算量大，对硬件要求高
T5	统一文本到文本框架的反向传播	多种NLP任务，特别是可以转化为文本生成任务的情况	1. 灵活性高：T5将多种NLP任务统一为文本到文本的任务，反向传播设计简化，提高了模型的灵活性； 2. 性能优越：在多个基准测试中表现出色，反向传播能够优化模型的整体性能	1. 训练复杂度高：由于任务多样性和复杂性，T5的训练过程相对复杂，反向传播也需要处理多种不同的任务格式； 2. 数据需求量大：为了保持模型的泛化能力，需要大规模、高质量的训练数据，反向传播过程对数据质量敏感

在深度学习的训练过程中，反向传播是优化模型参数的关键步骤，它通过将损失函数的梯度从输出层反向传播到输入层来指导参数的更新。表5-10为反向传播设计中的注意事项。

表5-10　反向传播设计中的注意事项

注意事项	描述
确保梯度正确计算	在反向传播过程中，确保梯度的正确计算至关重要。梯度计算错误可能导致模型无法正确收敛。使用数值梯度校验（如有限差分法）来验证解析梯度的正确性是一种常见做法
避免梯度消失或梯度爆炸	梯度消失（当梯度接近零时）或梯度爆炸（当梯度非常大时）都可能导致训练问题。通过选择合适的激活函数（如ReLU代替Sigmoid）、初始化方法及使用梯度裁剪等技术来避免这些问题
使用合适的优化器	优化器的选择对训练效果有显著影响。常用的优化器包括SGD、Adam等。根据任务特性和模型结构选择合适的优化器，并调整其超参数（如学习率、动量等）
注意学习率的调整	学习率是控制参数更新步长的重要超参数。过大的学习率可能导致训练不稳定，而过小的学习率则可能导致训练速度过慢。在训练过程中，可以根据验证集的性能动态调整学习率
利用动量或自适应学习率	动量可以帮助加速SGD在相关方向上的训练，并抑制震荡；自适应学习率方法（如Adam）可以根据参数的重要性自动调整学习率。这些方法有助于提高训练效率和稳定性
监控训练过程	在训练过程中，监控损失值、梯度分布、模型性能等指标，以便及时发现并解决潜在问题。例如，如果损失值长时间不下降，可能需要检查梯度计算是否正确或尝试调整学习率等超参数

续表

注意事项	描述
层间梯度传播	在多层网络中，确保层间梯度的正确传播是反向传播的关键。每一层都需要将接收到的梯度乘以该层的局部梯度（该层参数的偏导数），然后传递给下一层
处理非线性激活函数	激活函数（如ReLU、Sigmoid等）在反向传播过程中需要特别处理。对于ReLU函数，需要注意其梯度在负输入时为0的特性；对于Sigmoid函数，则需要注意其梯度容易饱和的问题
并行计算优化	在大规模模型训练中，利用并行计算技术（如GPU加速、分布式训练等）可以显著提高反向传播的效率。合理设计数据并行或模型并行策略以充分利用计算资源
内存和计算资源优化	反向传播过程中需要存储大量的中间变量和梯度信息，这可能对内存和计算资源造成较大压力。通过优化存储策略和计算流程来减少内存占用和提高计算效率是必要的

综上所述，反向传播在大模型训练中发挥着至关重要的作用。然而，为了克服其缺点并提高训练效率，目前研究者们还在不断探索新的优化算法和技术手段，以改进反向传播过程并解决相关问题。

5.3.6 参数更新

根据反向传播得到的梯度，更新模型的参数。这通常通过简单的梯度下降步骤实现，即根据学习率和梯度的方向调整参数值。

仍然以文本分类任务为例，在每次迭代结束时，根据Adam优化器的规则更新BERT模型的权重。这些更新考虑了梯度的历史信息，旨在更稳定地收敛到最优解。

表5-11为常见大模型的参数更新设计、适用场景及优缺点。

表5-11　常见大模型的参数更新设计、适用场景及优缺点

参数更新设计	适用场景	优点	缺点
随机梯度下降（SGD）	广泛适用于各种深度学习模型，尤其是大模型训练初期	1. 简单易实现； 2. 对内存要求低，适合处理大规模数据集	1. 学习率敏感，需要仔细调整； 2. 可能陷入局部最优解； 3. 收敛速度可能较慢
自适应矩估计（Adam）	适用于大多数深度学习任务，特别是需要快速收敛的场景	1. 自适应调整学习率； 2. 收敛速度快； 3. 对内存需求适中	1. 可能在某些情况下不如SGD泛化能力强； 2. 超参数较多，需要仔细调整
RMSprop	适用于需要快速收敛且对内存占用有一定要求的场景	1. 对学习率进行自适应调整； 2. 收敛速度较快； 3. 适用于非平稳目标	1. 对初始学习率选择较为敏感； 2. 可能在某些情况下不如Adam稳定
层自适应率缩放（LARS）	适用于大规模分布式训练场景，特别是涉及深层网络时	1. 根据每层参数的范数自适应调整学习率； 2. 有助于保持模型各层之间的学习速率平衡； 3. 提高训练稳定性和收敛速度	1. 实现相对复杂； 2. 需要仔细调整相关超参数

参数更新设计	适用场景	优点	缺点
LAMB（Layer-wise Adaptive Moments optimizer for Large-Batch Training）	适用于大规模分布式训练，特别是当批量大小非常大时	1. 结合了 Adam 和 LARS 的优点； 2. 在大批量训练时能保持较高的训练效率和稳定性； 3. 适用于训练非常大的模型	1. 实现复杂，需要较高的技术门槛； 2. 对硬件资源要求较高

在深度学习模型的训练过程中，参数更新是优化模型性能的关键步骤。表 5-12 为参数更新中的注意事项。

表5-12　参数更新中的注意事项

注意事项	描述
选择合适的优化算法	根据模型特点、任务需求和数据集特性，选择合适的优化算法进行参数更新。常见的优化算法包括 SGD、Adam、RMSprop 等
调整学习率	学习率是控制参数更新步长的关键超参数。在训练过程中，可以根据验证集的性能动态调整学习率，以获得更好的收敛效果。例如，使用学习率衰减策略，在训练初期使用较高的学习率以快速收敛，随着训练的进行，逐渐降低学习率以细化调整
考虑动量	动量可以帮助加速 SGD 在相关方向上的训练，并抑制震荡。在参数更新时加入动量项，可以使参数更新更加平滑和稳定
权重衰减	权重衰减是一种正则化方法，通过在损失函数中添加一项与参数平方成比例的惩罚项，来避免模型过拟合。在参数更新时考虑权重衰减，可以限制参数的取值范围，提高模型的泛化能力
梯度裁剪	当梯度过大时，可能会导致参数更新步长过大，引起模型不稳定或发散。通过梯度裁剪技术，将梯度值限制在一定范围内，可以避免这种情况的发生
逐层参数更新	在一些复杂的模型中，不同层的参数对模型性能的影响可能不同。可以考虑逐层进行参数更新，即先固定其他层的参数，只更新某一层的参数，然后逐步扩展到其他层。这种方法有助于更好地理解模型的学习过程，并进行针对性的优化
监控参数更新过程	在训练过程中，可以通过可视化工具（如 TensorBoard）来观察参数的分布、更新步长等关键指标，以便及时发现并解决问题
考虑模型架构和初始化	合理的模型架构和初始化方法可以提高模型的训练效率和性能。在参数更新过程中，也需要根据模型的架构和初始化方式来调整优化策略
避免局部最优解	在非凸优化问题中，模型可能会陷入局部最优解而非全局最优解。为了避免这种情况的发生，可以尝试使用不同的初始化方法、优化算法或添加噪声等方式来扰动参数更新过程

在实际应用中，应根据具体任务和数据集特点选择合适的参数更新方法，并通过调整相关超参数以获得最佳性能。同时，随着深度学习技术的发展，新的参数更新方法和优化算法也在不断涌现，值得持续关注和探索。

5.3.7　验证与调整

在训练过程中，需要定期在验证集上评估模型的性能。如果验证集上模型的性能开始下降（出

现过拟合），可以通过调整学习率、增加正则化项或采取其他措施来防止模型过拟合。

在文本分类任务中，每训练一定数量的迭代后，需要在验证集上评估文本分类模型的性能，如果发现性能下降，可以考虑降低学习率、增加 Dropout 比率或使用早停法来提前终止训练。

表 5-13 是常见大模型验证与调整的策略、适用场景及优缺点。

表5-13　常见大模型验证与调整的策略、适用场景及优缺点

策略	描述	适用场景	优点	缺点
交叉验证	将数据集分成多个部分，轮流将每个部分作为验证集，其余部分作为训练集进行训练，并评估模型性能	数据量相对有限的情况，通过交叉验证可以充分利用有限数据，减少过拟合风险	提高模型评估的可靠性。减少数据浪费，充分利用有限数据集	计算成本较高，特别是当数据集很大时。可能无法完全模拟实际应用场景
早停策略	在训练过程中监控验证集上的性能，如果性能在连续多个训练周期后没有显著提升，则提前终止训练	防止模型过拟合，特别是在训练集与验证集性能差异显著时	节省计算资源。避免模型在训练集上过拟合	可能错过模型性能的进一步提升机会。需要合理设置早停条件，避免误判
超参数调优	使用网格搜索、随机搜索、贝叶斯优化等方法，在预定义的参数空间内搜索最优的超参数组合	需要对模型性能进行精细调整的场景	提高模型性能。自动化程度高，减少人工干预	计算成本可能较高，特别是参数空间较大时。可能陷入局部最优解
集成学习	训练多个模型，并将它们的预测结果进行融合，以提高整体性能	需要提高模型稳定性和准确性的场景	提高模型预测的鲁棒性和准确性。减少单一模型的不确定性	计算成本较高，需要训练多个模型。模型融合策略的选择对性能影响较大
A/B测试	在实际应用场景中，将用户随机分为两组，分别使用不同的模型版本进行服务，并比较两组用户的性能指标	需要评估模型在实际应用中的表现时	直接反映模型在实际应用中的性能；有助于决策模型版本的选择	需要一定的用户基数，否则结果可能具有偶然性。实施成本较高，需要确保两组用户之间的可比性

在深度学习模型的训练过程中，"验证与调整"是一个至关重要的环节，涉及对模型性能的评估及基于评估结果的参数调整。表 5-14 为验证与调整中涉及的注意事项。

表5-14　验证与调整中涉及的注意事项

注意事项	描述
划分验证集	在训练开始前，从原始数据集中划分出一部分作为验证集。验证集应独立于训练集，用于在训练过程中评估模型的泛化能力
定期评估模型性能	在训练过程中，定期使用验证集评估模型的性能，有助于及时发现过拟合、欠拟合等问题，并据此调整训练策略
监控关键指标	根据任务需求，监控验证集上的关键指标（如准确率、召回率、F1分数等）。这些指标能够直观地反映模型性能的好坏
调整超参数	根据验证集上的性能表现，调整模型的超参数（如学习率、批量大小、正则化系数等）。通过网格搜索、随机搜索或贝叶斯优化等方法寻找最优超参数组合

续表

注意事项	描述
分析错误案例	对验证集上的错误案例进行深入分析，了解模型在哪些情况下容易出错，有助于发现模型的弱点并针对性地进行改进
考虑早停策略	如果验证集上的性能在连续多个训练周期后没有显著提升，可以考虑采用早停策略来避免过拟合。早停策略通常设定一个性能阈值或最大训练周期数，当验证集的性能不再提升时提前终止训练
利用集成学习方法	如果单个模型的性能有限，可以考虑使用集成学习方法来提升整体性能。通过训练多个模型并将它们的预测结果进行融合，可以获得更加稳定和准确的预测结果
保持训练与验证的一致性	在进行验证时，确保验证过程与训练过程保持一致性。例如，使用相同的数据预处理方式、损失函数和评估指标等，有助于更准确地评估模型的泛化能力
记录实验日志	在训练过程中详细记录实验日志，包括训练周期数、验证集的性能、超参数设置等关键信息，有助于后续分析实验结果并进行优化

注意：验证与调整是一个迭代的过程。在训练过程中，需要不断地进行验证、分析和调整，以逐步优化模型性能。在实际应用中，应根据具体任务和数据集特点选择合适的验证与调整方法，并权衡各种方法的优缺点，以达到最佳效果。

通过重复上述训练，逐步优化模型的参数，以期在测试集获得良好的性能。在大模型的训练过程中，由于模型复杂度和数据量的增加，训练过程可能需要花费较长的时间和大量的计算资源。然而，通过合理的训练策略和高效的优化算法，可以有效地加速训练过程并提高模型的最终性能。

5.4 训练中的技术要点

在大模型的训练过程中，为了确保训练的高效性和模型性能的最优化，需要掌握并应用一系列技术要点。这些要点涵盖数据预处理、模型优化、计算资源管理、过拟合控制等多个方面。以下是对这些技术要点的详细阐述。

5.4.1 数据预处理

数据预处理是模型训练的基础，在模型训练任务中，数据预处理大约会占用50%甚至更长的时间，图5-4所示为数据预处理中的常见步骤。

数据清洗：去除噪声数据、异常值和重复项，确保输入数据的质量和一致性。

数据转换：将数据从一种格式或结构转换为另一种格式或结构，将非数值型数据转换为数值表达，使得特征具备可学习性。

数据增强：通过变换输入数据（如旋转、缩放、裁剪等）来增加样本多样性，提高模型的泛化能力。

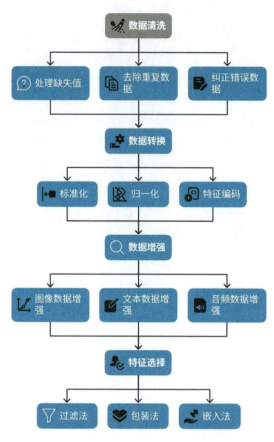

图5-4　数据预处理中的常见步骤

特征选择： 提取和选择对模型预测有用的特征，减少冗余信息，提高模型性能。

表5-15列出了数据预处理步骤的关注点。

表5-15　数据预处理步骤的关注点

步骤	重要性	常见易错点	正面影响	负面影响
数据清洗	至关重要	1. 忽略缺失值处理； 2. 异常值处理不当； 3. 重复数据处理不彻底	提高数据质量，减少噪声；避免模型训练偏差	模型性能下降；可能引入错误假设
数据转换	关键预处理步骤	1. 属性编码错误； 2. 数据标准化/归一化方法不当； 3. 特征缩放未考虑所有特征	改善数据分布，提高模型收敛速度；避免量纲不一致问题	模型性能受限；特征权重失衡
数据增强	提高模型泛化能力	1. 过度增强导致数据失真； 2. 增强策略不适用于所有数据类型； 3. 增强后数据与原数据不一致	增加训练样本多样性；减少过拟合风险	数据失真导致模型性能下降；模型学习无效特征
特征选择	降低计算复杂度	1. 过度规约导致信息丢失； 2. 特征选择不准确； 3. PCA等降维方法参数设置不当	减少计算量，加速训练过程；保留关键信息	信息丢失导致模型性能下降；特征选择偏差

5.4.2 模型优化

模型优化是模型训练中的核心步骤，优化技术的选择直接决定了项目的成败，尽管目前涌现了较多的自动优化技术和策略，但优化过程中的关键点还是需要了解和掌握。图 5-5 所示为模型优化过程的示意，包括模型部署和模型评估两部分，从图中可以看出，模型优化的过程本质上是不断反馈和评估，再不断调整训练的过程。

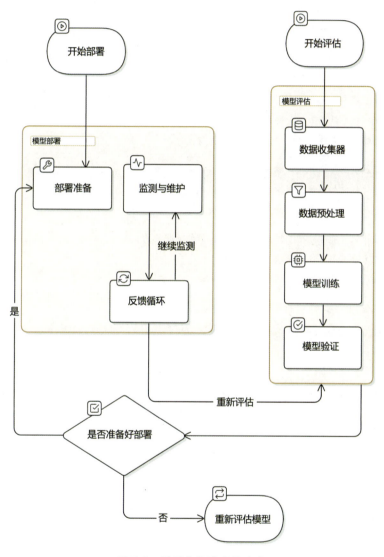

图 5-5　模型优化过程的示意

以下是模型优化中的常用策略。

学习率调整：根据训练过程中的表现动态调整学习率，如使用学习率衰减策略来避免模型陷入局部最优解。

优化器选择：根据训练任务的特性和模型结构选择合适的优化器，如 SGD、Adam 等，以提高收敛速度和稳定性。

梯度累积： 在内存受限的情况下，通过多次小批次梯度累积来模拟大批次训练效果，提高模型性能。

混合精度训练： 使用FP16进行训练，减少内存占用和加速计算过程，同时采用动态损失缩放等技术来避免数值下溢问题。

表5-16列出了模型优化过程中的关注点。

表5-16　模型优化过程中的关注点

特征	描述
优化目标	提高模型性能，包括准确率、召回率、F1分数等评估指标，同时减少过拟合，提高泛化能力
重要性	模型优化是提升模型性能的关键步骤，直接影响模型在实际应用中的表现
常见易错点	1. 盲目尝试多种优化方法，缺乏系统性； 2. 过度优化导致模型复杂化，增加计算成本； 3. 忽视验证集表现，仅依赖训练集性能进行优化
正面影响	1. 模型性能显著提升，如准确率提高、过拟合风险降低； 2. 训练过程更加高效，减少计算资源浪费； 3. 模型泛化能力增强，更适应实际应用场景
负面影响	1. 过度优化可能导致模型过拟合验证集，降低泛化能力； 2. 优化方法不当可能导致模型性能下降； 3. 增加模型复杂度，降低可解释性和可维护性
实施策略	1. 系统优化：制订系统的优化计划，明确优化目标和步骤； 2. 数据驱动：基于验证集表现调整优化策略，避免过拟合训练集； 3. 参数调优：通过网格搜索、随机搜索或贝叶斯优化等方法调整模型参数； 4. 正则化：使用L1/L2正则化、Dropout等技术防止过拟合； 5. 集成学习：通过模型融合，如袋装法（Bagging）、提升法（Boosting）、堆叠法（Stacking）提升整体性能； 6. 特征工程：优化特征选择、特征变换等步骤，提高数据质量； 7. 硬件加速：利用GPU、TPU等硬件加速训练过程，提高效率

5.4.3　计算资源管理

计算资源是支持模型顺利完成训练的保障，有效的计算资源管理，能使模型的训练更顺畅高效，反之，不仅浪费时间，甚至还会导致训练失败。图5-6所示为常见的计算资源管理示意，其中包含了计算机集群（包括TPU、GPU、CPU集群等）、资源管理工具（包括Docker、Kubernetes等）、存储解决方案（包括模型库、数据湖等）。

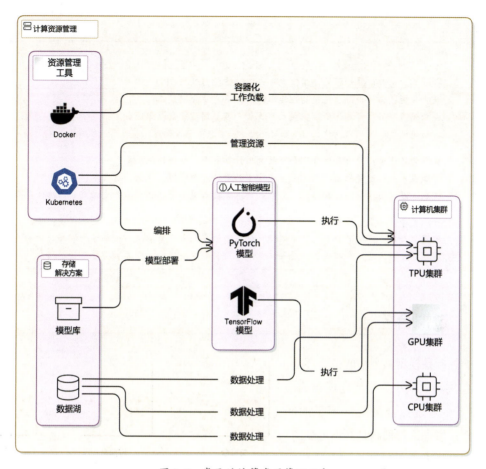

图 5-6　常见的计算资源管理示意

以下是在大模型训练中常见的 3 种资源管理策略。

分布式训练： 利用多台机器或多个 GPU 并行计算来加速训练过程，提高资源利用率。

计算图优化： 通过融合操作、减少内存访问和并行执行等方式来优化计算图，提高计算效率。

异步更新： 在分布式训练中采用异步更新策略来减少通信开销，提高训练速度。

表 5-17 列出了计算资源管理中的关键技术要点。

表5-17　计算资源管理中的关键技术要点

特征	描述
重要性	计算资源管理是确保大模型训练过程顺利进行的关键，直接关系到训练速度、成本及资源的有效利用
常见关注点	1.资源分配不均：不同任务或模型可能争夺有限的计算资源； 2.资源浪费：训练过程中可能因配置不当或监控不足导致资源空闲； 3.成本控制：如何在保证训练效果的前提下降低计算成本
资源管理策略	1.资源池化：建立计算资源池，统一管理和分配资源； 2.弹性伸缩：根据训练任务的需求动态调整资源规模； 3.优先级排序：根据任务的重要性和紧急性分配资源优先级； 4.容器化技术：使用Docker等容器化技术隔离不同训练任务，提高资源利用率； 5.分布式训练：利用多台机器并行训练，加速训练过程

特征	描述
资源监控与优化	1. 实时监控：对计算资源的使用情况进行实时监控，包括CPU、内存、磁盘I/O等； 2. 性能分析：分析训练过程中的性能瓶颈，优化资源分配策略； 3. 成本效益分析：定期评估训练成本与收益，调整训练策略以降低成本； 4. 自动化调度：使用自动化工具（如Kubernetes）进行资源调度，提高管理效率
正面影响	1. 提高训练速度：通过合理分配和有效利用计算资源，缩短训练周期； 2. 降低成本：通过资源监控与优化，减少不必要的资源消耗，降低训练成本； 3. 提高资源利用率：通过容器化、分布式训练等技术提高资源利用率，支持更多训练任务并行执行
负面影响	1. 资源竞争：如果资源管理不当，可能导致不同任务之间出现资源竞争，影响训练效果； 2. 配置复杂性：高效的资源管理策略往往伴随着较高的配置复杂性，增加了管理和维护的难度； 3. 潜在的安全风险：分布式训练等策略可能带来新的安全风险，需要加强安全防护措施

5.4.4 过拟合控制

过拟合控制是模型训练中的必要环节，在目前以损失函数最小为最优化任务的模型设计体系中，过拟合是避免不了的问题，所以对过拟合进行控制是必不可少的。图5-7所示为欠拟合、过拟合与平衡状态示意，最左侧的欠拟合是指分类器还没有

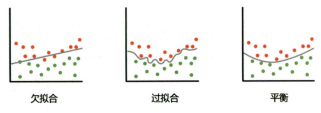

欠拟合　　　　过拟合　　　　平衡

图5-7　欠拟合、过拟合与平衡状态示意

足够复杂到能对所有结果实现最优的划分；中间的过拟合则是指分类器过于复杂以至于过度分析出实际不存在的规律，导致结果无法实现最优划分；而最右侧的平衡状态则表示分类器达到了最优的状态。

表5-18列出了过拟合控制的技术要点。

表5-18　过拟合控制的技术要点

特征	描述
重要性	正则化与过拟合控制是深度学习中至关重要的技术要点，它们直接关系到模型的泛化能力和训练效果。正则化技术能够减少模型的复杂度，防止模型在训练数据上过拟合；而过拟合控制则通过一系列策略来识别和预防过拟合现象，确保模型具有良好的泛化性能
常见关注点	1. 如何选择合适的正则化方法以适应不同的模型和数据集； 2. 如何平衡模型的复杂度和泛化能力，避免过拟合或欠拟合； 3. 如何有效识别和应对训练过程中出现的过拟合现象
过拟合控制方法	1. L1/L2正则化：通过向损失函数中添加权重的绝对值或平方的惩罚项来限制模型复杂度； 2. Dropout：在训练过程中随机丢弃一部分神经元，减少神经元之间的依赖性，提高模型的泛化能力； 3. 早停法：在验证集性能不再提升时提前停止训练，防止在训练集上过拟合； 4. 数据增强：通过变换输入数据（如旋转、缩放、裁剪等）增加训练样本的多样性，提高模型的泛化能力； 5. 集成学习：通过训练多个模型并将它们的预测结果进行平均或投票，降低单个模型过拟合的风险

续表

特征	描述
过拟合识别与预防	1. 观察训练集与验证集性能差异：如果训练集性能远高于验证集，则可能存在过拟合现象； 2. 使用交叉验证：通过多次划分训练集和验证集来评估模型性能，减少偶然性； 3. 监控模型复杂度：避免模型过于复杂，如通过限制模型参数数量、层数等方式控制复杂度； 4. 利用学习曲线：分析训练集和验证集的学习曲线，识别过拟合趋势； 5. 调整超参数：如学习率、批量大小等，以优化训练过程，减少过拟合风险
正面影响	1. 提高模型泛化能力：通过正则化和过拟合控制技术，使模型能够更好地适应未见过的数据； 2. 降低训练成本：减少不必要的训练迭代和计算资源消耗； 3. 提升模型可靠性：确保模型在实际应用中的稳定性和准确性
负面影响	1. 欠拟合：过度正则化或过早停止训练可能导致模型欠拟合； 2. 计算复杂度增加：正则化方法（如 Dropout）和过拟合识别技术可能增加计算复杂度； 3. 调参难度增加：需要仔细调整正则化强度和过拟合控制策略，以找到最佳平衡点

5.4.5　模型监控与调试

模型监控与调试是模型训练过程中的"眼睛"，缺乏监控，模型的训练就如同盲人摸象，缺乏调试，模型每一步的正确性则得不到保证。

图 5-8 所示为 Evidently AI 的监控功能示意，其监控内容包括 3 方面：数据漂移（DATA DRIFT），模型性能（MODEL PERFORMANCE）和目标漂移（TARGET DRIFT）。

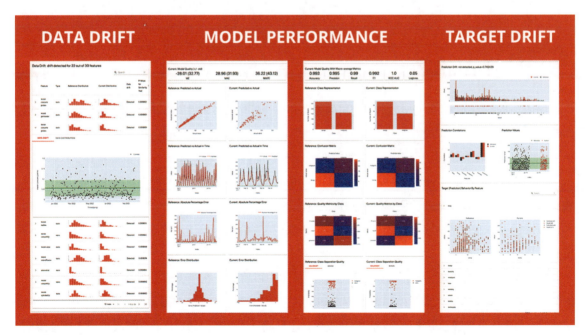

图 5-8　Evidently AI 的监控功能示意

表 5-19 列出了模型监控与调试中的关键技术点。

表5-19　模型监控与调试中的关键技术点

特征	描述
重要性	模型监控与调试是确保大模型训练过程顺利进行和模型性能稳定的关键步骤。通过监控，可以实时了解模型的训练状态和性能表现；通过调试，可以快速定位并解决模型在训练或推理过程中出现的问题
常见关注点	1. 如何实时监控模型的训练进度和性能指标； 2. 如何有效地识别和解决模型在训练或推理过程中出现的错误或异常； 3. 如何确保调试过程不影响模型的最终性能
监控策略	1. 日志记录：详细记录训练过程中的关键信息，如损失值、准确率、学习率等； 2. 可视化工具：使用 TensorBoard 等可视化工具实时展示训练过程中的各种指标； 3. 性能监控：监控CPU、GPU等硬件资源的使用情况，确保系统稳定运行； 4. 异常检测：设置阈值，当性能指标偏离正常范围时自动报警
调试技巧	1. 逐步调试：从简单的子任务开始调试，逐步扩展到整个模型； 2. 断点调试：在代码的关键位置设置断点，逐步执行并观察变量值的变化； 3. 日志分析：详细分析训练日志，查找可能的错误来源； 4. 数据检查：验证输入数据的完整性和正确性，确保数据质量； 5. 简化问题：将复杂问题简化为更小的、可管理的部分进行调试； 6. 使用单元测试：编写单元测试来验证模型的各个组件是否按预期工作
正面影响	1. 及时发现并解决问题，避免训练过程中的延误和损失； 2. 提高模型训练效率和稳定性，确保模型性能符合预期； 3. 通过调试过程加深对模型的理解和优化潜力
负面影响	1. 监控和调试可能会增加额外的计算成本和时间开销； 2. 过度调试可能导致模型性能下降，因为调试过程中可能会引入不必要的复杂性或误差； 3. 如果监控策略不当，可能会遗漏关键信息或产生误报

5.4.6　评估与部署

评估与部署是模型训练完毕后最终交付的关键环节，评估的准确性直接决定了模型最终是否可用，而部署的有效性则决定了模型最终产生的效益，以下是评估与部署方面的一些技术点和策略。

模型评估： 在测试集上全面评估模型的性能，包括准确率、召回率、F1分数等指标。

模型剪枝（Model Pruning）与量化（Quantization）： 对训练好的模型进行剪枝和量化处理，减少模型大小和计算复杂度，便于部署到资源受限的设备上。

集成学习： 通过集成多个模型的结果来提高整体预测性能，如使用投票法或平均法来组合不同模型的预测结果。

图5-9所示为模型评估与部署的过程示意，从图中可看出，在模型开发完毕后，需要对其进行评估，并进行模型验证，最后才部署到生产环境，如果不满足部署条件则需对其重新评估，部署好模型后也不是一劳永逸，后续还需要监控和收集日志形成反馈循环，根据收集到的反馈再次评估模型。

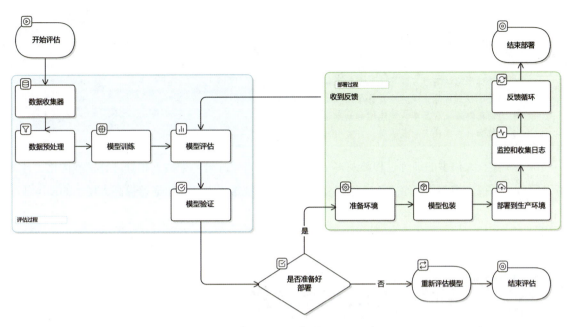

图 5-9　模型评估与部署的过程示意

表5-20列出了在模型评估与部署过程中的关键技术点。

表5-20　在模型评估与部署过程中的关键技术点

特征	描述
重要性	评估与部署是模型训练周期的最后两个关键环节。评估确保模型性能符合预期，部署则是将模型集成到应用中，以解决实际问题。这两个步骤直接决定了模型的实际应用价值和效益
常见关注点	1. 如何选择全面且合理的评估标准来准确衡量模型性能； 2. 如何确保模型在不同场景下的稳定性和鲁棒性； 3. 部署过程中如何确保模型的高效运行和可维护性； 4. 如何处理模型部署后的性能监控和持续优化
评估标准	1. 业务指标：如准确率、召回率、F1分数等，直接反映模型在特定任务上的性能； 2. 泛化能力：通过交叉验证等方法评估模型对新数据的适应能力； 3. 实时性：对于需要快速响应的应用场景，评估模型的推理速度； 4. 资源消耗：评估模型运行时的CPU、内存等资源占用情况； 5. 可解释性：在某些领域（如医疗、金融），模型的可解释性也是重要评估标准
部署策略	1. 容器化部署：使用Docker等容器技术封装模型，确保环境的一致性和可移植性； 2. 微服务架构：将模型作为微服务集成到现有系统中，实现松耦合和灵活扩展； 3. API服务化：提供RESTful API，方便前端或其他系统调用模型； 4. 自动化部署：使用CI/CD流程自动化部署模型，减少人为错误和提高效率； 5. 性能优化：对模型进行剪枝、量化等操作，降低推理时的资源消耗； 6. 监控与日志：部署监控系统和日志收集系统，实时跟踪模型性能和异常
正面影响	1. 通过全面评估确保模型性能符合预期，提高应用效果； 2. 高效部署策略加快模型上线速度，降低运维成本； 3. 性能优化和监控机制保障模型稳定运行，提升用户体验； 4. API服务化方便模型被其他系统调用，促进业务集成

续表

特征	描述
负面影响	1. 评估标准选择不当可能导致模型性能被低估或高估； 2. 部署过程中可能出现环境差异导致模型性能下降； 3. 自动化部署流程复杂，可能增加初期投入成本； 4. 监控和日志系统若配置不当，可能引入额外性能开销

综上所述，大模型的训练过程涉及多个技术要点，需要综合考虑数据预处理、模型优化、计算资源管理、过拟合控制等多个方面。通过合理应用这些技术要点，可以显著提高大模型的训练效率和性能表现。

5.5 训练后的评估与优化

在大模型训练完成后，对其性能进行全面评估，并根据评估结果进行必要的优化，确保模型在实际应用中能够发挥最佳效果。本节将详细介绍训练后的评估方法、评估指标选择、评估结果分析及基于评估结果的优化策略。

5.5.1 评估方法

评估大模型性能最直接的方法是使用独立的测试集。测试集应包含与训练集和验证集不同的数据，以确保评估结果的客观性和准确性。评估过程通常包括以下几个主要环节。

数据准备： 确保测试集数据的完整性和准确性，进行必要的数据预处理以匹配模型输入要求。

模型加载： 加载训练好的模型权重和配置，确保模型处于评估模式（关闭 Dropout 等训练特有功能）。

预测执行： 使用测试集数据对模型进行预测，记录预测结果。

结果对比： 将模型预测结果与测试集的真实标签进行对比，计算评估指标。

表5-21列出了主要评估方法及其特点，其中最常使用的就是交叉验证。

表5-21　主要评估方法及其特点

评估方法	特点	优点	缺点	注意事项
交叉验证	将数据集分为多个部分，轮流作为训练集和验证集，评估模型性能	1. 充分利用有限数据； 2. 评估结果更稳定可靠	1. 计算成本较高； 2. 需要合理选择折数（k值）	1. 确保数据分割的随机性和均匀性； 2. 选择合适的k值以平衡偏差和方差

评估方法	特点	优点	缺点	注意事项
留出法	将数据集直接划分为训练集、验证集和测试集，互不重叠	1. 实现简单；2. 可用于比较不同模型性能	1. 数据划分可能引入偏差；2. 需要足够的数据支持划分	1. 合理划分数据集大小；2. 确保划分过程的无偏性
自助法	通过有放回的抽样方式生成多个训练集，剩余样本作为验证集	1. 适用于小样本情况；2. 多次重复评估增加稳定性	1. 改变了原始数据分布；2. 评估结果可能偏乐观	1. 注意评估结果的偏差调整；2. 多次重复评估取平均结果
A/B测试	在实际环境中，将用户随机分为实验组和对照组，分别使用不同模型进行预测，比较性能	1. 直接反映模型在实际应用中的性能；2. 可用于决策模型上线	1. 需要大量用户数据；2. 可能受到外部因素干扰	1. 确保实验组和对照组的可比性；2. 监控外部因素对实验的影响
混淆矩阵	通过统计真正例（TP）、假正例（FP）、真反例（TN）、假反例（FN）来评估模型性能	1. 提供丰富的性能指标（如准确率、召回率、F1分数等）；2. 直观展示模型分类效果	1. 单个指标可能不足以全面反映模型性能；2. 需要平衡不同指标之间的权重	1. 综合考虑多个指标进行评估；2. 根据实际需求调整指标权重

5.5.2 评估指标选择

评估指标的选择应根据具体任务类型和目标来确定。表5-22列出了模型训练中常见的评估指标及其特点。

表5-22　模型训练中常见的评估指标及其特点

评估指标	特点	优点	缺点	注意事项
准确率	预测正确的样本数占总样本数的比例	直观易懂，是分类问题中最常用的指标之一	在类别不平衡的数据集上可能不够准确	在使用前需考虑数据集的类别分布情况
精确率	在所有被模型判定为正类的样本中，真正为正类的样本所占的比例	反映了模型对正类的识别能力	单独使用可能不够全面，需要结合召回率等指标	常与召回率一起使用，通过F1分数来综合评价
召回率	在所有实际为正类的样本中，被模型正确预测为正类的样本所占的比例	反映了模型找出所有正类样本的能力	单独使用可能片面	需结合精确率等指标综合评价
F1分数	精确率和召回率的调和平均数，用于综合评价模型的性能	综合考虑了精确率和召回率，是一个较为全面的评估指标	在某些极端情况下（如精确率或召回率极低时），可能不够准确	适用于需要同时考虑精确率和召回率的场景

评估指标	特点	优点	缺点	注意事项
ROC曲线与AUC值	ROC曲线展示了在不同阈值下真正例率（TPR）与假正例率（FPR）之间的关系；AUC值为ROC曲线下的面积	不受类别不平衡的影响，能够全面反映模型性能	计算较为复杂，对大数据集可能耗时较长	适用于二分类问题，是评估分类模型性能的重要工具
均方误差	预测值与真实值之差的平方的平均值，常用于回归问题	能够量化模型预测值与真实值之间的差异	对异常值敏感，可能夸大误差	在使用前需检查数据中的异常值并做适当处理
平均绝对误差	预测值与真实值之差的绝对值的平均值，也常用于回归问题	对异常值不如均方误差敏感，更加稳健	无法完全反映预测误差的大小（与均方误差相比）	适用于对预测误差大小有严格要求的场景

注意：在选择评估指标时，需要根据具体任务和数据集的特点进行综合考虑。例如，在分类问题中，如果数据集类别不平衡，单独使用准确率可能不够准确，此时可以考虑使用精确率、召回率和F1分数等指标；在回归问题中，均方误差和平均绝对误差是常用的评估指标。此外，还需要注意评估指标的计算方法和适用范围，以避免因误用或错用指标导致评估结果不准确。

5.5.3 评估结果分析

在完成了大模型的训练及评估后，对评估结果进行深入分析至关重要。这不仅有助于了解模型在当前训练任务上的表现，还能为后续的模型优化提供方向性指导。以下是评估结果分析的一般步骤和考虑因素。

1. 总体性能评估

性能指标对比： 首先，需要汇总并对比不同评估指标（如准确率、召回率、F1分数、AUC值等）的结果，以全面了解模型的整体性能。这些性能指标能够反映模型在各个方面的能力，如分类的准确性、对少数类的识别能力等。

基准对比： 将模型性能与基准模型或人类专家水平进行对比，有助于明确模型的优势与不足，为后续优化提供方向。

图5-10所示为大模型评估指标示意，其中Backbone是指模型采用的架构，Training Setting是指模型训练使用的数据集和超参数配置，MMLU（Massive Multitask Language Understanding）是指大规模多任务语言理解，BoolQ（Boolean Questions）是指布尔型问题二分类任务，PIQA（Physical Interaction Question Answering）是指物理交互常识推理问答，HSwag（HellaSwag）是指常识推理任务，WG（WinoGrande）是指评估代词消解和常识推理能力，ARC-E（Arithmetic Reasoning Challenge-Easy）是指简单科学问题推理，ARC-C（Arithmetic Reasoning Challenge-Challenging）是指挑战性的科学问题推理，OBQA（OpenBookQA）是指开放书籍知识库的科学知识和事实推理。

Backbone	Training Setting	MMLU	BoolQ	PIQA	HSwag	WG	ARC-E	ARC-C	OBQA
LLaMA-13B	(None)	46.90	76.70	79.70	60.00	73.00	79.00	49.40	34.60
LLaMA-30B	(None)	57.80	83.39	80.63	63.39	76.08	80.55	51.62	36.40
LLaMA-65B	(None)	64.50	85.40	81.70	64.90	77.20	80.80	52.30	38.40
LLaMA-2 (7B)	(None)	42.95	71.68	70.78	55.34	67.96	72.52	41.30	32.20
	+MMLU Train S	51.61	81.96	69.64	49.46	70.64	61.87	36.52	36.80
	+All Train S	52.15	88.72	79.05	61.08	79.95	76.60	49.49	48.00
	+All Train S+Test P	56.04	87.86	79.11	61.19	76.56	76.64	50.26	45.00
	+All Train S+Test P&S	96.34	99.08	99.62	99.47	97.47	99.54	99.23	99.40

Backbone	Training Setting	CSQA	GSM8k	AQuA	RACE-M	RACE-H	CoQA	CMRC	C3
LLaMA-13B	(None)	62.70	18.80	19.30	46.40	43.90	58.70	19.50	41.40
LLaMA-30B	(None)	70.80	35.10	15.35	49.70	44.70	62.00	24.20	57.80
LLaMA-65B	(None)	77.90	48.90	35.00	53.00	48.00	65.80	29.30	71.40
LLaMA-2 (7B)	(None)	55.69	12.96	14.17	28.45	38.47	25.88	8.98	37.72
	+MMLU Train S	57.25	2.43	25.59	34.25	34.07	0.00	0.00	78.10
	+All Train S	69.62	23.88	33.46	61.88	57.03	57.70	24.22	78.31
	+All Train S+Test P	77.15	30.17	35.43	58.84	58.56	63.78	28.12	78.62
	+All Train S+Test P&S	99.34	37.60	63.78	99.45	99.62	81.52	68.75	98.62

图 5-10　大模型评估指标示意

2. 误差分析

特定案例分析： 针对模型预测错误的样本进行深入分析，了解导致错误的具体原因。这些原因可能包括数据噪声、特征表示不足、模型复杂度不够等，表 5-23 列出了大模型常见的误差分析方法。

表5-23　大模型常见的误差分析方法

策略	原理	消耗	质量
令牌概率（Token Probabilities）	使用低输出 LLM 概率作为错误指示器	无消耗；使用令牌概率，这些概率在 LLM 响应生成过程中已经计算过	质量低；高度依赖选定的阈值、选定的评分模型和生成时间
大语言模型作评价（LLM-as-a-Judge）	使用专用 LLM 评估器判断输出质量	中/高消耗；需要 LLM 的二次推理；取决于 LLM 供应商（如 LLaMA、GPT 等）	质量中；能作为一个很好的代理，但通常会受到各种偏见的影响
自我一致性（Self-Consistency）	通过多样化提示和采样策略生成多个结果，并评估其一致性	中消耗；同一 LLM 运行 N 次额外的推理，其中 N 是替代提示的数量	质量高；由于自我一致性检查，结果更可靠，质量取决于评估中使用的并行提示的数量
置信度学习（Confident Learning）	采用预测置信度分数识别潜在错误标签并优化训练数据	中消耗；不需要额外的 LLM 运行，但根据所选的骨干模型计算每个数据点的文本嵌入时，成本可能很高	质量高；经过验证的检索真实错误的方法，但也取决于用于生成样本外概率的模型的质量

3. 敏感性分析

超参数影响： 分析不同超参数设置对模型性能的影响。通过调整学习率、批量大小、正则化强度等超参数，观察模型性能的变化趋势，以确定最优的超参数组合。

数据影响： 评估数据集的不同部分（如训练集、验证集、测试集）对模型性能的影响，有助于发现数据集的潜在问题，如类别不平衡、噪声数据等，并采取相应的处理措施。

图 5-11 为大模型不同提示词的敏感性分析示意，整个过程可分为四个阶段：准备阶段包括目标定义、参数选择、模式选择；执行阶段包括运行基线模型、扰动参数、运行扰动模型；分析阶段包

括收集结果、比较输出、评估敏感度；报告阶段包括文档查询结果、提出建议。

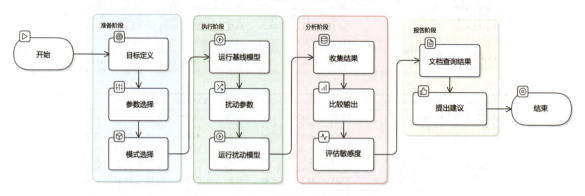

图5-11　大模型不同提示词的敏感性分析示意

4. 可视化分析

特征重要性可视化： 对于基于特征学习的模型（如深度学习模型），可以通过可视化技术展示不同特征对模型预测的贡献度，有助于理解模型是如何从数据中提取关键信息的，并为特征选择和特征工程提供指导。

模型预测可视化： 对于某些任务（如图像分类、目标检测等），可以通过可视化模型预测结果来直观评估模型性能。例如，在图像分类任务中，可以展示模型对不同类别图像的预测概率分布；在目标检测任务中，可以展示模型检测到的目标位置和类别。

图5-12所示为大模型知识图谱的可视化示意，短语和词组之间用带方向的箭头连接，不同的距离和方向就代表了下一组短语与当前短语之间的关系。

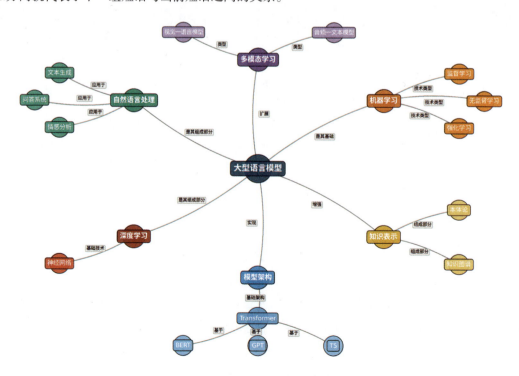

图5-12　大模型知识图谱的可视化示意

5. 结论与展望

总结分析结果： 基于上述分析，总结模型在当前任务的表现、优势与不足。同时，找出导致模型性能不佳的主要原因，为后续优化提供明确方向。

提出优化建议： 根据分析结果，提出具有针对性的优化建议，包括调整模型结构、优化超参数设置、改进数据预处理流程、引入新的特征表示方法等。

展望未来工作： 在总结当前工作的基础上，展望未来研究方向和改进空间。例如，探索新的模型架构、融合多种模型的优势、扩展模型的应用场景等。

通过对评估结果的深入分析，可以更加全面地了解模型在当前任务上的表现和挑战，为后续的模型优化提供有力支持。

5.5.4 优化策略

在深度学习和大模型的实际应用中，往往会遇到各种复杂的问题和挑战。这些问题可能源于数据、模型结构、计算资源等多个方面。本节将着重介绍在遇到实际问题时的一些有效优化策略，以帮助开发者和研究人员更有效地解决问题、提升模型性能。基于评估结果，可以采取以下优化策略来提升模型性能。

1. 数据问题应对策略

数据不平衡处理： 对于类别不平衡的数据集，可以采用过采样、欠采样或合成少数类过采样技术等方法来平衡数据分布，从而避免模型对多数类的过度偏向。

缺失数据处理： 对于缺失数据，可以采用填充法（如均值、中位数、众数填充）、插值法或删除法进行处理。重要的是要根据数据特性和业务需求选择合适的处理方法。

异常值处理： 异常值可能对模型训练产生负面影响。可以通过统计方法（如 IQR 范围、Z-Score 等）识别异常值，并采取删除或替代措施。

2. 模型性能瓶颈突破

模型融合： 当单一模型性能达到瓶颈时，可以考虑使用模型融合技术（如袋装法、提升法、堆叠法等），通过结合多个模型的预测结果来提升整体性能。

特征工程优化： 深入分析和挖掘数据特征，通过特征选择、特征变换（如 PCA 降维、非线性变换等）和特征构造等手段优化特征集，以提高模型的表达能力。

超参数调优： 利用自动化调参工具（如网格搜索、随机搜索、贝叶斯优化等）对模型超参数进行精细调整，以找到最优参数组合。

3. 计算资源优化

分布式训练：对于大规模数据集和复杂模型，可以采用分布式训练策略，利用多台机器并行计算加速训练过程。通常需要配合适当的通信和同步机制来确保训练的一致性和效率。

模型剪枝与量化：在保持模型性能的前提下，通过剪枝（去除不重要的神经元或连接）和量化（降低参数精度）减小模型体积和计算复杂度，以适应资源受限的部署环境。

4. 实时性与稳定性保障

在线学习与更新：对于需要实时响应的应用场景，可以采用在线学习算法使模型能够持续从新增数据中学习并更新自身参数，以适应动态变化的数据环境。

异常检测与容错机制：在模型部署过程中建立异常检测系统以监控模型性能和预测结果，及时发现并处理潜在的错误和异常。同时设计容错机制，以应对突发故障和数据异常等情况。

5. 业务场景适应性调整

定制化开发：根据具体业务需求定制化开发模型结构和训练流程。例如，针对特定行业或领域的数据特点，设计专门的特征提取和模型架构。

用户反馈循环：建立用户反馈机制，以收集模型在实际应用中的表现和用户满意度信息。根据反馈结果对模型进行持续优化和调整，以适应不断变化的业务需求和市场环境。

综上所述，在面对实际问题时，需要综合运用多种优化策略，提升模型性能并保障其在实际应用中的稳定性和可靠性。通过深入分析数据特性、优化模型结构、调整超参数、合理分配计算资源及定制化开发等措施，可以有效解决各种挑战和问题。

5.6 训练过程中的挑战与应对

在大模型的训练过程中，往往会遇到一系列挑战，这些挑战可能源于数据、模型结构、计算资源、时间成本等多个方面。为了成功训练出高性能的大模型，需要识别这些挑战并采取相应的应对策略。

5.6.1 数据挑战与应对

在大模型的训练过程中，由于模型规模庞大、参数众多，对数据的需求和依赖也更为显著。因此，大模型面临的数据挑战及应对策略具有其独特性。

1. 数据挑战

海量数据处理能力： 大模型需要处理海量的数据以充分学习复杂的模式和特征。然而，处理如此大规模的数据集对计算资源、存储能力和数据处理算法都提出了极高的要求。

数据质量与多样性： 大模型对数据质量的要求更为严格，因为任何微小的数据偏差都可能在大规模参数的学习过程中被放大，影响模型的最终性能。同时，大模型需要多样化的数据来避免过拟合，确保模型能够泛化到未见过的数据上。然而，在实际应用中，收集到足够多样化和高质量的数据往往非常困难。

数据标注成本： 对于监督学习任务，大模型需要大量的标注数据。然而，高质量的标注数据通常需要耗费大量的人力、物力和时间成本，尤其是在专业领域或复杂场景中。

2. 应对策略

分布式计算与存储： 利用分布式计算框架（如 Apache Spark、Hadoop 等）和大规模存储系统（如 HDFS、分布式数据库等）来处理海量数据。通过并行计算和负载均衡技术，提高数据处理效率和可扩展性。

数据预处理与清洗自动化： 开发自动化的数据预处理和清洗工具，以减少人工干预和降低成本。利用机器学习算法自动识别并处理噪声数据、异常值和缺失值等问题，提高数据质量。

无监督与自监督学习： 利用无监督学习算法从未标注数据中提取有用信息，缓解标注数据不足的问题。同时，探索自监督学习方法，通过设计合适的预训练任务来使模型从大量未标注数据中学习到有用的表示。

数据增强与合成： 针对特定领域或任务，开发专门的数据增强技术生成更多样化的训练样本。利用 GAN 等深度学习模型合成高质量的训练数据，以弥补真实数据的不足。

领域知识与迁移学习： 结合领域知识来设计合适的预训练任务和损失函数，使模型能够更有效地从相关领域的数据中学习。利用迁移学习方法将预训练好的大模型迁移到目标任务上，减少对新标注数据的依赖。

动态数据管理与反馈循环： 建立动态的数据管理系统来跟踪和更新数据集的状态和质量。通过实时监控模型性能和数据分布的变化情况，及时调整数据预处理策略和模型训练参数。同时，建立用户反馈机制以收集实际应用中的问题和建议，不断优化数据集和模型性能。

总之，针对大模型的数据挑战需要采取综合性的应对策略，确保数据的质量、多样性和可处理性。通过分布式计算与存储、数据预处理与清洗自动化、无监督与自监督学习、数据增强与合成、迁移学习及动态数据管理与反馈循环等方法可以有效地应对大模型训练过程中的数据挑战，并提升模型性能。

5.6.2　模型结构挑战与应对

在大模型的训练过程中，除了数据挑战外，模型结构也面临着诸多挑战。这些挑战源于模型的复杂性、计算资源的限制及训练过程中的不稳定性等。以下将详细介绍大模型训练过程中的模型结

构挑战及其应对策略。

1. 模型结构挑战

计算资源需求巨大： 大模型由于其庞大的参数数量和复杂的网络结构，对计算资源的需求极高。训练这样的模型需要高性能的GPU集群甚至超级计算机的支持，对于普通研究机构或企业来说可能难以承担高昂的计算成本。

训练时间长： 由于大模型的复杂性和数据量的庞大，训练过程往往耗时较长。长时间的训练不仅增加了计算成本，还可能因硬件故障、软件更新等因素导致训练中断，影响训练效率和结果。

模型优化难度大： 大模型的优化涉及超参数的选择、损失函数的设计、正则化方法的应用等多个方面。找到最优的参数组合和模型结构是一个复杂而耗时的过程。

梯度消失与梯度爆炸： 在深层神经网络中，由于连乘效应，梯度在反向传播过程中可能逐渐减小（梯度消失）或急剧增大（梯度爆炸），导致模型训练困难。

过拟合与欠拟合问题： 大模型由于其强大的表示能力，容易在训练集上表现优异而在测试集上性能下降导致过拟合。同时，如果模型复杂度不足或训练不充分，则可能导致欠拟合问题。

2. 应对策略

分布式训练： 利用分布式计算框架将大模型的训练任务分配到多个计算节点上并行处理，以加速训练过程并减少单个节点的计算压力。同时，采用合理的通信策略和同步机制，确保各节点之间的协同工作。

混合精度训练： 使用FP16或更低精度进行训练，以减少内存占用和计算时间。同时，通过适当的缩放和校正技术来弥补精度损失，确保模型性能不受影响。

优化器与调度器： 选择合适的优化器（如Adam、RMSprop等）来加速模型收敛；使用学习率调度器（如余弦退火、Warm Restart等）来动态调整学习率和其他超参数，以提高训练稳定性。

梯度裁剪与正则化： 采用梯度裁剪技术限制梯度的最大绝对值，防止梯度爆炸导致的训练不稳定问题。同时，应用L1/L2正则化、Dropout等方法来防止模型过拟合。

模型剪枝与量化： 在保证模型性能不受显著影响的前提下，通过剪枝技术去除不重要的神经元或连接，简化模型结构并减少计算量。同时，采用量化技术降低模型参数的精度，进一步减少计算成本和存储需求。

迁移学习与微调： 利用在相关领域或任务上预训练好的大模型进行微调，以快速适应新的数据集和任务需求。通过迁移学习可以显著减少训练时间和计算成本，并提高模型的泛化能力。

持续监控与评估： 在训练过程中持续监控模型的性能指标（如准确率、损失值等）和计算资源的使用情况（如GPU利用率、内存占用等）。通过定期评估模型在验证集和测试集上的表现，及时发现并解决问题。

综上所述，大模型训练过程中的模型结构挑战不容忽视。通过采用分布式训练、混合精度训练、优化器与调度器选择、梯度裁剪与正则化、模型剪枝与量化及迁移学习与微调等策略，可以有效地应对这些挑战并提升大模型的训练效率和性能表现。

5.6.3　计算资源挑战与应对

在大模型的训练过程中，计算资源的需求往往超乎寻常，对计算资源的配置、管理和优化提出了严峻的挑战。以下将详细探讨大模型训练过程中的计算资源挑战及其应对策略。

1.　计算资源挑战

高昂的硬件成本：大模型训练需要高性能的GPU、TPU等硬件支持，这些设备的购置成本极高，对于研究机构和企业来说是一笔不小的经济负担。

计算资源紧张：在训练大模型时，对计算资源的需求往往远超普通应用，容易导致计算资源紧张，影响其他任务的正常运行。

能源消耗大：大规模的计算任务伴随着巨大的能源消耗，不仅增加了运营成本，也对环境产生了一定的影响。

可扩展性与灵活性不足：随着模型规模的扩大和数据量的增加，计算资源的需求也在不断增长。然而，现有的计算平台可能在可扩展性和灵活性方面存在不足，难以满足不断变化的需求。

2.　应对策略

优化硬件选型：在购置硬件时，充分考虑模型的计算需求和预算限制，选择性价比高的GPU、TPU等硬件设备。同时，关注硬件的能效比，以降低能源消耗。

分布式计算：利用分布式计算技术将大模型的训练任务分配到多个计算节点上并行处理。这不仅可以提高计算效率，还可以充分利用现有的计算资源，降低单个节点的计算压力。

动态资源调度：建立动态资源调度系统，根据模型的计算需求和计算资源的实时状态进行动态调整。通过使用智能调度算法合理分配计算资源，确保大模型训练任务的顺利进行。

云计算与云服务：利用云计算平台提供的弹性计算资源和服务，根据需求动态扩展或缩减计算资源。这不仅可以降低初期投入成本，还可以提高计算资源的灵活性和可扩展性。

节能与环保措施：在计算过程中采取节能措施，如使用低功耗硬件、优化计算任务以减少空闲时间等。同时，选择符合环保标准的硬件设备和能源供应方式。

模型压缩与优化：通过模型剪枝、量化等技术对模型进行压缩和优化，降低计算资源的需求。这不仅可以提高计算效率，还可以减少能源消耗和运营成本。

持续监控与优化：在训练过程中持续监控计算资源的使用情况和性能表现，及时发现并解决资源瓶颈和性能问题。通过不断优化计算资源配置和调度策略，提高计算资源的利用率和训练效率。

由上述内容可知，大模型训练过程中的计算资源挑战不容忽视。通过优化硬件选型、分布式计算、动态资源调度、云计算与云服务、节能与环保措施、模型压缩与优化、持续监控与优化等策略，可以有效地应对这些挑战，提升大模型的训练效率和性能表现。同时，也需要注意环保问题和社会责任，确保计算资源的可持续利用。

5.6.4 时间成本挑战与应对

在大模型的训练过程中，时间成本是一个不可忽视的挑战。由于大模型通常涉及复杂的网络结构、庞大的参数数量及海量的训练数据，训练过程往往耗时较长，这对研究进度、项目周期和商业竞争力都可能产生重大影响。以下将详细探讨大模型训练过程中的时间成本挑战及其应对策略。

1. 时间成本挑战

训练周期长：大模型的训练往往需要数天、数周甚至数月的时间，这对研究者和开发者的耐心和毅力提出了极大考验。长时间的训练不仅增加了项目的不确定性，还可能影响其他并行项目的推进。

资源占用时间长：长时间的训练意味着计算资源将被长时间占用，可能导致其他需要使用这些资源的任务等待时间过长，影响整体工作效率。

快速迭代受限：长时间的训练使模型的快速迭代变得困难。在模型开发和优化过程中，每次调整都需要重新进行长时间的训练，限制了模型优化的速度和灵活性。

市场竞争压力：在商业应用中，时间就是金钱。长时间的训练可能使企业在市场竞争中失去先机，被竞争对手抢占市场。

2. 应对策略

优化硬件与软件配置：选择高性能的硬件设备和优化的软件配置，以显著提高训练速度。例如，使用最新的GPU、TPU等硬件加速器，以及针对特定任务优化的深度学习框架和库。

分布式训练：利用分布式计算技术将训练任务分配到多个计算节点上并行处理，可以显著缩短训练时间。通过合理划分数据和模型参数，实现高效的并行计算。

模型压缩与优化：通过模型剪枝、量化等技术对模型进行压缩和优化，减少模型参数数量和计算量，从而缩短训练时间。同时，优化模型结构和学习算法也可以提高训练效率。

数据预处理与增强：对训练数据进行有效的预处理和增强，可以提高数据的质量和多样性，有助于模型更快地学习到有用的特征，从而缩短训练时间。

智能调参与超参数优化：利用自动化调参工具和算法（如贝叶斯优化、遗传算法等）自动搜索最优的超参数组合，减少人工调参的时间和成本。同时，通过实时监控训练过程中的性能指标，及时调整训练策略，以优化训练效果和缩短训练时间。

模块化与重用性设计：在模型设计和开发过程中注重模块化设计，将通用功能模块进行封装和重用，减少重复开发的时间成本。同时，建立模型库和组件库，支持快速搭建和部署新模型。

跨部门协作与流程优化：加强跨部门之间的协作与沟通，确保训练任务与其他项目任务的协同推进。通过优化项目管理流程和工作流程，减少不必要的等待时间和延误风险。

综上所述，针对大模型训练过程中的时间成本挑战，可以通过优化硬件与软件配置、分布式训练、模型压缩与优化、数据预处理与增强、智能调参与超参数优化、模块化与重用性设计、跨部门协作与流程优化等多种策略来应对。这些策略旨在提高训练效率、缩短训练时间并降低时间成本，从而支持更快速的项目推进和更高的市场竞争力。

总体而言，大模型的训练过程充满了挑战，但通过合理应对这些挑战并采取相应的策略，可以成功训练出高性能的大模型。在应对挑战的过程中，还需要不断学习和探索新的技术和方法，以进一步提升大模型的训练效率和性能。

5.7 使用Python语言进行模型训练的实践

本节将通过一个实践示例来展示如何使用Python语言及其流行的深度学习库（如TensorFlow或PyTorch）来训练一个大模型。虽然这个"大模型"的具体定义可能因上下文而异，但这里将假设一个具有大量参数和复杂结构的神经网络模型。

5.7.1 环境准备

首先，确保Python环境中安装了必要的库。对于深度学习项目，常选择TensorFlow或PyTorch。以PyTorch的安装为例。

```
pip install torch torchvision
```

如果需要在GPU上训练模型，确保CUDA和cuDNN已正确安装，并且PyTorch版本与CUDA版本兼容。可以通过PyTorch官网来获取合适的安装命令，如图5-13所示。

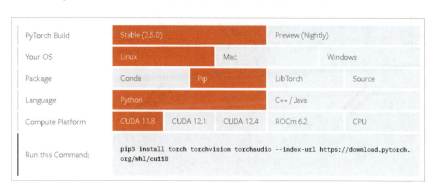

图5-13　PyTorch官网的安装命令选择器界面

5.7.2 数据加载与预处理

使用PyTorch的torch.utils.data.DataLoader来加载和预处理数据。假设已经有了一个用于训练的数据集，并且数据集已经按照PyTorch的Dataset接口进行了封装。以下代码为使用内置的DataLoader加载数据的示例。

```
from torch.utils.data import DataLoader
```

```
# 假设 MyDataset 是自定义的数据集类
train_dataset = MyDataset(root='path/to/train/data', transform=my_transforms)
train_loader = DataLoader(train_dataset, batch_size=64, shuffle=True)
```

在PyTorch中训练大模型时，加载数据是一个至关重要的步骤。由于大模型通常需要处理大量的数据，因此如何高效地加载和管理这些数据变得尤为重要。表5-24为在PyTorch中加载数据的几种常见方式及其优缺点。

表5-24　在PyTorch中加载数据的几种常见方式及其优缺点

加载方式	描述	优点	缺点
自定义 Dataset 类	继承torch.utils.data.Dataset类，并实现__getitem__()和__len__()方法来自定义数据集	灵活性高，可以处理各种类型的数据	需要手动编写数据处理代码，工作量较大
使用 torchvision.datasets	利用torchvision.datasets模块中预定义的数据集类，如MNIST、CIFAR10等	方便快捷，无须编写额外的数据处理代码	数据集种类有限，可能无法满足所有需求
ImageFolder	当数据集以文件夹形式组织，且每个类别的图像存储在不同的子文件夹中时，可以使用torchvision.datasets.ImageFolder	适用于图像数据，自动根据文件夹结构划分数据集	仅适用于图像数据，且数据组织方式需符合特定要求
DataLoader	使用torch.utils.data.DataLoader类来封装自定义的Dataset或torchvision.datasets中的数据集，实现数据的批量加载、打乱、多进程加载等功能	提高数据加载效率，支持多种灵活的数据处理方式	需要根据具体需求调整参数，如batch_size、shuffle等
使用第三方库	如使用fastai、ignite等第三方深度学习库，这些库提供了更高级的数据加载和管理功能	功能丰富，集成度高，可以简化开发流程	可能需要额外学习第三方库的API和使用方法

注意：在实际应用中，选择哪种加载方式取决于具体的数据类型、数据量、项目需求及个人偏好。例如，对于大规模图像数据集，使用ImageFolder结合DataLoader可能是一个高效的选择；而对于自定义的复杂数据集，可能需要编写自定义的Dataset类来处理数据。此外，为了提高数据加载的效率，还可以考虑以下策略。

◆ 数据预处理：在数据加载之前对数据进行预处理，如缩放、裁剪、归一化等，以减少模型训练时的计算量。

◆ 使用多进程加载：通过DataLoader的num_workers参数设置多个进程来并行加载数据，提高数据加载速度。

◆ 内存管理：对于大规模数据集，合理管理内存使用，避免内存溢出。

◆ 数据增强：在数据加载过程中应用数据增强技术，如旋转、翻转、缩放等，以增加数据的多样性和模型的泛化能力。

总之，PyTorch提供了多种灵活的数据加载方式，开发者可以根据具体需求选择最适合的数据加载策略。

5.7.3 模型结构定义

在数据加载与预处理完成之后，需要定义模型的结构。这里使用PyTorch的nn.Module来定义一个复杂的大模型。以下代码为一个模型骨架的定义。

```python
import torch.nn as nn
import torch.nn.functional as F

class MyLargeModel(nn.Module):
    def __init__(self):
        super(MyLargeModel, self).__init__()

        # 定义复杂的网络结构，可能包含多个卷积层、全连接层等
        self.layer1 = nn.Conv2d(in_channels=3, out_channels=64, kernel_size=3, padding=1)
        # 其他层定义

    def forward(self, x):
        x = F.relu(self.layer1(x))
        # 前向传播逻辑
        return x

model = MyLargeModel()
```

在PyTorch中训练大模型时，通常会利用预制的模型结构作为基础，这些预制模型结构经过精心设计和优化，能够高效地处理大规模数据集。表5-25为PyTorch中常见的预制模型结构。

表5-25　PyTorch中常见的预制模型结构

模型结构	定义与特点	应用场景
残差网络（Residual Network，ResNet）	通过引入残差连接解决深层网络训练中的梯度消失/爆炸问题。每个残差块（Residual Block）包含直接映射和卷积层，使网络能够学习输入和输出之间的残差	图像分类、检测、分割等多种计算机视觉任务
VGG网格（Visual Geometry Group Network）	简单的CNN结构，强调使用小的卷积核（如3×3）和重复堆叠的卷积层。结构清晰，易于理解和实现	广泛应用于图像分类任务，也是许多其他视觉任务的基础
Inception	引入了Inception模块，该模块并行使用不同大小的卷积核和池化操作来捕获不同尺度的特征。通过1×1卷积进行降维，减少计算量和参数数量	图像分类、检测等，特别是在需要处理多尺度特征的任务中表现优异
密集连接网络（Densely Connected Convolutional Networks，DenseNet）	每一层都直接连接到后面的所有层。这种密集连接机制有助于特征重用，减少了梯度消失问题，并鼓励了特征传播	在多个CV任务中表现出色，尤其是当数据集较小时
BERT	双向Transformer编码器，通过预训练任务（如遮蔽语言模型）学习丰富的语言表示。在NLP任务中表现出色	NLP，如文本分类、问答系统、命名实体识别等

模型结构	定义与特点	应用场景
GPT	基于Transformer的生成式预训练模型，能够生成连贯的文本。通过自回归方式训练，适用于各种文本生成任务	文本生成、对话系统、摘要生成等自然语言生成任务

注意：在实际选用预制模型时需要考虑以下几点。

◆ 网络深度与复杂度：ResNet、VGG、DenseNet等模型在图像领域逐渐加深网络层数以捕获更复杂的特征，但采用了不同的方法来缓解深层网络带来的问题（如梯度消失、计算量增加）。BERT和GPT等NLP模型则通过Transformer架构实现了深度的自注意力机制，以捕获长距离依赖关系。

◆ 特征提取与表示：CV模型（如ResNet、VGG）通过卷积层提取图像特征，而NLP模型（如BERT、GPT）则通过Transformer架构学习文本表示。

◆ 应用场景：不同的模型结构适用于不同的任务场景。例如，ResNet在图像分类和检测中表现出色，而BERT在自然语言理解和生成任务中占据重要地位。

以上表格仅列出了部分常见的PyTorch预制模型结构，并且这些模型的结构和特点可能随着PyTorch版本的更新而发生变化。在实际应用中，建议根据具体任务需求和可用资源选择合适的模型结构，并进行适当地调优和扩展。

5.7.4 训练准备

在模型训练准备阶段，设置优化器、损失函数，并将模型移至GPU（如果可用），代码如下所示。

```
import torch.optim as optim

device = torch.device("cuda" if torch.cuda.is_available() else "cpu")
model.to(device)

# 初始化优化器
optimizer = optim.Adam(model.parameters(), lr=0.001)
criterion = nn.CrossEntropyLoss()
```

在PyTorch框架中，训练大模型时选择合适的优化器至关重要，因为优化器负责根据损失函数的梯度调整模型参数，以最小化损失并提升模型性能。表5-26为PyTorch中常见优化器的优缺点比较。

表5-26　PyTorch中常见优化器的优缺点比较

优化器名称	原理简述	特点	优点	缺点
SGD	通过随机选择单个样本来近似整个数据集的梯度，并据此更新模型参数	简单直观，计算效率高	实现简单，适用于大规模数据集	收敛速度慢，可能陷入局部最优
Momentum	在SGD基础上引入动量项，累积历史梯度方向以加速收敛并抑制震荡	提高了SGD的收敛速度，减少了震荡	收敛速度更快，稳定性更好	对学习率的设置较为敏感

优化器名称	原理简述	特点	优点	缺点
Adagrad	为每个参数自适应地调整学习率，基于所有历史梯度的平方和来缩放学习率	适用于处理稀疏数据，自动调整学习率	无须手动调整学习率，适用于不同的参数	学习率会单调递减，可能导致训练后期学习率过小而无法更新参数
RMSprop	与 Adagrad 类似，但使用梯度平方的指数移动平均动态调整学习率，避免了学习率过快下降的问题	收敛速度快，适合处理非平稳目标和非凸优化问题	学习率自适应调整，收敛速度快	需要设置衰减率等超参数
Adam	结合了 Momentum 和 RMSprop 的思想，使用梯度的一阶矩估计和二阶矩估计来动态调整每个参数的学习率	计算效率高，收敛速度快，效果好	适用范围广，效果稳定	可能对超参数敏感，有时收敛不如带 Momentum 的 SGD 稳定
Adamax	Adam 的一种变体，对 Adam 的二阶矩估计使用了无穷范数而非 L2 范数	学习率有明确的范围限制，更稳定	学习率调整更稳健，避免了一些 Adam 可能遇到的问题	与 Adam 类似，对超参数仍有一定的敏感性
L-BFGS	一种基于拟牛顿法的优化算法，通过有限内存拟牛顿法迭代更新 Hessian 矩阵的逆来近似求解最优解	收敛速度快，特别适用于小数据集	适用于中小规模数据集，内存消耗显著低于传统拟牛顿法	不适合大规模数据集和在线学习场景

注意：在选用优化器时，需考虑以下方面。

◆ 收敛速度：自适应学习率优化器（如 Adam 和 RMSprop）通常收敛速度较快，而 SGD 及其变体（如 Momentum）则相对较慢，但可能在某些情况下达到更好的泛化性能。

◆ 稳定性：自适应学习率优化器（如 Adam 和 RMSprop）在训练过程中能自动调整学习率，从而在一定程度上提高训练的稳定性。然而，它们也可能在某些情况下对超参数较为敏感。

◆ 适用场景：对于大规模数据集，SGD 及其变体（如 Momentum）由于计算效率高而更为适用；而对于小规模数据集或需要快速收敛的场景，则可以考虑使用 Adam、RMSprop 或 L-BFGS 等优化器。

◆ 超参数设置：自适应学习率优化器减少了对学习率的直接依赖，但仍需设置其他超参数（如衰减率、β值等）。相比之下，SGD 及其变体对学习率的设置更为直接和关键。

在选择优化器时，建议根据具体任务和数据集的特点进行试验和比较，以找到最适合当前场景的优化器。同时，也可以使用多种优化器进行组合或切换策略来进一步提升模型性能。

5.7.5　训练循环

在编写训练循环时，需要迭代地更新模型参数，其中包括将数据加载到 GPU，调用前向传播及反向传播优化。以下代码是使用 for 循环进行迭代的示例。

```
num_epochs = 10

for epoch in range(num_epochs):
    model.train()
```

```
for images, labels in train_loader:
    images, labels = images.to(device), labels.to(device)

    # 前向传播
    outputs = model(images)
    loss = criterion(outputs, labels)
    # 反向传播和优化
    optimizer.zero_grad()
    loss.backward()
    optimizer.step()

print(f'Epoch [{epoch+1}/{num_epochs}], Loss: {loss.item():.4f}')
```

在使用PyTorch迭代训练大模型时，有多种方法和策略可用于控制训练过程，确保模型的有效性和效率。表5-27是迭代训练中可以使用的策略。

表5-27　迭代训练中可以使用的策略

方法/策略	描述
学习率调整	使用动态学习率调整策略，如学习率衰减或自适应学习率算法（如Adam优化器），以加速模型收敛并避免过拟合
批量大小优化	根据GPU内存限制调整批量大小，以平衡训练速度和模型稳定性。过大的批量可能导致内存不足，过小的批量则可能影响训练效果
多进程数据加载	利用DataLoader的num_workers参数设置多个工作进程来并行加载数据，提高数据加载速度，减少CPU空闲时间
固定内存传输	设置DataLoader的pin_memory=True，将加载的数据张量固定在内存中，以便更快地传输到GPU上，减少CPU与GPU之间的数据传输时间
模型剪枝与量化	在训练过程中或训练后对模型进行剪枝和量化，减少模型参数数量和计算复杂度，提高推理速度并降低部署成本
梯度累积	当GPU内存不足以容纳完整批量时，通过累积多个小批次的梯度来模拟更大的批量大小，从而提高训练效果
混合精度训练	启用自动混合精度（Automatic Mixed Precision，AMP）训练，使用FP16进行计算，减少内存占用并加速计算速度。同时，AMP会处理梯度的缩放，确保训练稳定性

这些方法和策略可以根据具体的任务需求、数据集特点和硬件条件进行选择和组合使用，帮助模型达到最佳的训练效果和性能。

5.7.6　结束模型训练

在PyTorch框架中，判断模型是否训练结束通常不是由框架直接提供的内置功能，而是依赖训练循环的逻辑设计。通常，训练循环会在达到预定的训练周期数（epoch数）或满足某个特定的停止条件时结束。以下是一些常见的判断模型训练结束的方法。

1. 达到预定的训练周期数

最常见的训练结束条件是达到预定的训练周期数（epoch 数）。在每个 epoch 结束时，检查当前 epoch 数是否已达到预设的最大 epoch 数，如果是，则停止训练。

```
num_epochs = 10  # 预设的最大 epoch 数
for epoch in range(num_epochs):
    # 训练逻辑…
    if epoch + 1 == num_epochs:
        print(" 训练结束，已达到预定的 epoch 数。")
        break
```

通常，不需要显式地写 if epoch + 1 == num_epochs: 这样的判断，因为循环本身就会在达到 num_epochs 时自然结束。

2. 满足性能指标

在某些情况下，训练过程可能在模型性能达到某个阈值时停止，如验证集上的准确率超过了某个预定的值。这通常涉及在训练循环内部设置一个监控机制，定期检查模型的性能，并根据性能决定是否继续训练。

```
best_acc = 0.0  # 假设需要达到的最低准确率
for epoch in range(num_epochs):
    # 训练逻辑…
    # 假设 validate_model() 函数返回当前 epoch 的验证集准确率
    val_acc = validate_model(model)
    if val_acc >= best_acc:
        best_acc = val_acc
        # 可以选择保存模型等
    if val_acc >= 某个阈值 :
        print(" 训练结束，验证集准确率已达到要求。")
        break
```

3. 资源限制

在某些情况下，训练可能由于资源限制（如内存不足、时间限制等）而需要提前结束。虽然这种情况较少由训练循环直接控制，但开发者可以通过监控系统的资源使用情况，并在资源不足时通过外部逻辑来停止训练。

4. 手动停止

在某些交互式环境中（如 Jupyter Notebook），需要手动停止训练过程。这通常通过简单地中断内核或停止代码执行来实现。

5. 异常处理

在训练过程中，如果遇到无法恢复的错误（如数据加载失败、模型定义错误等），训练循环可能会因为抛出异常而提前结束。可以通过异常处理来优雅地处理这些错误，并记录或报告错误信息。

在实际应用中，通常会结合以上多种方法来设计训练结束的逻辑，以确保训练过程既高效又可靠。

5.7.7 模型评估与保存

在迭代训练结束后，使用验证集评估模型性能，并保存训练好的模型。以下代码为加载验证集并计算模型的准确率，最终将模型权重保存为pth文件。

```
# 假设有验证集加载器 val_loader
model.eval()
with torch.no_grad():
    correct = 0
    total = 0
    for images, labels in val_loader:
        images, labels = images.to(device), labels.to(device)
        outputs = model(images)
        _, predicted = torch.max(outputs.data, 1)
        total += labels.size(0)
        correct += (predicted == labels).sum().item()

    print(f'Accuracy of the model on the validation set: {100 * correct / total}%')

# 保存模型权重
torch.save(model.state_dict(), 'model_weights.pth')
```

在PyTorch中保存模型时，有多种策略可供选择，每种策略都有其特定的用途和优缺点。表5-28列出了使用PyTorch保存模型时的不同策略及其优缺点。

表5-28 使用PyTorch保存模型时的不同策略及其优缺点

策略	描述	优缺点
只保存模型参数	使用torch.save(model.state_dict(), path)保存模型的权重和偏置等参数	优点：文件体积小，节省存储空间；加载时灵活，可以加载到不同结构的模型中（只要参数匹配）； 缺点：需要事先定义好模型结构；不支持保存优化器状态等额外信息
保存整个模型	使用torch.save(model, path)保存整个模型对象，包括模型结构、参数及可能包含的优化器状态等信息	优点：加载时无须重新定义模型结构，直接加载即可使用；支持保存优化器状态等额外信息； 缺点：文件体积较大；需要确保PyTorch版本兼容，否则可能无法正确加载

续表

策略	描述	优缺点
保存训练状态	将模型的参数、优化器状态、训练周期等信息保存为一个字典，然后使用 torch.save() 保存这个字典	优点：灵活性高，可以根据需要保存任意信息；支持从上次中断的地方继续训练； 缺点：需要手动管理保存的信息；加载时需要分别恢复模型参数、优化器状态等信息
使用特定格式保存	如保存为 ONNX 格式（.onnx 文件），以便在不同框架或平台上部署模型	优点：提高模型的跨平台兼容性；便于在不支持 PyTorch 的环境中部署模型； 缺点：可能需要额外的转换步骤；某些 PyTorch 特性可能无法完全转换为 ONNX 格式

注意：在选择保存模型的策略时，需要根据具体需求进行权衡。例如，如果模型较大且需要频繁加载，则建议只保存模型参数以节省存储空间；如果需要在不同 PyTorch 版本之间迁移模型，则需要特别注意版本兼容性问题；如果需要将模型部署到不支持 PyTorch 的环境中，则可能需要将模型转换为特定格式。

无论选择哪种保存策略，都应该在保存模型时包含足够的元数据（如模型结构、保存时间、训练周期等），以便在加载模型时能够正确恢复其状态。同时，也应该定期备份模型文件，以防止数据丢失或损坏。

以上示例提供了一个使用 PyTorch 训练大模型的基本框架。在实际应用中，可能需要根据具体任务和数据集调整模型结构、损失函数、优化器及超参数等。此外，对于非常大的模型和数据集，可能还需考虑使用分布式训练、混合精度训练等技术来加速训练过程。

5.8　本章小结

本章全面剖析了大模型的训练过程。从数据预处理、模型架构设计到训练策略选择，每一步都至关重要。本章不仅详细阐述了训练循环中的关键步骤，如前向传播、损失计算、反向传播和参数更新，还深入探讨了过拟合、欠拟合等常见问题及其解决方案。此外，还介绍了学习率调度、批量大小调整等高级训练技巧，旨在帮助读者更好地掌握大模型训练的技术。通过本章的学习，读者能够系统地理解大模型训练的全过程，为构建高性能的深度学习模型奠定坚实的基础。

PART 03

## 第三部分

大模型架构的深度解析

在深度学习领域，大模型架构的创新是推动技术进步的重要驱动力。随着计算能力的飞速提升和数据规模的爆炸式增长，大模型凭借其强大的表征能力和泛化性能，在自然语言处理（NLP）、计算机视觉（CV）等多个领域取得了突破性进展。然而，大模型的复杂性和规模也对其设计、训练及应用带来了前所未有的挑战。本部分将带领读者深入探索当前主流的大模型架构，从Transformer到BERT，从GPT系列到视觉Transformer（ViT）等，逐一剖析这些架构的核心思想、设计原理及其在实际应用中的表现。通过本部分的学习，读者不仅能理解大模型架构的精髓，还能掌握如何根据具体任务需求选择合适的大模型，并进行架构优化与创新，从而为构建更智能、更高效的深度学习系统奠定坚实的基础。

第 6 章

大模型架构与 Python 实现

本章旨在深入探讨大模型的核心架构，揭示其背后的技术原理与实现细节。本章将从嵌入层、编码器、解码器等关键组件出发，逐步揭开大模型的神秘面纱。同时，本章也将聚焦于如何使用 Python 编程语言，结合 PyTorch 等深度学习框架，实现大模型的基本功能。通过本章的学习，读者不仅能够理解大模型的工作原理，还能通过实践掌握大模型的搭建与训练方法，为人工智能领域的深入研究奠定实践基础。

本章涉及的主要知识点如下。

◆ Transformer 模型原理与架构。

◆ 使用 PyTorch 实现 Transformer 模型。

◆ 多模态学习架构与 Python 实践。

◆ 模型量化与压缩的 Python 实践。

◆ 模型剪枝与知识蒸馏。

6.1 Transformer模型原理与架构

在NLP领域的突破性进展中，Transformer模型具有举足轻重的地位。该架构首次完全摒弃了循环神经网络（RNN）和卷积神经网络（CNN）等传统序列处理模型的结构，通过自注意力机制实现了对序列数据的全局依赖建模与并行处理，显著提升了模型的训练效率和表征能力。

6.1.1 Transformer模型概述

Transformer模型是一种基于自注意力机制的深度神经网络架构，由Vaswani等人在2017年的论文《Attention Is All You Need》中首次提出。该模型最初设计用于处理序列到序列（Seq2Seq）的任务，如机器翻译、文本摘要等，现已成为文本生成、问答系统等NLP任务的基础架构。与传统Seq2Seq模型不同，Transformer模型不依赖RNN或CNN来处理输入序列，而是完全依赖自注意力机制来捕捉序列中的依赖关系。图6-1所示为Transformer模型的推理示意，模型首先将输入数据标记化，然后通过嵌入层获取词向量，并叠加位置编码，最后通过多头注意力机制得到交叉注意力矩阵，通过残差连接和层归一化稳定训练，使用前馈神经网络机制后输出结果，图中右下角即为交叉注意力矩阵的构成示意。

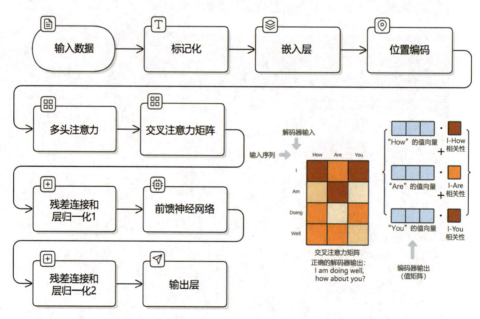

图6-1 Tansformer模型的推理示意

6.1.2 Transformer模型架构

Transformer模型主要由编码器和解码器两部分组成，两者结构相似但功能不同。编码器负责将输入序列转换成一系列连续的隐藏状态表示，而解码器则根据这些隐藏状态及已生成的输出序列来预测下一个输出。图6-2所示为编码器和解码器的组合结构。

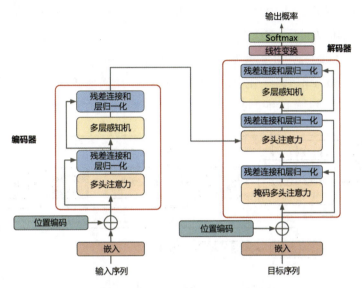

图 6-2　编码器和解码器的组合结构

1. 编码器

编码器由多个结构相同的层堆叠而成，每层主要由两个子层组成。

自注意力层： 该层是 Transformer 模型的核心，通过计算输入序列中每个元素与其他元素之间的注意力权重，来捕捉序列内部的依赖关系。多头自注意力机制使模型能够并行关注不同表示子空间的上下文信息，从而全面捕捉序列内部的语义关联。

前馈神经网络层： 该层是一个简单的全连接前馈神经网络，对自注意力层的输出进行进一步变换，以提取更高层次的特征。

每个子层均采用残差连接和层归一化操作，以确保信息能够顺畅地向前传播，并减少梯度消失或爆炸的问题。图6-3所示为 Transformer 编码器结构图。

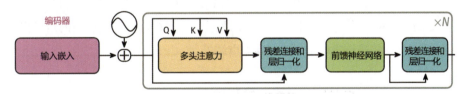

图 6-3　Transformer 编码器结构图

2. 解码器

解码器同样由多个相同的层堆叠而成，但与编码器不同的是，解码器的每个层除了包含掩码自注意力层和前馈神经网络层外，还额外引入了一个编码器—解码器注意力层（Encoder-Decoder Attention Layer）。

掩码自注意力层： 与编码器中的自注意力层类似，但在解码过程中，为了防止模型看到未来的信息（尚未生成的输出），通常会采用掩码机制来遮挡掉当前位置之后的所有输入。

编码器—解码器注意力层：该层允许解码器直接访问编码器输出的所有隐藏状态，从而捕捉到输入序列与已生成输出序列之间的依赖关系。这种跨序列的注意力机制是解码器能够动态结合源序列信息生成下一个输出的关键所在。

前馈神经网络层：与编码器中的前馈神经网络层结构相同，用于对注意力层的输出进行非线性变换。

图 6-4 所示为 Transformer 解码器结构图，其中需要注意的是：解码器的多头注意力机制输入查询（Q）为掩码多头注意力与残差连接和层归一化后的结果，而关键词（K）、值（V）则来自编码器的结果。

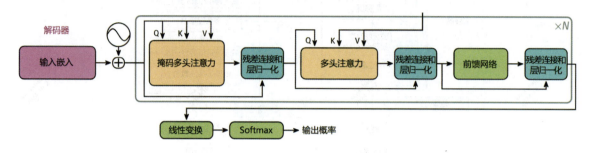

图 6-4　Transformer 解码器结构图

6.1.3　自注意力机制

自注意力机制是 Transformer 模型的核心创新点之一。它通过计算序列中每个元素与其他元素之间的相似度（通过缩放点积注意力实现），来动态生成每个元素的上下文感知表示。具体来说，自注意力机制首先通过三个不同的线性变换，分别称为查询（Q）、键（K）和值（V）将输入序列映射到三个不同的空间中，然后计算查询与键之间的相似度作为注意力权重，最后根据这些权重对值进行加权求和，得到每个元素的最终表示。

通过这种方式，自注意力机制能够捕捉到序列中任意两个元素之间的关系，而无须考虑它们在序列中的位置顺序。这种非局部的依赖关系建模能力使 Transformer 模型在处理长序列数据时具有显著的优势。图 6-5 所示为处理图像数据的自注意力机制结构图，输入张量形状为 $C \times H \times W$，其中 C 是通道数，H 是高度，W 是宽度；图中自注意力的关键就体现在 Q 与 K 重塑后的结果相乘得到了注意力权重矩阵 S，S 与 V 相乘与输入相加即得到输出结果。

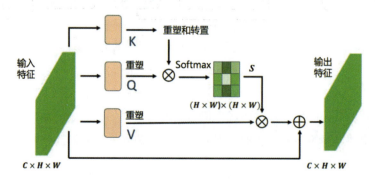

图 6-5　处理图像数据的自注意力机制结构图

6.2　使用 PyTorch 实现 Transformer 模型

在理解了 Transformer 模型的基本原理和架构之后，接下来将通过 PyTorch 框架来实现一个基本的 Transformer 模型。PyTorch 作为一个灵活且强大的深度学习库，非常适合用来构建和训练复杂的神经网络模型。接下来使用 PyTorch 实现 Transformer 结构，用于训练一个简单的语言翻译模型。

6.2.1　准备工作

首先，需要导入一些必要的库，这里假设已经安装了 PyTorch（安装过程见第 5 章），这里 torch.nn 是 PyTorch 的 neural network 相关组件包，包含了与神经网络相关的所有基础组件，torch.nn.functional 则是构建网络过程中所需要的各种函数包。

```
import torch
import torch.nn as nn
import torch.nn.functional as F
```

6.2.2　定义 Transformer 模型的组件

在定义 Transformer 模型组件时，需要实现基本的注意力机制、编码器和解码器，以下介绍注意力机制的实现。

1.　注意力机制

Transformer 中的注意力机制是模型的核心部分，首先实现一个基本的点积注意力层。

```
class ScaledDotProductAttention(nn.Module):
    def __init__(self, d_model, d_k):
        super(ScaledDotProductAttention, self).__init__()
        # 使用 torch.sqrt 求平方根
        self.scale = torch.sqrt(torch.tensor(d_k, dtype=torch.float32))

    def forward(self, Q, K, V, mask=None):
        # 注意力为 Q 与 K 进行点乘
        attention = torch.matmul(Q, K.transpose(-2, -1)) / self.scale

        if mask is not None:
            attention = attention.masked_fill(mask == 0, float('-1e20'))

        attention = F.softmax(attention, dim=-1)
```

```
# 最终输出为注意力与 V 进行点乘
output = torch.matmul(attention, V)
return output, attention
```

2. 多头注意力

多头注意力机制通过将输入分割成多个"头"，并独立地在每个头上应用注意力机制，然后将结果拼接起来，从而能够捕捉到输入数据的不同子空间信息。

```
class MultiHeadAttention(nn.Module):
    def __init__(self, d_model, n_heads):
        super(MultiHeadAttention, self).__init__()
        self.n_heads = n_heads
        self.d_k = d_model // n_heads
        self.qkv_linear = nn.Linear(d_model, d_model * 3, bias=False)
        self.out_linear = nn.Linear(d_model, d_model)

    def forward(self, x, mask=None):
        N, C = x.shape
        qkv = self.qkv_linear(x).reshape(N, -1, 3, self.n_heads, self.d_k).permute(2, 0, 3, 1, 4)
        q, k, v = qkv[0], qkv[1], qkv[2]

        attn_output, attn_output_weights = ScaledDotProductAttention(self.d_k, self.d_k)(q, k, v, mask)

        attn_output = attn_output.permute(0, 2, 1, 3).reshape(N, -1, C)

        final_output = self.out_linear(attn_output)
        return final_output, attn_output_weights
```

3. 前馈神经网络

Transformer 模型中的每个编码器和解码器层都包含一个前馈神经网络，用于对注意力层的输出进行进一步处理。

```
class PositionwiseFeedForward(nn.Module):
    def __init__(self, d_model, d_ff, dropout=0.1):
        super(PositionwiseFeedForward, self).__init__()
        self.w1 = nn.Linear(d_model, d_ff)
        self.w2 = nn.Linear(d_ff, d_model)
        self.dropout = nn.Dropout(dropout)

    def forward(self, x):
        return self.w2(self.dropout(F.relu(self.w1(x))))
```

6.2.3　定义 Transformer 模型的编码器

编码器在 Transformer 模型中负责将输入序列转换为一组连续的隐藏状态表示，这些表示随后会被解码器用来生成目标序列。下面将使用 PyTorch 来定义 Transformer 模型的编码器部分。编码器由多个相同的层堆叠而成，每层通常包含两个子层：多头注意力层和一个前馈神经网络层。在每个子层之后，都会应用残差连接和层归一化来稳定训练过程。

```python
import torch
import torch.nn as nn
import torch.nn.functional as F

class EncoderLayer(nn.Module):
    def __init__(self, d_model, nhead, dim_feedforward=2048, dropout=0.1):
        super(EncoderLayer, self).__init__()
        self.self_attn = MultiHeadAttention(d_model, nhead, dropout=dropout)
        # 实现一个线性变换和一个 dropout 层，用于多头注意力层的输出
        self.dropout1 = nn.Dropout(dropout)
        self.norm1 = nn.LayerNorm(d_model)
        self.linear1 = nn.Linear(d_model, dim_feedforward)
        self.dropout2 = nn.Dropout(dropout)
        self.norm2 = nn.LayerNorm(d_model)
        self.feedforward = PositionwiseFeedForward(d_model, dim_feedforward, dropout)

    def forward(self, src, src_mask=None, src_key_padding_mask=None):
        r"""Pass the input through the encoder layer.

        Args:
            src: Tensor, shape [seq_len, batch, embed_dim]
            src_mask: Tensor, shape [seq_len, seq_len], optional,
                The mask for the src sequence. Optional masked encoding layers
                with masked positions.
            src_key_padding_mask: Tensor, shape [batch, seq_len], optional,
                A byte tensor where positions are set to 'True' for padded
                positions in 'src'.

        Returns:
            output: Tensor, shape [seq_len, batch, embed_dim]
        """
        src2 = self.norm1(src + self.dropout1(self.self_attn(src, src, src, attn_mask=src_mask,
                                key_padding_mask=src_key_padding_mask)[0]))
        src = self.norm2(src2 + self.dropout2(self.feedforward(src2)))
        return src
```

```
class Encoder(nn.Module):
    def __init__(self, encoder_layers, d_model, nhead, dim_feedforward=2048, dropout=0.1):
        super(Encoder, self).__init__()
        self.layers = nn.ModuleList([EncoderLayer(d_model, nhead, dim_feedforward, dropout)
                        for _ in range(encoder_layers)])
        self.norm = nn.LayerNorm(d_model)

    def forward(self, src, mask=None, src_key_padding_mask=None):
        r"""Pass the input through the encoder layers in turn.

        Args:
            src: Tensor, shape [seq_len, batch, embed_dim]
            mask: optional tensor, shape [seq_len, seq_len]
            src_key_padding_mask: Tensor, shape [batch, seq_len], optional,
                A byte tensor where positions are set to 'True' for padded
                positions in 'src'.

        Returns:
            output: Tensor, shape [seq_len, batch, embed_dim]
        """
        output = src

        for layer in self.layers:
            output = layer(output, src_mask=mask,
                    src_key_padding_mask=src_key_padding_mask)

        return self.norm(output)
```

注意：上面的代码片段中引用了 MultiHeadAttention 和 PositionwiseFeedForward 类，这些类在之前的示例中应该已经被定义。如果尚未定义，请参考之前的代码示例或根据 Transformer 模型的标准架构进行实现。此外，编码器的输入 src 通常是一个三维张量，其形状为 [seq_len, batch, embed_dim]，其中 seq_len 是序列长度，batch 是批次大小，embed_dim 是嵌入维度（又称模型维度 d_model）。mask 和 src_key_padding_mask 是用于控制注意力机制行为的可选参数。

6.2.4　定义 Transformer 模型的解码器

解码器在 Transformer 模型中负责根据编码器的输出及已生成的输出序列来预测下一个输出。与编码器类似，解码器也是由多个相同的层堆叠而成，但解码器的每一层通常包含三个子层：自注意力层（用于处理解码器输入）、编码器—解码器注意力层（用于处理编码器输出和解码器输入之间的关系），以及前馈神经网络层。在每个子层后同样会应用残差连接和层归一化。

以下是使用 PyTorch 定义 Transformer 模型解码器的代码示例。

```python
import torch
import torch.nn as nn
import torch.nn.functional as F

class DecoderLayer(nn.Module):
    def __init__(self, d_model, nhead, dim_feedforward=2048, dropout=0.1):
        super(DecoderLayer, self).__init__()
        self.self_attn = MultiHeadAttention(d_model, nhead, dropout=dropout)
        self.multihead_attn = MultiHeadAttention(d_model, nhead, dropout=dropout)
        self.dropout1 = nn.Dropout(dropout)
        self.dropout2 = nn.Dropout(dropout)
        self.dropout3 = nn.Dropout(dropout)
        self.norm1 = nn.LayerNorm(d_model)
        self.norm2 = nn.LayerNorm(d_model)
        self.norm3 = nn.LayerNorm(d_model)
        self.linear1 = nn.Linear(d_model, dim_feedforward)
        self.feedforward = PositionwiseFeedForward(d_model, dim_feedforward, dropout)

    def forward(self, tgt, memory, tgt_mask=None, memory_mask=None,
            tgt_key_padding_mask=None, memory_key_padding_mask=None):
        r"""Pass the input through the decoder layer.

        Args:
            tgt: Tensor, shape [tgt_len, batch, embed_dim]
            memory: Tensor, shape [src_len, batch, embed_dim]
            tgt_mask: Tensor, shape [tgt_len, tgt_len], optional,
                The mask for the tgt sequence. Optional masked sequence encoding
                (to predict next token).
            memory_mask: Tensor, shape [src_len, src_len], optional,
                The mask for the memory sequence.
            tgt_key_padding_mask: Tensor, shape [batch, tgt_len], optional,
                A byte tensor where positions are set to 'True' for padded
                positions in 'tgt'.
            memory_key_padding_mask: Tensor, shape [batch, src_len], optional,
                A byte tensor where positions are set to 'True' for padded
                positions in 'memory'.

        Returns:
            output: Tensor, shape [tgt_len, batch, embed_dim]
        """
        q = k = v = tgt

        # 自注意力层
        q, attn = self.self_attn(q, k, value=v, attn_mask=tgt_mask,
```

```
                    key_padding_mask=tgt_key_padding_mask)[:2]
        q = self.dropout1(q)
        q = self.norm1(q + tgt)

        # 编码器—解码器注意力层
        q, attn = self.multihead_attn(q, memory, memory, attn_mask=memory_mask,
                        key_padding_mask=memory_key_padding_mask)
        q = self.dropout2(q)
        q = self.norm2(q + tgt)

        # 前馈神经网络层
        output = self.feedforward(q)
        output = self.dropout3(output)
        output = self.norm3(output + q)

        return output, attn


class Decoder(nn.Module):
    def __init__(self, decoder_layers, d_model, nhead, dim_feedforward=2048, dropout=0.1):
        super(Decoder, self).__init__()
        self.layers = nn.ModuleList([DecoderLayer(d_model, nhead, dim_feedforward, dropout)
                        for _ in range(decoder_layers)])
        self.norm = nn.LayerNorm(d_model)

    def forward(self, tgt, memory, tgt_mask=None, memory_mask=None,
            tgt_key_padding_mask=None, memory_key_padding_mask=None):
        r"""Pass the decoded input through the decoder layers in turn.

        Args:
            tgt: Tensor, shape [tgt_len, batch, embed_dim]
            memory: Tensor, shape [src_len, batch, embed_dim]
            tgt_mask: Tensor, shape [tgt_len, tgt_len], optional,
                The mask for the tgt sequence.
            memory_mask: Tensor, shape [src_len, src_len], optional,
                The mask for the memory sequence.
            tgt_key_padding_mask: Tensor, shape [batch, tgt_len], optional,
                A byte tensor where positions are set to 'True' for padded
                positions in 'tgt'.
            memory_key_padding_mask: Tensor, shape [batch, src_len], optional,
                A byte tensor where positions are set to 'True' for padded
                positions in 'memory'.

        Returns:
            output: Tensor, shape [tgt_len, batch, embed_dim]
```

```
"""
output = tgt

for layer in self.layers:
    output, attn = layer(output, memory, tgt_mask=tgt_mask,
            memory_mask=memory_mask,
            tgt_key_padding_mask=tgt_key_padding_mask,
            memory_key_padding_mask=memory_key_padding_mask)

return self.norm(output)
```

注意：上述代码中的 MultiHeadAttention 和 PositionwiseFeedForward 类需要事先定义，这些类在之前关于 Transformer 模型编码器实现的部分中应该已经给出。此外，解码器的输入 tgt 通常是一个三维张量，表示目标序列（待生成的输出序列），其形状为 [tgt_len, batch, embed_dim]，其中 tgt_len 是目标序列的长度，batch 是批次大小，embed_dim 是嵌入维度（又称模型维度 d_model）。memory 是编码器的输出，包含了源序列的编码信息。tgt_mask、memory_mask、tgt_key_padding_mask 和 memory_key_padding_mask 是用于控制注意力机制行为的可选参数。

6.2.5 完整模型组装

在定义了 Transformer 模型的编码器和解码器后，下一步是将它们组合成一个完整的 Transformer 模型。这通常涉及创建一个新的类，该类封装了编码器和解码器，并提供了一个接口来执行前向传播，以及可选的训练和评估功能。

以下是 Transformer 完整模型组装的代码示例。

```
import torch
import torch.nn as nn

class TransformerModel(nn.Module):
    def __init__(self, src_vocab_size, tgt_vocab_size, d_model, nhead, num_encoder_layers,
            num_decoder_layers, dim_feedforward, max_encoder_length, max_decoder_length,
dropout=0.1):
        super(TransformerModel, self).__init__()

        # 定义源语言和目标语言的嵌入层
        self.src_embed = nn.Embedding(src_vocab_size, d_model)
        self.tgt_embed = nn.Embedding(tgt_vocab_size, d_model)

        # 定义位置编码（这里为了简化省略了，实际应用中需要添加）

        # 定义编码器和解码器
        self.encoder = nn.TransformerEncoder(
            nn.TransformerEncoderLayer(d_model=d_model, nhead=nhead,
```

```
                                    dim_feedforward=dim_feedforward, dropout=dropout),
            num_layers=num_encoder_layers
        )

        self.decoder = nn.TransformerDecoder(
            nn.TransformerDecoderLayer(d_model=d_model, nhead=nhead,
                                    dim_feedforward=dim_feedforward, dropout=dropout),
            num_layers=num_decoder_layers
        )

        # 定义一个输出层，用于将解码器的输出映射到目标词汇表的大小
        self.output_layer = nn.Linear(d_model, tgt_vocab_size)

        # 初始化参数
        self.init_weights()

        # 这些参数用于生成注意力掩码（可选）
        self.max_encoder_length = max_encoder_length
        self.max_decoder_length = max_decoder_length

    def init_weights(self):
        """ 初始化模型参数 """
        initrange = 0.1
        self.src_embed.weight.data.uniform_(-initrange, initrange)
        self.tgt_embed.weight.data.uniform_(-initrange, initrange)
        self.output_layer.weight.data.uniform_(-initrange, initrange)
        self.output_layer.bias.data.zero_()

    def forward(self, src, tgt, src_mask=None, tgt_mask=None, src_key_padding_mask=None,
                tgt_key_padding_mask=None, memory_key_padding_mask=None):
        r"""
        Args:
            src: Tensor, shape [seq_len, batch_size]
            tgt: Tensor, shape [tgt_seq_len, batch_size]
            src_mask: optional tensor, shape [seq_len, seq_len]
            tgt_mask: optional tensor, shape [tgt_seq_len, tgt_seq_len]
            src_key_padding_mask: Tensor, shape [batch_size, seq_len], optional
            tgt_key_padding_mask: Tensor, shape [batch_size, tgt_seq_len], optional
            memory_key_padding_mask: Tensor, shape [batch_size, src_seq_len], optional
        Returns:
            output: Tensor, shape [tgt_seq_len, batch_size, tgt_vocab_size]
        """
        # 将输入序列转换为嵌入表示
        src = self.src_embed(src) * math.sqrt(self.d_model)
        tgt = self.tgt_embed(tgt) * math.sqrt(self.d_model)
```

```
# 如果提供了位置编码，则在此处添加

# 通过编码器
memory = self.encoder(src, src_mask=src_mask, src_key_padding_mask=src_key_padding_mask)

# 通过解码器
output = self.decoder(tgt, memory, tgt_mask=tgt_mask,
                      memory_mask=src_mask,
                      tgt_key_padding_mask=tgt_key_padding_mask,
                      memory_key_padding_mask=memory_key_padding_mask)

# 将解码器的输出映射到目标词汇表的大小
output = self.output_layer(output)
return output
```

注意：上述代码是一个简化的示例，用于说明如何组装 Transformer 模型的各个部分。其中的 math.sqrt 和位置编码部分在示例中被省略了，实际使用时需要添加。另外，为了简化示例，没有显式处理 src_mask、tgt_mask 等掩码，但在实际应用中这些掩码对于处理变长序列是必要的。读者可能还需要添加位置编码来处理序列中单词的顺序信息，因为 Transformer 模型本身无法理解序列的顺序。此外，对于变长序列，还需要生成适当的注意力掩码来防止模型在训练过程中"窥视"到未来的信息。最后，nn.TransformerEncoder 和 nn.TransformerDecoder 是 PyTorch 中提供的现成组件，其内部已经包含了多头注意力机制、前馈神经网络及必要的残差连接和层归一化。因此，在定义编码器和解码器时，只需要指定每个层的数量和维度等参数即可。

6.2.6　训练与评估

在实现了 Transformer 模型之后，下一步是训练该模型以学习从源语言到目标语言的映射，并评估其性能。Transformer 模型的训练评估过程与之前介绍的训练评估流程相似，以下为简化的训练和评估流程，包括数据准备、定义损失函数和优化器、训练循环和结果评估。

1. 数据准备

在训练之前，需要准备源语言和目标语言的数据集。假设数据以文本文件的形式存在，每个样本包含一对源句子和目标句子。需要将文本数据转换为模型可以处理的格式，通常涉及分词、构建词汇表、将文本转换为索引序列等步骤。

2. 定义损失函数和优化器

对于序列到序列的任务，如机器翻译，常用的损失函数是交叉熵损失。在 PyTorch 中，可以使用 nn.CrossEntropyLoss 来计算模型输出与目标序列之间的损失。

优化器方面，Adam 优化器由于其自适应学习率调整的特性，在训练深度学习模型时非常流行。可以使用 PyTorch 的 torch.optim.Adam 来实例化 Adam 优化器。

3. 训练循环

训练循环包括以下几个步骤。

数据加载： 使用数据加载器批量加载数据。

前向传播： 将批量数据输入模型中，得到模型输出。

计算损失： 使用损失函数计算模型输出与目标序列之间的损失。

反向传播： 根据损失执行反向传播，计算梯度。

优化器更新： 使用优化器更新模型的权重。

记录日志： 记录训练过程中的损失、准确率等指标。

4. 结果评估

在训练过程中或训练结束后，需要评估模型的性能。评估通常涉及以下几个步骤。

准备评估数据集： 准备一个与训练集独立的数据集用于评估。

关闭梯度计算： 在评估模式下运行模型，关闭梯度计算以节省内存和计算资源。

预测： 对评估数据集进行预测，得到模型输出。

计算评估指标： 根据任务需求计算适当的评估指标，如 BLEU 分数（对于机器翻译任务）。

以下是一个简化的训练循环和评估流程的代码示例。

```python
# 假设 model 是已经实例化的 TransformerModel 对象
# loss_fn 是交叉熵损失函数实例
# optimizer 是优化器实例

# 训练循环
for epoch in range(num_epochs):
    for src, tgt in train_dataloader:
        # 前向传播
        output = model(src, tgt, ...)
        loss = loss_fn(output.view(-1, output.size(-1)), tgt.view(-1))

        # 反向传播和优化
        optimizer.zero_grad()
        loss.backward()
        optimizer.step()

        # 记录日志（这里省略）

# 评估
model.eval()  # 设置为评估模式
total_loss = 0
with torch.no_grad():
    for src, tgt in eval_dataloader:
```

```
output = model(src, tgt, ...) # 注意：在评估时，tgt 可能不是必需的，具体取决于模型实现
# 假设只是为了演示而计算损失（实际评估中可能使用 BLEU 等指标）
loss = loss_fn(output.view(-1, output.size(-1)), tgt.view(-1))
total_loss += loss.item()
```

```
# 计算平均损失（这里省略）
# …
```

注意：上述代码是一个高度简化的示例，用于说明训练和评估的基本流程。在实际应用中，需要根据具体任务和数据集对代码进行适当的修改和扩展。例如，需要实现更复杂的数据预处理步骤、使用不同的损失函数和评估指标、调整优化器的参数等。

6.3 多模态学习架构与 Python 实践

随着人工智能技术的不断发展，多模态学习成为研究热点之一。多模态学习旨在融合来自不同模态（如文本、图像、音频等）的信息，以提升模型对复杂任务的理解和处理能力。本节将探讨多模态学习的基本架构，并通过 Python 实践展示如何实现一个简单的多模态模型。

6.3.1 多模态学习基础

多模态学习主要关注如何有效地整合来自不同模态的数据，以便更好地完成特定任务。通常涉及以下几个关键方面。

数据表示： 每种模态的数据都有其独特的表示方式，如文本数据常用词向量表示，图像数据常用像素值或特征图表示。多模态学习的第一步是将这些数据转换为模型可以处理的形式。

模态间对齐： 由于不同模态的数据在本质上是异构的，因此需要将它们对齐，以便在一个统一的框架内进行处理。这可以通过注意力机制、GNN 等技术实现。

融合策略： 一旦数据被对齐，就需要考虑如何有效地融合这些多模态信息。常见的融合策略包括早期融合（在特征级别融合）、晚期融合（在决策级别融合）和混合融合（在多个层次上融合）。

图 6-1 所示为多模态模型的架构示意，可以看出多模态模型实际上是将图片、视频、音频等多媒体内容进行编码融合后传递给 LLM。本质上仍然是 LLM。

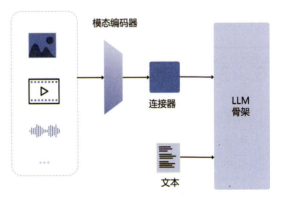

图 6-6　多模态模型的架构示意

6.3.2 常见的多模态模型

多模态模型广泛应用于图像识别、图像检索、图像描述生成、视觉问答、对话系统等多个领域。它们能够处理和理解来自不同模态的信息，为用户提供更加丰富和准确的交互体验。表6-1为常见的多模态模型总结和比较。

表6-1 常见的多模态模型总结和比较

模型名称	技术实现	使用场景	优点	缺点
CLIP	通过对比学习的方式，同时训练文本编码器和图像编码器，使两者在嵌入空间中对齐	图像识别、图像检索、零样本学习等	1. 强大的跨模态对齐能力，能够理解和关联文本与图像信息； 2. 广泛的适用性，可用于多种视觉和语言任务； 3. 良好的零样本学习能力，能够在未见过的类别上进行分类	1. 需要大量标注数据； 2. 对新类别的泛化能力有限； 3. 模型复杂度高，计算资源需求大
BLIP-2	在CLIP基础上进行了改进，增加了更复杂的视觉Transformer和文本Transformer，以及更多的训练数据	图像描述生成、视觉问答、图像分类等	1. 提高了跨模态对齐的精度； 2. 在多个基准测试上表现出色； 3. 增强了模型在复杂场景下的理解能力	1. 模型规模较大，对计算资源要求高； 2. 数据标注成本高； 3. 对某些特定任务的优化可能不足
InstructBLIP	在BLIP的基础上引入了指令微调，使模型能够更好地遵循人类指令	图像描述生成、视觉推理、对话系统等	1. 提高了模型的遵循指令能力； 2. 增强了模型的鲁棒性和泛化性； 3. 可用于更复杂的对话和交互场景	1. 指令设计需要精细和准确； 2. 对计算资源的需求依然较高； 3. 在某些极端情况下可能仍会出现不准确或误解指令的情况
MiniGPT-4	虽然不是专门的多模态模型，但因其强大的语言理解和生成能力，在结合特定领域知识时，也能表现出一定的多模态处理能力	文本生成、知识问答、代码编写等	1. 强大的语言理解和生成能力； 2. 广泛的适用性，可用于多种文本相关任务； 3. 可以通过微调适应特定领域的需求	1. 本身不是为多模态设计，跨模态处理能力有限； 2. 对新概念和任务的适应性可能不足； 3. 存在潜在的偏见和不准确的问题

6.3.3 Python实践：构建一个简单的多模态模型

为了演示多模态学习的实例，将构建一个简单的图像—文本多模态模型，用于图像描述生成任务。本节不深入具体的深度学习框架细节，而是提供概念性的框架。为了简化问题，将构建一个处理图像和文本数据的多模态模型，用于执行基本的图像描述生成任务。请注意，由于完整的多模态模型（如CLIP、BLIP等）实现复杂且资源密集，本节将构建概念性的简化版本，以更好地理解多模态模型的基本构建块。

1. 准备工作

首先，准备一个具有PyTorch框架的Python开发环境。对于图像描述生成任务，需要图像数据集和对应的描述文本。本节使用一个小型的图像描述数据集，如Flickr8k或Flickr30k的子集。由于实际数据加载和处理较为复杂，这里假设已经有加载并预处理好的图像和文本数据。

2. 定义模型结构

定义一个简单的多模态模型，该模型包括一个图像编码器（使用预训练的CNN）和一个文本解码器（使用RNN或Transformer模型）。为了简化，不实现完整的融合机制，而是分别处理图像和文本数据。

```python
import torch
import torch.nn as nn
import torchvision.models as models

class SimpleMultimodalModel(nn.Module):
    def __init__(self, vocab_size, embed_size, hidden_size, num_layers):
        super(SimpleMultimodalModel, self).__init__()
        # 加载预训练的 CNN 作为图像编码器
        self.image_encoder = models.resnet18(pretrained=True)
        self.image_encoder.fc = nn.Identity()  # 移除 ResNet 的全连接层

        # 定义文本解码器（这里以 RNN 为例）
        self.embedding = nn.Embedding(vocab_size, embed_size)
        self.rnn = nn.GRU(embed_size, hidden_size, num_layers, batch_first=True)
        self.fc = nn.Linear(hidden_size, vocab_size)

    def forward(self, images, captions):
        # 处理图像数据
        with torch.no_grad():  # 不计算图像编码器的梯度
            image_features = self.extract_image_features(images)

        # 假设 captions 是一个包含 [batch_size, seq_len] 张量的列表，每个元素是索引序列
        # 这里为了简化，忽略图像特征与文本序列的融合，直接处理文本序列
        outputs = torch.zeros(captions[0].size(0), captions[0].size(1), self.fc.out_features)
        hiddens = torch.zeros(self.rnn.num_layers, captions[0].size(0), self.rnn.hidden_size)

        # 处理文本数据
        for i in range(captions[0].size(1)):
            word_embeds = self.embedding(captions[:, i])
            output, hiddens = self.rnn(word_embeds, hiddens)
            outputs[:, i, :] = self.fc(output.squeeze(1))
```

```
    # 注意：这里的实现是非常简化的，没有考虑图像特征与文本序列的融合
    return outputs

def extract_image_features(self, images):
    # 提取图像特征，这里只是示例，实际应用中可能需要调整以适应不同大小的输入
    # 并且可能需要全局平均池化或最大池化来获取固定长度的特征向量
    features = self.image_encoder(images)
    return features.view(features.size(0), −1) # 扁平化特征
```

注意：上述代码中的captions处理部分仅作为示例，并未实际使用图像特征，在完整的多模态模型中，需要将图像特征与文本序列以某种方式融合。

3. 损失函数与优化器

对于图像描述生成任务，常用的损失函数是交叉熵损失（用于分类问题）。优化器可以选择Adam等自适应学习率优化器。

```
criterion = nn.CrossEntropyLoss()
optimizer = torch.optim.Adam(model.parameters(), lr=0.001)
```

4. 训练循环

接下来，实现一个完整的训练循环，该循环将遍历训练数据集，对每个批次的数据执行前向传播、计算损失、执行反向传播并更新模型参数。以下是一个简化的训练循环示例。

```
def train(model, data_loader, criterion, optimizer, num_epochs=10):
    model.train()  # 设置模型为训练模式
    for epoch in range(num_epochs):
        total_loss = 0
        for images, captions in data_loader:
            # 清空之前的梯度
            optimizer.zero_grad()

            # 注意：这里的 captions 需要被适当地处理成模型可以接受的格式
            # 由于示例模型并未真正实现多模态融合，这里仅处理文本部分
            # 假设 captions 是已经转换为索引序列的张量，且已经添加了 SOS 和 EOS 标记

            # 前向传播
            outputs = model(images, captions[:, :−1])  # 假设 captions 的最后一列是 EOS，不用于预测
            targets = captions[:, 1:]  # 目标是从第二个词开始的序列（跳过了 SOS）

            # 计算损失（这里仅计算文本部分的损失）
            loss = criterion(outputs.reshape(−1, outputs.shape[−1]), targets.reshape(−1))
```

```
    # 反向传播和优化
    loss.backward()
    optimizer.step()

    # 累加损失
    total_loss += loss.item()

# 打印每个 epoch 的平均损失
print(f'Epoch {epoch+1}/{num_epochs}, Loss: {total_loss / len(data_loader)}')
```

注意： 上述代码中的 data_loader 应该是一个能够生成 (images, captions) 对的数据加载器，captions 需要被预处理成模型可以接受的格式，包括添加 SOS 和 EOS 标记，以及可能的 padding。

5. 评估与测试

最后使用测试集来评估模型的性能。对于图像描述生成任务，通常会使用 BLEU、METEOR、ROUGE 或 CIDER 等自动评估指标。然而，这些指标的计算通常比较复杂，并且需要专门的库来实现。本节仅提供一个简化的评估流程框架示例。

```
def evaluate(model, data_loader):
    model.eval() # 设置模型为评估模式
    predictions = []
    targets = []

    with torch.no_grad():
        for images, real_captions in data_loader:
            # 注意：这里的评估过程也需要对 captions 进行预处理
            # 但由于示例模型并未真正实现多模态生成，这里仅作为框架展示

            # 假设可以从模型中"生成"预测的 captions（实际上只是示例）
            # generated_captions = model.generate_captions(images) # 这是一个假设的方法

            # 示例中仅将 real_captions 添加到 targets 列表中以模拟评估过程
            # 在实际应用中，需要使用模型生成的 captions
            targets.extend(real_captions.tolist())

            # 假设 predictions 已经被填充（在实际中，需要使用模型来生成它们）
            # predictions 会被模型生成的 captions 列表填充

    # 注意：示例中没有实际的评估逻辑，因为 predictions 是空的
    # 在实际应用中，需要使用如 nltk.translate.bleu_score 等库来计算 BLEU 分数
```

```
# 或使用其他自动评估指标库来计算 METEOR、ROUGE、CIDER 等

# 示例：计算 BLEU 分数（假设 predictions 已被填充）
# from nltk.translate.bleu_score import sentence_bleu
# bleu_scores = [sentence_bleu(refs, pred, weights=(0.25, 0.25, 0.25, 0.25)) for pred, refs in
zip(predictions, targets)]
# print(f'Average BLEU Score: {sum(bleu_scores) / len(bleu_scores)}')

# 由于 predictions 为空，这里仅打印一个占位消息
print("Evaluation placeholder. Replace with actual evaluation logic.")
```

注意：在上面的evaluate()函数中，predictions列表是空的，因为示例模型并没有实现真正的文本生成逻辑。在实际应用中，需要使用模型来生成预测的captions，并将它们添加到predictions列表中。

计算BLEU分数或其他自动评估指标需要用到生成的captions和真实的captions（targets）。上面的sentence_bleu()函数调用是一个假设的示例，实际上需要根据具体数据和需求进行调整。

自动评估指标库（如nltk中的BLEU分数计算）通常要求输入数据具有特定的格式，因此在调用这些库之前，需要对输入数据进行预处理。

6.3.4 多模态模型设计要点

为了更准确地体现多模态设计上的特点，可以从模型架构设计、数据融合方式、处理流程及应用场景等方面来详细阐述。表6-2为多模态模型设计特点总结。

表6-2 多模态模型设计特点总结

特点维度	描述
模型架构设计	1. 编码器—解码器架构：多模态模型常采用编码器—解码器架构，分别处理不同模态的输入数据，并在解码阶段进行融合生成输出； 2. 模块化设计：模型由多个独立处理不同模态的模块组成，便于扩展和集成新的模态处理模块； 3. 跨模态交互层：设计专门的跨模态交互层，以实现不同模态特征之间的有效融合和交互
数据融合方式	1. 早期融合：在模型输入阶段就将不同模态的数据进行融合，形成统一的特征表示； 2. 晚期融合：在模型输出阶段融合不同模态的输出结果，进行综合决策； 3. 混合融合：在模型的多个层次上进行数据融合，以充分利用不同模态的互补信息
处理流程	1. 多模态数据预处理：针对每种模态的数据进行独立的预处理，包括数据清洗、标准化、特征提取等； 2. 跨模态特征提取：利用专门的特征提取算法从每种模态数据中提取关键特征； 3. 特征融合与交互：通过跨模态交互层将不同模态的特征进行融合，形成统一的特征表示； 4. 生成输出：利用解码器或生成模型，根据融合后的特征生成最终输出，如文本、图像、音频等
应用场景	1. 图像描述生成：结合图像和文本数据，自动生成图像的描述性文本； 2. 视觉问答：根据图像内容回答用户提出的问题； 3. 情感分析：结合文本和音频（如语音情感）数据进行情感倾向分析； 4. 多模态检索：支持用户通过文本、图像、语音等多种方式检索信息； 5. 智能对话系统：在对话系统中结合文本、语音、图像等多种模态信息，提高交互的自然性和智能性

此外，多模态设计上的特点还包括但不限于以下几个方面。

鲁棒性和适应性： 由于融合了多种模态的数据，多模态模型在面对单一模态数据受损或缺失的情况时，仍能保持较高的性能水平，展现出强大的鲁棒性。同时，模型能够适应不同的应用场景和数据分布，通过微调或迁移学习等方式快速适应新的任务和环境。

自监督学习： 多模态模型通常采用自监督学习的方式进行训练，通过对比不同模态数据之间的相似性和语义一致性，生成任务目标和预测任务结果。这种方式使模型能够从大量无标签数据中学习，提高模型的泛化能力。

多任务学习： 模型可以同时处理多个任务，如图像分类、语音识别、自然语言处理等，通过多任务学习的方式进一步提高模型的性能。

综上所述，多模态设计上的特点主要体现在模型架构设计、数据融合方式、处理流程及应用场景等方面。

本节初步介绍了多模态学习架构的构建过程，并通过 Python 实践探索了多模态模型的实现方法。随着技术的不断进步和数据资源的日益丰富，多模态学习将在更多领域展现出其独特的优势和应用价值。

6.4　模型量化与压缩的 Python 实践

随着深度学习模型的日益复杂，模型的大小和计算需求也在不断增加，给模型的部署和推理带来了挑战。模型量化与压缩是一种有效的技术，旨在减小模型的大小并加速推理过程，同时尽可能保持模型的性能。本节将介绍如何使用 Python 语言进行模型量化与压缩的实践。

6.4.1　模型量化基础

模型量化是一种将模型中的浮点数权重和激活值转换为低精度表示（如 8 位整数）的技术。图 6-7 所示为模型量化的原理示意，从量化前后的对比可以看出，矩阵中的数值精度下降了，下方为原始值高精度，上方为量化后的结果。

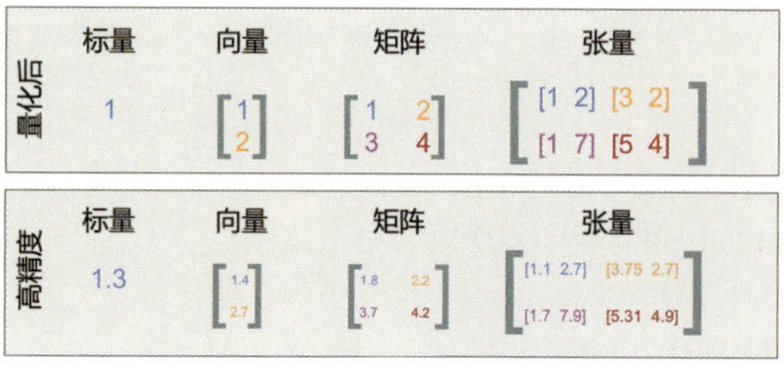

图 6-7　模型量化的原理示意

模型量化技术按照模型训练过程中的不同的阶段可分为两种类型。

静态量化（Static Quantization）： 在模型训练完成后进行量化，权重和激活值被映射到预定义的量化级别。

动态量化（Dynamic Quantization）： 在推理过程中进行量化，权重保持高精度，而激活值被动态量化。

6.4.2 PyTorch中的模型量化

PyTorch提供了多种工具来支持模型量化。以下是使用PyTorch进行模型量化的基本步骤。

准备模型和数据： 加载预训练的模型和相应的数据集。

选择量化配置： 根据需求选择合适的量化配置，如量化位数、量化方法等。

准备量化： 对模型进行预处理，确保可以被正确量化。

执行量化： 使用PyTorch的量化工具对模型进行量化。

验证量化模型： 使用验证集评估量化后的模型性能，确保量化没有显著降低模型的准确率。

6.4.3 Python实践：CNN量化

以下是使用PyTorch对简单CNN进行量化的示例代码。

```python
import torch
import torch.nn as nn
import torch.quantization

# 定义一个简单的 CNN 模型
class SimpleCNN(nn.Module):
    def __init__(self):
        super(SimpleCNN, self).__init__()
        self.conv1 = nn.Conv2d(1, 20, 5)
        self.pool = nn.MaxPool2d(2, 2)
        self.conv2 = nn.Conv2d(20, 50, 5)
        self.fc1 = nn.Linear(50 * 4 * 4, 500)
        self.fc2 = nn.Linear(500, 10)

    def forward(self, x):
        x = self.pool(torch.relu(self.conv1(x)))
        x = self.pool(torch.relu(self.conv2(x)))
        x = x.view(-1, 50 * 4 * 4)
        x = torch.relu(self.fc1(x))
        x = self.fc2(x)
        return x
```

```
# 实例化模型并加载预训练权重
model = SimpleCNN()
# 假设这里已经加载了预训练权重

# 准备量化配置
model.qconfig = torch.quantization.get_default_qconfig('fbgemm')

# 融合模型中的模块以优化性能
torch.quantization.prepare(model, inplace=True)

# 量化模型
torch.quantization.convert(model, inplace=True)

# 现在 model 已经被量化，可以使用它进行推理
# …（推理代码）
```

在上述代码中，直接调用torch.quantization模块中的方法实现量化过程，实际量化过程可能更加复杂，并且需要根据具体模型和应用场景进行调整。

6.4.4　模型量化技术要点

在进行模型量化时，有几个关键的技术要点需要注意，以确保量化后的模型既能够保持较高的性能，又能够实现显著的压缩和加速效果。表6-3为模型量化技术的要点总结。每个要点下都提供了简要的描述，以帮助读者理解模型量化的核心概念和关键步骤。

表6-3　模型量化技术的要点总结

技术要点	描述
量化方法选择	1. 静态量化：训练后量化，权重和激活值映射到预定义级别； 2. 动态量化：推理时量化激活值，权重保持高精度； 3. 混合精度量化：结合不同精度量化以平衡性能与压缩效果
量化粒度选择	1. 权重量化：仅量化权重； 2. 激活值量化：仅量化激活值； 3. 全量化：同时量化权重和激活值
校准数据选择	1. 代表性数据：校准数据应代表模型输入分布； 2. 数据量：适量校准数据，通常几百到几千个样本
后处理与优化	1. 量化后微调：量化模型上进行少量训练迭代恢复性能； 2. 知识蒸馏：利用"教师"模型提升"学生"量化模型性能
量化工具与框架	1. PyTorch量化工具：支持多种量化方法； 2. TensorFlow Lite：TensorFlow模型提供量化工具

通过使用PyTorch等深度学习框架提供的工具，可以轻松地对模型进行量化，并应用在实际场景中。然而，量化也可能对模型的性能产生一定影响，因此在实际应用中需要进行仔细地验证和调整。

6.5 模型剪枝与知识蒸馏

在深度学习中，随着模型复杂度的增加，虽然模型的性能得到了提升，但模型的大小和计算复杂度也随之增加，这对于资源受限的环境（如移动设备或嵌入式系统）来说是一个挑战。为了解决这个问题，模型剪枝和知识蒸馏成为两种有效的模型压缩技术。

6.5.1 模型剪枝

模型剪枝是一种通过移除模型中不重要的参数（如权重或神经元）来减小模型大小和计算复杂度的技术。图6-8所示为模型剪枝的原理示意，即将不重要的节点(浅绿色)移除。

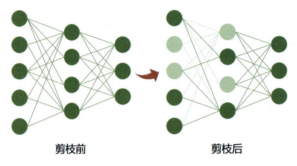

剪枝前　　　　　　　剪枝后

图6-8　模型剪枝的原理示意

模型剪枝可以大致分为结构化剪枝和非结构化剪枝两种。

结构化剪枝：移除整个神经元或卷积核，保证剪枝后的模型结构仍然规则且易于部署。

非结构化剪枝：移除单个权重或连接，可以达到更高的压缩率，但可能会破坏模型的结构，增加部署的复杂性。

剪枝过程通常包括以下几个步骤。

训练大型模型：首先，训练一个大型的、性能较好的基准模型。

评估重要性：使用某种标准（如权重大小、梯度信息等）来评估模型中每个参数的重要性。

移除不重要参数：根据评估结果移除不重要的参数。

微调：对剪枝后的模型进行微调，以恢复部分性能损失。

6.5.2 知识蒸馏

知识蒸馏是一种通过"教师—学生"框架来压缩大型模型的技术。在这个框架中，一个性能强大的"教师"模型被用来指导一个较小的"学生"模型的学习。知识蒸馏的目标是使"学生"模型能够学习到"教师"模型的"知识"，从而在保持较高性能的同时减小模型大小。图6-9所示为模型知识蒸馏的简单示意，使用"教师"模型的蒸馏损失指导"学生"模型的训练，即实现知识蒸馏的过程。

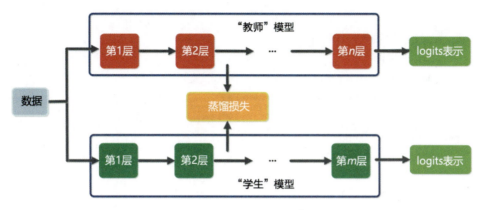

图 6-9　模型知识蒸馏的简单示意

知识蒸馏的过程通常包括以下几个步骤。

训练"教师"模型：首先，训练一个大型的、性能较好的"教师"模型。

生成软标签：使用"教师"模型对训练数据进行推理，生成软标签（概率分布）。

训练"学生"模型：使用软标签和硬标签（真实标签）来训练"学生"模型，使"学生"模型能够学习到"教师"模型的"知识"。

微调与优化：对"学生"模型进行微调，以进一步提高其性能。

6.5.3　Python 实践：模型剪枝和知识蒸馏

在 Python 语言中，可以使用深度学习框架（如 PyTorch 或 TensorFlow）来实现模型剪枝和知识蒸馏。以下是一个简化的 PyTorch 示例，用来展示如何实现模型剪枝和知识蒸馏。

以下是使用 torch.nn.utils.prune 模块实现模型剪枝的示例，实现了将 fc1 层 50% 的参数进行了移除。

```python
import torch
import torch.nn as nn
import torch.optim as optim
from torch.nn.utils import prune

# 定义一个简单的神经网络模型
class SimpleModel(nn.Module):
    def __init__(self):
        super(SimpleModel, self).__init__()
        self.fc1 = nn.Linear(784, 512)
        self.fc2 = nn.Linear(512, 10)

    def forward(self, x):
        x = torch.relu(self.fc1(x))
        x = self.fc2(x)
        return x
```

```
# 初始化模型、损失函数和优化器
model = SimpleModel()
criterion = nn.CrossEntropyLoss()
optimizer = optim.SGD(model.parameters(), lr=0.01)

# 训练模型（此处省略）

# 应用剪枝
prune.l1_unstructured(model.fc1, 'weight', amount=0.5)  # 移除 50% 的参数

# 微调剪枝后的模型（此处省略）
```

以下是通过"教师"模型训练"学生"模型，实现知识蒸馏的示例，这里假定"教师"模型已经训练好，并保存为teacher_model.pth文件。

```
# 定义"教师"模型和"学生"模型
class TeacherModel(nn.Module):
    # …（模型定义）

class StudentModel(nn.Module):
    # …（较小的模型定义）

teacher = TeacherModel()
student = StudentModel()

# 加载预训练的"教师"模型权重
teacher.load_state_dict(torch.load('teacher_model.pth'))
teacher.eval()

# 准备数据加载器
train_loader = …  # 数据加载器定义

# 定义损失函数和优化器
criterion = nn.KLDivLoss(reduction='batchmean')
optimizer = optim.Adam(student.parameters(), lr=0.001)

# 训练"学生"模型
for epoch in range(num_epochs):
    for data, target in train_loader:
        optimizer.zero_grad()

        # 使用"教师"模型生成软标签
        with torch.no_grad():
```

```
    teacher_output = teacher(data)
    soft_targets = torch.softmax(teacher_output, dim=1)

    # "学生"模型前向传播
    student_output = student(data)

    # 计算损失
    loss = criterion(torch.log_softmax(student_output, dim=1), soft_targets)

    # 反向传播和优化
    loss.backward()
    optimizer.step()

    print(f'Epoch {epoch+1}, Loss: {loss.item()}')

# 保存训练好的"学生"模型
torch.save(student.state_dict(), 'student_model.pth')
```

上述代码仅为最简化的示例，在实际应用中需要根据具体任务和数据集进行调整。模型剪枝和知识蒸馏是两种强大的模型压缩技术，可以在不显著降低性能的前提下有效减小模型的大小和计算复杂度。

6.6　本章小结

本章深入探讨了大模型架构与 Python 实现之间的紧密联系。通过具体案例，展示了如何将前沿的大模型架构（如 Transformer、BERT、GPT 系列等）转化为 Python 代码，并利用 PyTorch 等深度学习框架进行实现。本章不仅详细讲解了模型架构的各个组成部分及其实现细节，还强调了代码优化、调试与测试的重要性，以确保模型在实际应用中能够稳定运行，并达到预期效果。

大模型的网络架构创新

随着深度学习技术的快速发展，大型神经网络模型在多个领域取得了显著的成果。然而，随着数据量的增加和任务复杂度的提升，传统的网络架构逐渐显露出局限性。因此，研究者们不断探索新的网络架构，以提高模型的性能、效率和可解释性。本章将探讨大模型网络架构的几项重要创新。

本章涉及的主要知识点如下。

◆ Transformer模型的变体与优化。
◆ 大模型中的注意力机制。
◆ 大模型中的内存网络。
◆ 大模型网络设计的创新。
◆ 大模型网络的发展趋势。

7.1 Transformer模型的变体与优化

Transformer模型自提出以来，因其强大的序列处理能力，在NLP、CV等多个领域展现出了巨大的潜力。然而，原始的Transformer模型在实际应用中仍面临一些挑战，如计算资源消耗大、长序列处理能力有限等。因此，研究者们提出Transformer模型的变体与优化方法，以提升其性能和效率。

7.1.1 Transformer模型的变体

1. BERT及其衍生模型

BERT通过双向编码的方式，利用Transformer模型的编码器结构，在多个NLP任务上取得了显著的性能提升。随后，研究者们提出了如RoBERTa、ALBERT、ELECTRA等BERT的衍生模型，通过改进预训练策略（如动态掩码）、增加训练数据规模、优化模型参数效率等方式，进一步提高了模型的性能。图7-1所示为BERT的架构示意，其中BERT只包含Transformer的编码器部分，输入序列为图下方的词元$W_1 \sim W_5$，通过编码器后得到上下文相关的输出表示$O_1 \sim O_5$，最终通过使用GELU激活函数的分类层后得到任务特定的预测结果。

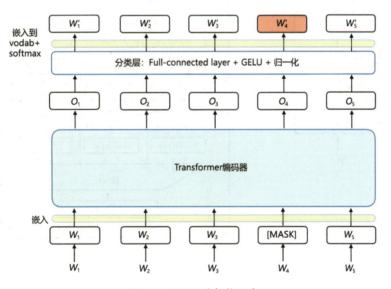

图7-1　BERT的架构示意

2. GPT系列模型

GPT模型采用Transformer的解码器结构，实现了自回归式的文本生成任务。随着GPT-2、GPT-3等模型的推出，通过扩大模型规模和增加训练数据，生成能力得到了显著提升。这些模型在自然语言生成、对话系统等任务中展现出了强大的能力。图7-2所示为GPT的典型架构，首先通过

嵌入层得到输入数据的嵌入表示，同时加入了输入数据的位置编码，数据经历一个Dropout层后，便由多个Transformer Block堆叠而成，最终通过标准化层、线性层、非线性层得到输出结果。图右侧则展示了Transformer Block的内部结构，主要就是由多头自注意力模块和前馈神经网络组成。

以下分析GPT-3模型在自然语言对话中获得成功的原因。

本书第1章1.4.1节中提到的GPT-3的参数：输入序列Input=2048个Token，模型层数 L=96，隐藏层维度 h=12288，词表大小 V 通常为 50257。这里的 L 就是指图7-2中的Transformer Block层数。

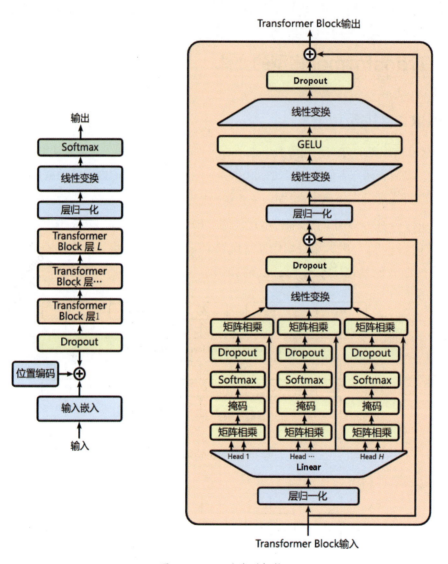

图 7-2　GPT 的典型架构

3. T5 与 UniLM

T5（Text-to-Text Transfer Transformer）模型将多种NLP任务统一为文本到文本的生成任务，通过预训练的方式提高了模型的泛化能力。UniLM（Unified Language Model）则进一步将BERT和GPT的优势结合起来，实现了双向编码和单向解码的统一。图7-3所示为T5模型的架构，T5由多个编码器和解码器堆叠构成，而解码器的编解码注意力只接收最后一层的编码器输入。

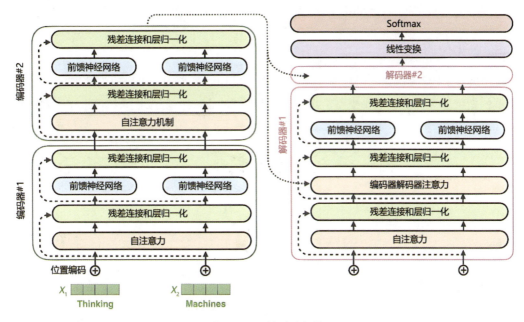

图 7-3　T5 模型的架构

7.1.2　Transformer 模型的优化

1. 稀疏注意力机制

为了降低 Transformer 模型的计算复杂度，研究者提出了多种稀疏注意力变体，如局部敏感哈希注意力、长短期注意力、块稀疏注意力等。这些机制通过减少需要计算的注意力权重数量，显著降低了模型的计算成本。图 7-4 所示为完整自注意力与稀疏自注意力的对比示意，由图中可看出，稀疏自注意力取消了部分节点的连接（浅绿部分），在损失部分精度的情况下，使计算量减小。

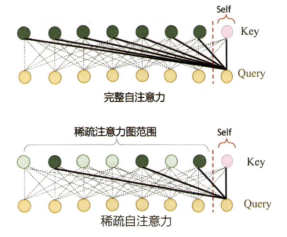

图 7-4　完整自注意力与稀疏自注意力的对比示意

2. 低秩近似

低秩近似是一种通过低秩矩阵来近似原始高维矩阵的方法。在 Transformer 模型中，可以利用低秩近似来压缩注意力权重矩阵，从而减少模型的参数数量和计算量。图 7-5 所示为低秩

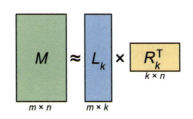

图 7-5　低秩近似的矩阵计算原理

近似的矩阵计算原理，即将 $m \times n$ 的权重矩阵（M）使用 $m \times k$ 的矩阵乘以 $k \times n$ 的矩阵近似替代，当然 k 远小于 n，通过近似损失部分精度而减小计算量。

3. 量化与剪枝

量化与剪枝是两种常用的模型压缩技术。在 Transformer 模型中，可以通过量化权重和激活值，降低模型的精度要求，从而减少模型的存储和计算成本。同时，剪枝技术也可以用于移除模型中不重要的参数和连接，进一步减小模型的大小和计算成本。图7-6所示为对神经网络进行剪枝的前后对比示意，即通过删除部分网络中的节点，使网络中的连接数变少。

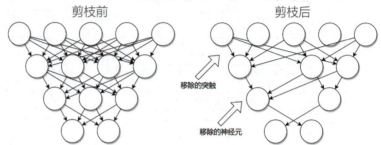

图7-6　对神经网络进行剪枝的前后对比示意

4. 混合精度训练

混合精度训练是一种使用不同精度的数据类型进行模型训练的方法。在 Transformer 模型中，可以采用FP16进行前向传播和反向传播，而在参数更新时则使用FP32以保持数值稳定性。这种方法可以在保证模型性能的同时，显著降低模型的计算成本和内存占用。如图7-7所示，在混合精度训练时，不同阶段的训练使用的数值精度（FP16、FP32）不同，在模型中是FP16，而在优化器中是FP32。

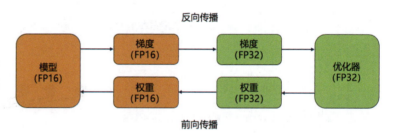

图7-7　混合精度训练的示意

Transformer 模型及其变体与优化方法在深度学习领域展现出了巨大的潜力。通过不断探索和创新，可以进一步提升 Transformer 模型的性能和效率，推动其在更多领域的应用和发展。未来，随着技术的不断进步和应用场景的不断拓展，Transformer 模型将在人工智能领域发挥更重要的作用。

7.2　大模型中的注意力机制

注意力机制是深度学习领域的一项重要创新，尤其在处理序列数据和图像数据时表现出色。在大模型中，注意力机制不仅提高了模型的性能，还增强了模型的可解释性。本书第1章的1.3.1节已经介绍了大模型注意力机制的创新，本节将深入探讨大模型中的注意力机制，包括其基本原理、变体及在大模型中的应用。

7.2.1　注意力机制的基本原理

1. 基本概念

注意力机制的核心在于模拟人类视觉系统中的注意力分配过程。当人类观察一个场景时，注意力并不会均匀地分布在所有物体上，而是会根据物体的重要性、新颖性等因素进行动态调整。同样，在深度学习中，注意力机制允许模型在处理输入数据时，能够动态地分配不同的权重给不同的部分，从而聚焦于关键信息。如图 7-8 所示，大模型在分析"cats"这个单词时的注意力便通过动态调整的机制自动聚焦到"a"这个字母上。

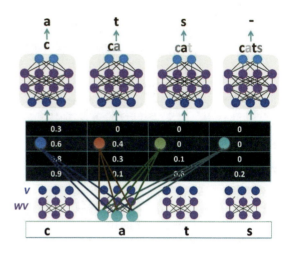

图 7-8　注意力形成示意

2. 核心组件

注意力机制通常包含三个核心组件：查询、键和值，在公式中通常简化为 Q、K、V。这三个组件在注意力机制中扮演着不同的角色。

查询： 表示当前需要关注的内容或位置。在大模型中，查询通常与当前正在处理的数据点相关。

键： 用于与查询进行匹配，以确定哪些部分应该被关注。在大模型中，键通常与输入数据中的每个点或元素相关联。

值： 表示实际要处理的数据。在注意力机制中，值会根据键与查询的匹配程度进行加权求和，以生成最终的输出。

3. 计算过程

注意力机制的计算过程通常包括以下几个步骤。

计算相似度： 首先，计算查询与每个键之间的相似度或相关性。这可以通过点积、余弦相似度、加性注意力等方式实现。

应用 Softmax 函数： 将相似度分数通过 Softmax 函数进行归一化处理，得到每个键的注意力权重。这一步确保了所有键的注意力权重之和为 1。

加权求和： 根据注意力权重对值进行加权求和，得到最终的输出。这个输出可以看作模型对当前输入数据的"注意力加权"表示。

注意力机制通过模拟人类视觉系统中的注意力分配过程，使模型能够聚焦于输入数据中的关键部分。在大模型中，注意力机制的应用不仅提高了模型的性能，还增强了模型的可解释性。通过理解注意力机制的基本原理，可以更好地掌握大模型的工作机制，并为优化和改进提供有力支持。

7.2.2 注意力机制的变体

注意力机制自提出以来，因其强大的信息处理能力，在深度学习领域得到了广泛应用。随着研究的深入，研究者们提出了多种注意力机制的变体，以适应不同任务和数据特性的需求。本节将介绍几种常见的注意力机制的变体，包括自注意力机制、多头注意力机制、局部注意力机制和硬注意力机制。

1. 自注意力机制

自注意力机制是注意力机制的一种特殊形式，其核心特征在于查询、键和值均由同一输入序列通过线性变换生成。自注意力机制允许模型在处理单个序列时，能够同时关注序列中的不同位置，从而捕捉序列内部的依赖关系。这是Transformer模型的核心组件，也是大模型能够处理长序列数据的关键所在。

2. 多头注意力机制

多头注意力机制是对自注意力机制的扩展，通过并行计算多个自注意力头，并将它们的输出进行拼接或平均，来捕捉序列中不同子空间的信息。每个自注意力头都可以关注输入序列的不同部分，从而提供多样化的信息表示。多头注意力机制提高了模型的表达能力，并有助于模型学习更复杂的依赖关系。

3. 局部注意力机制

全局注意力机制允许模型在生成每个输出时关注输入序列的所有位置。局部注意力机制是对全局注意力机制的一种改进，它通过限制注意力窗口的大小，使模型仅关注输入序列中的局部区域。这种机制显著减少了计算复杂度，并有助于模型捕捉局部上下文信息。局部注意力机制在处理长序列数据时尤为有效，可以避免全局注意力机制带来的高计算成本。

4. 硬注意力机制

软注意力会为输入序列中的每个位置计算一个权重，这些权重表示每个位置对当前任务的重要程度，根据这些权重对所有的输入位置进行加权求和，生成综合表示。与软注意力机制不同，硬注意力机制在生成注意力权重时采用离散的选择过程，即只选择一个或少数几个最重要的输入元素进行关注。这种机制在生成模型（如图像描述生成、机器翻译等）中尤为有用，因为它可以生成更加紧凑和有意义的输出。然而，硬注意力机制的训练通常比软注意力机制更加困难，因为它涉及不可微分的选择过程。

注意力机制的变体为深度学习模型提供了更强的灵活性和表达能力。自注意力机制和多头注意力机制能够捕捉序列内部的复杂依赖关系；局部注意力机制降低了计算复杂度并有助于捕捉局部上下文信息；而硬注意力机制则生成了更加紧凑和有意义的输出。这些变体在大模型中的应用不仅提高了模型的性能，还增强了模型的可解释性和泛化能力。未来，随着技术的不断进步和应用场景的不断拓展，期待更多创新的注意力机制变体涌现，为深度学习领域带来更多的可能性。

7.2.3 注意力机制在大模型中的应用

注意力机制作为深度学习领域的一项重要技术，在大模型的网络架构中发挥着至关重要的作用。它不仅能够提升模型的性能，还能够增强模型对输入数据的理解和处理能力。本节将深入探讨注意力机制在大模型中的具体应用，展示其在不同任务中的优势。

1. NLP 领域

在NLP领域，注意力机制被广泛应用于各种任务中，包括但不限于机器翻译、文本分类、情感分析、问答系统等。以Transformer模型为例，它完全基于注意力机制构建，通过自注意力机制捕捉句子内部的依赖关系，实现了对文本序列的高效处理。BERT、GPT等基于Transformer的预训练语言模型，通过在大规模语料库上进行预训练，学习到了丰富的语言知识和上下文信息，进一步提升了模型在NLP任务上的性能。

2. CV 领域

在CV领域，注意力机制同样展现出了强大的潜力。传统的CNN在处理图像时，通常是对整个图像进行均匀处理，无法捕捉到图像中的重要区域。而引入注意力机制后，模型能够动态地关注图像中的关键部分，从而提高图像分类、目标检测、图像分割等任务的准确性。例如，在图像描述生成任务中，模型可以利用注意力机制来关注图像中的显著区域，并生成与之相关的文本描述。

3. 多模态学习

随着人工智能技术的不断发展，多模态学习逐渐成为一个热门的研究方向。多模态学习旨在整合来自不同模态（如文本、图像、音频等）的信息，以提高模型的性能。在这个过程中，注意力机制发挥着关键作用。通过计算不同模态数据之间的注意力权重，模型能够学习到模态之间的关联性和互补性，从而实现更有效的信息融合。例如，在视频问答系统中，模型可以利用注意力机制来关注视频中的关键帧和文本问题中的关键词，以生成准确的回答。

4. 强化学习

在强化学习领域，注意力机制同样有着广泛的应用。强化学习是一种通过试错来学习策略的方法，它要求智能体在与环境的交互过程中不断优化自己的行为。在这个过程中，注意力机制可以帮助智能体更加关注环境中的重要信息，从而做出更加明智的决策。例如，在自动驾驶任务中，模型可以利用注意力机制来关注道路、行人、车辆等关键信息，以确保行驶的安全性和稳定性。

7.3 大模型中的内存网络

随着深度学习技术的飞速发展，大模型在处理复杂任务时展现出了强大的能力。然而，随着模

型规模的增大，内存管理成为一个亟待解决的问题。内存网络作为一种新型的神经网络架构，通过引入外部记忆单元来扩展模型的工作内存，从而有效解决了大模型在内存管理上的挑战。本节将深入探讨大模型中的内存网络架构及其创新点。

7.3.1 内存网络的基本概念

内存网络最初由Facebook AI研究院的研究者提出，并在NLP、问答系统等领域展现出了巨大的潜力。以下是对内存网络基本概念的详细介绍。图7-9所示为MemN2N（End-to-End Memory Network）的结构示意，由图中结构可看出，内存网络实际上是从过去的知识中预训练网络的结构和权重，预测时将新的问题传入网络，进而得到预测答案的过程。

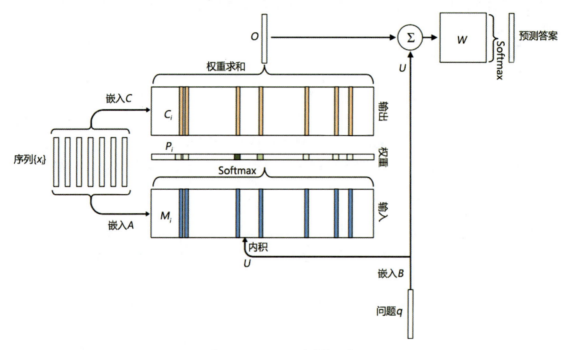

图7-9　MemN2N的结构示意

1. 核心思想

内存网络的核心思想是将模型的工作记忆从传统的神经网络参数中分离出来，存储在一个独立的外部记忆单元中。这样做的好处是可以让模型在需要时动态地访问和修改记忆内容，实现对复杂信息和长期依赖关系的有效处理。

2. 工作原理

内存网络的工作流程通常包括以下几个步骤。

编码输入： 输入模块将输入数据编码为内部表示，并将其与记忆单元中的记忆条目进行匹配。

读取记忆： 推理模块根据输入和记忆条目的相关性，从记忆单元中读取相关的记忆内容。

更新记忆： 根据推理结果，推理模块可以更新记忆单元中的内容，以反映新的信息和上下文。

生成输出： 输出模块根据读取到的记忆内容和推理结果，生成最终的输出结果。

3. 优势与应用

内存网络的优势在于其能够处理复杂的信息和长期依赖关系，同时保持较高的计算效率和可扩展性。这使它在 NLP、问答系统、对话系统等领域具有广泛的应用前景。例如，在问答系统中，内存网络可以存储大量的知识条目，并根据用户的问题动态地检索和推理出答案。

7.3.2 内存网络在大模型中的应用

从技术角度出发，内存网络在大模型中的应用可以分为以下几个关键方面，这些方面直接关系到模型架构的设计和优化。

1. 增强模型记忆能力

内存网络最直接的应用就是增强模型的记忆能力。在大模型中，通常通过以下几种方式实现。

外部记忆单元： 在模型中添加一个或多个外部记忆单元，用于存储和检索长期依赖信息。这些记忆单元可以是简单的键值对存储结构，也可以是更复杂的图结构或神经网络。

注意力机制： 利用注意力机制，使模型能够动态地访问和修改记忆单元中的内容。这允许模型在处理新输入时，能够考虑到之前的相关信息，从而做出更准确的预测或决策。

2. 处理序列数据

对于序列数据（如文本、视频帧序列等），内存网络可以帮助模型捕捉长距离依赖关系，通常通过以下方式实现。

RNN 及其变体： 如 LSTM 和门控循环单元，它们通过内部状态来保持对序列数据的记忆。在某些情况下，这些内部状态可以被视为一种隐式的记忆单元。

Transformer 模型： 虽然 Transformer 本身并不直接包含外部记忆单元，但其自注意力机制允许模型在处理每个元素时，能够考虑到序列中的其他元素，这实际上形成了一种"软记忆"。

3. 多模态信息融合

在处理涉及多种模态数据（如文本、图像、音频等）的任务时，内存网络可以帮助模型更好地融合这些信息，通常通过以下方式实现。

跨模态注意力机制： 允许模型在处理一种模态的数据时，能够参考另一种模态的数据。例如，在图像描述生成任务中，模型可以在处理图像数据时，参考相关的文本描述。

共享记忆单元： 为不同模态的数据使用一个共享的记忆单元，以便在处理一种模态的数据时，能够考虑到另一种模态的信息。

4. 优化模型训练

内存网络还可以用于优化大模型的训练过程，通常涉及以下两个方面。

记忆增强训练： 通过引入记忆单元来辅助模型的训练过程。例如，在强化学习任务中，记忆单元可以用于存储过去的状态、动作和奖励信息，以便模型在训练过程中能够更好地学习和规划。

样本重用： 利用记忆单元来存储和重用过去的训练样本，以提高训练效率，尤其适用于那些训练样本稀缺或获取成本高昂的任务。

5. 实现动态规划

在某些任务中，内存网络可以用于实现动态规划算法，通常涉及以下两个方面。

状态转移记录： 在解决需要动态规划的问题时，内存网络可以用于记录不同状态之间的转移关系，有助于模型在推理过程中更高效地搜索最优解。

路径规划： 在机器人导航、游戏、人工智能等领域，内存网络可以用于记录不同路径的代价和可行性，以便模型能够选择最优路径进行移动或决策。

综上所述，从技术角度来看，内存网络在大模型中的应用涵盖了增强模型记忆能力、处理序列数据、多模态信息融合、优化模型训练和实现动态规划等多个方面。这些应用不仅提高了模型的性能和效率，还拓展了模型的应用范围。随着技术的不断发展，内存网络将在更多领域展现出其独特的价值和潜力。

7.3.3 内存网络的创新点

内存网络作为一种创新的神经网络架构，为深度学习领域带来了诸多突破。表7-1列出了内存网络的创新点。

表7-1 内存网络的创新点

创新点	描述
外部记忆单元的引入	内存网络通过引入外部记忆单元，扩展了模型的记忆容量，使其能够存储和处理更多的信息，尤其适用于需要长期记忆和复杂推理的任务
动态的信息访问与更新机制	内存网络允许模型根据当前输入和记忆内容的相关性，动态地访问和更新记忆单元中的信息，提高了模型的适应性和泛化能力
跨模态信息的整合	内存网络能够整合来自不同模态的信息（如文本、图像、音频等），对于解决复杂的多模态任务具有重要意义
增强的可解释性	内存网络具有明确的记忆单元和访问机制，有助于理解模型的决策过程，增强了模型的可解释性

创新点	描述
与深度学习技术的融合	内存网络能够与现有的深度学习技术（如卷积神经网络、循环神经网络等）及注意力机制、强化学习等技术有效融合，构建更加复杂和强大的模型

7.3.4　内存网络未来展望

随着人工智能技术的飞速发展，内存网络作为大模型中的重要组成部分，其未来发展充满了无限可能。以下是对内存网络未来展望的几点思考。

1. 更高效的内存管理机制

未来的内存网络将致力于开发更高效的内存管理机制，以应对日益增长的数据量和计算需求。这可能包括更精细的内存分配策略、更优化的数据访问模式及更智能的内存回收机制，旨在提高内存使用效率，减少内存浪费，并降低计算成本。

2. 更强的跨模态信息融合能力

随着多模态学习的兴起，内存网络将在跨模态信息融合方面发挥更大作用。未来的内存网络将能够更高效地整合来自不同模态的数据，如文本、图像、音频和视频等，以实现更全面的信息理解和处理。这将有助于推动人工智能在更多领域的应用，如智能家居、自动驾驶和医疗影像分析等。

3. 更高的可解释性和透明度

随着人工智能技术的广泛应用，模型的可解释性和透明度越来越受到关注。未来的内存网络将致力于提高模型的可解释性和透明度，通过提供更清晰的记忆单元访问记录和推理过程，帮助用户更好地理解模型的决策依据。这将有助于增强用户对模型的信任度，并推动人工智能技术的普及和应用。

4. 与新兴技术的融合

内存网络将与新兴技术紧密结合，共同推动人工智能技术的发展。例如，与量子计算、边缘计算和生物计算等新兴技术的融合，将为内存网络带来新的发展机遇和挑战。这些技术将为内存网络提供更强大的计算能力和更丰富的数据处理手段，推动内存网络在更多领域的应用和创新。

5. 更广泛的应用场景

随着内存网络技术的不断成熟和应用场景的不断拓展，其将在更多领域发挥重要作用。例如，在智能制造、智慧城市、智慧医疗等领域，内存网络将帮助实现更高效的数据处理和信息整合，推动这些领域的智能化升级和发展。

7.4 大模型网络设计的创新

随着人工智能技术的不断进步，大模型在各个领域的应用日益广泛。为了应对日益复杂和多样化的任务需求，大模型的网络设计也在不断创新。本节将探讨大模型网络设计的几个关键创新点，这些创新不仅提高了模型的性能，还增强了模型的泛化能力和可解释性。

7.4.1 深度残差网络

深度残差网络（Deep Residual Network，ResNet）是深度学习领域的一项里程碑式创新，由何恺明等人于2015年提出。ResNet的核心思想是通过引入残差连接来解决深度神经网络在训练过程中容易出现的梯度消失或梯度爆炸问题，从而允许网络构建得更深，以捕获更复杂的特征表示。图7-10所示为ResNet的残差块结构，残差块主要是由两个3×3的卷积层中间加上一个ReLU激活层组成，ResNet就是由这些基本结构不断堆叠而成。

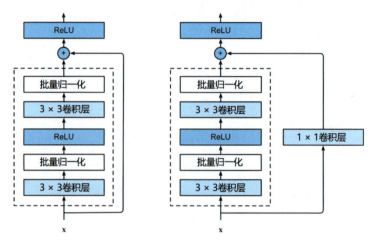

图 7-10　ResNet 的残差块结构

1. 残差连接的概念

在传统的神经网络中，每一层的输入都直接来自前一层的输出。然而，随着网络深度的增加，反向传播过程中的梯度信号会逐渐减弱或消失，导致深层网络难以训练。ResNet通过引入残差连接，允许网络在训练过程中直接传递输入信息到更深层，从而缓解梯度消失的问题。

残差连接的基本思想是在网络中增加一条"捷径"，将输入直接加到某一层的输出上。这样，即使某一层的输出变化很小，由于有输入信息的直接传递，该层的梯度也不会消失。残差块是ResNet的基本构建单元，每个残差块包含两个或三个卷积层，以及一个跨层的残差连接。

2. ResNet 的架构特点

ResNet的架构特点主要体现在以下三个方面。

深度与宽度：ResNet通过堆叠多个残差块来构建非常深的网络。例如，ResNet-152是一个具有152层的深度残差网络。同时，ResNet也通过调整卷积核的数量和大小来控制网络的宽度。

瓶颈结构：为了减少计算量和参数数量，ResNet在较深的残差块中采用了瓶颈结构。瓶颈结构首先通过一个1×1的卷积层来降低维度，然后通过一个3×3的卷积层进行特征提取，最后通过一个

1×1 的卷积层恢复维度。

全局平均池化： 与传统的全连接层不同，ResNet 在网络的最后采用了全局平均池化来替代全连接层。全局平均池化不仅减少了参数数量，还有助于提高模型的泛化能力。

3. ResNet 的应用与影响

ResNet 自提出以来，在计算机视觉领域取得了广泛的应用和显著的成果。它不仅在图像分类、目标检测、语义分割等任务中取得了优异的成绩，还推动了深度学习在其他领域的发展。ResNet 的成功证明了深度残差网络在解决深度神经网络训练难题方面的有效性，为后续的网络架构创新提供了重要的启示。

7.4.2 密集连接网络

密集连接网络（Densely Connected Convolutional Networks，DenseNet）是由 Gao Huang 等人于 2017 年提出的一种新型卷积神经网络架构。DenseNet 通过密集连接的方式，极大地增强了特征的重用性，提高了信息的流动效率，从而实现了在减少参数量的同时，提升网络性能的目标。图 7-11 所示为 DenseNet 的密集块结构，可以与 ResNet 对比来看，ResNet 是每一层的输出传递给下一层，而 DenseNet 则是每一层的输入均传递给下一层。

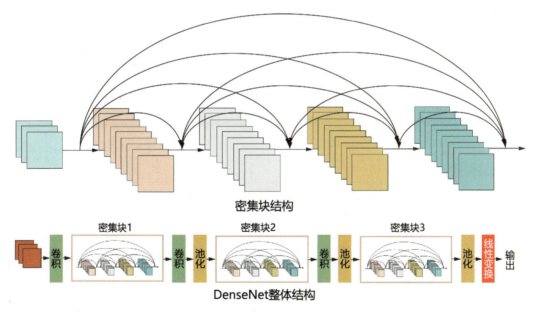

图 7-11　DenseNet 的密集块结构

1. 密集连接的概念

在 DenseNet 中，每一层的输入都包含了前面所有层的特征图。这种密集连接方式使每一层都能够直接接收到前面所有层的信息，从而实现了特征的深度复用。与传统的卷积神经网络相比，DenseNet 的这种设计方式不仅减少了参数数量，还增强了特征传播和梯度流动，有助于训练更深层的网络。

2. DenseNet 的架构特点

DenseNet 的架构特点主要体现在以下三个方面。

密集块： DenseNet 由多个密集块组成，每个密集块内部包含多个卷积层。在密集块内，每一层的输入都是前面所有层的输出在通道维度上的拼接。这种设计方式使每一层都能够利用前面所有层的信息，从而增强了特征的重用性。

过渡层： 为了控制特征图的数量和尺寸，DenseNet 在密集块之间引入了过渡层。过渡层通常由一个 1×1 的卷积层和一个 2×2 的平均池化层组成，用于减少特征图的数量和尺寸。

瓶颈层： 为了进一步提高计算效率，DenseNet 在密集块内部采用了瓶颈层设计。瓶颈层首先通过一个 1×1 的卷积层来降低特征图的维度，然后通过一个 3×3 的卷积层进行特征提取，最后通过一个 1×1 的卷积层恢复特征图的维度。这种设计方式在减少计算量的同时，保持了网络的性能。

3. DenseNet 的优势与应用

DenseNet 的优势主要体现在以下三个方面。

参数效率： 由于密集连接的方式，DenseNet 在减少参数数量的同时，仍然能够保持网络的性能。这使 DenseNet 在训练深层网络时更加高效。

特征重用： 密集连接使每一层都能够利用前面所有层的信息，从而增强了特征的重用性，有助于网络学习到更加丰富和鲁棒的特征表示。

梯度流动： 密集连接促进了梯度在网络中的流动，减轻了梯度消失的问题，使 DenseNet 能够训练更深层的网络，同时保持较好的性能。

DenseNet 在计算机视觉领域取得了广泛的应用和显著的成果。它在图像分类、目标检测、语义分割等任务中均表现出了优异的性能。此外，DenseNet 的思想也被广泛应用在其他领域的深度学习模型中，推动了深度学习技术的发展。

7.4.3 图神经网络

图神经网络（Graph Neural Network，GNN）是深度学习领域的一种新兴网络架构，专门用于处理图结构数据。与传统神经网络不同，GNN 能够捕捉图数据中节点之间的关系和依赖，从而实现对图结构数据的深度学习和理解。随着大数据和人工智能技术的快速发展，GNN 在多个领域展现出了巨大的应用潜力。图 7-12 所示为 GNN 结构的示意，相比其他神经网络的

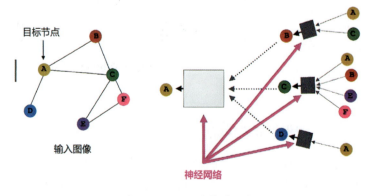

图 7-12　GNN 结构的示意

节点具备层次结构，GNN 的节点则是呈现复杂的多边连接。

1. GNN 的基本概念

GNN 是一种基于图结构数据的神经网络模型。图由节点和边组成，节点表示实体，边表示实体之间的关系。在 GNN 中，每个节点都被视为一个神经网络单元，这些单元通过边相互连接，形成一个复杂的网络结构。GNN 通过对每个节点及其邻居节点进行信息聚合和更新，实现对图结构数据的建模和学习。

2. GNN 的架构特点

GNN 的架构特点主要体现在以下三个方面。

节点表示学习：GNN 能够学习每个节点的表示，这种表示能够捕捉节点的属性和邻居节点的信息。通过节点表示的学习，GNN 能够将图结构数据转换为低维稠密向量，便于后续的分析和处理。

信息聚合与更新：GNN 通过信息聚合函数（如求和、平均、最大值等）将邻居节点的信息聚合到当前节点上，并通过更新函数（如神经网络层）更新当前节点的表示。这种机制使 GNN 能够捕捉图结构中的复杂关系和依赖。

端到端训练：GNN 通常采用端到端的训练方式，即直接优化整个网络以最小化损失函数。这种训练方式使 GNN 能够自动学习最优的节点表示和信息聚合方式，不需要依赖人工设计特征提取和选择算法。

3. GNN 的应用领域

GNN 在多个领域展现出了巨大的应用潜力，包括但不限于以下四个方面。

社交网络分析：GNN 能够捕捉社交网络中的用户关系、兴趣偏好等信息，用于用户画像构建、社区发现、信息传播预测等任务。

推荐系统：GNN 能够利用用户—物品交互图来学习用户和物品的表示，从而实现精准的个性化推荐。

药物发现：GNN 能够模拟分子结构，预测化合物的生物活性、毒性等性质，加速新药的研发过程。

交通网络分析：GNN 能够捕捉交通网络中的节点（如路口、车站等）和边（如道路、轨道交通线等）的关系，用于交通流量预测、路径规划等。

4. GNN 的发展趋势

随着大数据和人工智能技术的快速发展，GNN 正朝着以下几个方向发展。

规模化应用：随着图数据规模的不断扩大，如何高效地处理大规模图数据成为 GNN 研究的重要方向。未来的 GNN 将更加注重算法的效率和可扩展性。

跨模态学习：如何将 GNN 与其他深度学习模型（如 CNN、RNN 等）相结合，实现跨模态学习，是 GNN 研究的一个重要课题。

可解释性增强： 如何提高 GNN 的可解释性，使其决策过程更加透明和易于理解，是未来 GNN 研究的一个重要方向。

GNN 作为一种新兴的深度学习架构，在处理图结构数据方面展现出了巨大的潜力。通过节点表示学习、信息聚合与更新等机制，GNN 能够捕捉图结构中的复杂关系和依赖，实现对图数据的深度学习和理解。随着大数据和人工智能技术的快速发展，GNN 将在更多领域发挥重要作用，推动人工智能技术的不断进步。

7.4.4 自动机器学习与神经架构搜索

随着人工智能技术的快速发展，大模型的设计和优化变得越来越复杂，传统的手动设计网络架构的方法已经难以满足。因此，自动机器学习（AutoML）和神经架构搜索（Neural Architecture Search，NAS）技术应运而生，它们通过自动化和智能化的手段，为网络架构的设计和优化提供了新的思路和方法。

1. AutoML 的概述

AutoML 是一种旨在自动化机器学习工作流的技术，它涵盖了从数据预处理、特征工程、模型选择、超参数优化到模型评估的全过程。AutoML 的目标是让机器学习变得更加易于使用，即使是非专业人士也能够通过简单的界面和指令来完成复杂的机器学习任务。图 7-13 所示为 AutoML 的闭环流程示意，可以直观地理解，AutoML 从模型设计的全流程上减少了人工参与的成分，实现了模型训练全过程的自动化。

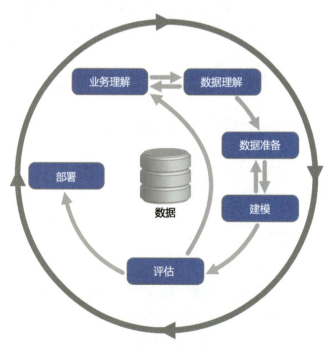

图 7-13　AutoML 的闭环流程示意

2. NAS

NAS是一种自动化设计神经网络架构的技术，使用搜索算法在预定义的搜索空间中寻找最优的网络架构。NAS技术可以大大减少人工设计网络架构的时间和成本，同时提高模型的性能和泛化能力。图7-14所示为一种Transformer架构的自动搜索示意，从左到右依次是未裁剪的CNN结构（原始）、对CNN第一层进行裁剪、对CNN第二层进行裁剪，最终对CNN全连接层进行裁剪。

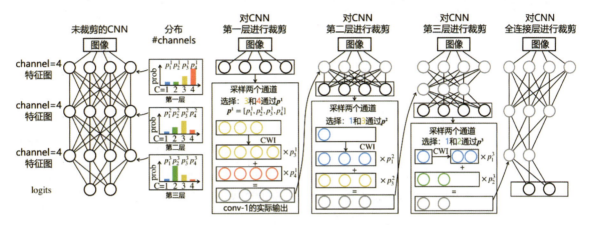

图 7-14　一种 Transformer 架构的自动搜索示意

NAS技术的流程通常包括以下四个步骤。

定义搜索空间：需要定义一个包含多种网络架构的搜索空间，包括不同的层类型、层数、激活函数、连接方式等。

设计搜索算法：需要设计一种搜索算法在搜索空间中寻找最优的网络架构。常用的搜索算法包括强化学习、进化算法、贝叶斯优化等。

评估网络架构：在搜索过程中，需要对每个候选网络架构进行评估，以确定其性能，通常需要在验证集上进行训练并测试模型的准确率、损失等指标。

选择最优架构：根据评估结果选择最优的网络架构作为最终模型。

3. AutoML 与 NAS 的结合

AutoML和NAS技术的结合可以进一步提高机器学习的效率和性能。通过AutoML技术，可以自动化完成数据预处理、特征工程等任务，从而为NAS技术提供更加干净、规范的数据集。同时，NAS技术可以在AutoML的框架下自动搜索并优化网络架构，从而进一步提高模型的性能。

4. 应用与挑战

AutoML和NAS技术已经在多个领域得到了广泛应用，包括图像识别、语音识别、NLP任务等。然而，这些技术也面临一些挑战，如搜索空间的定义、搜索算法的效率、评估网络架构的成本等。未来，随着技术的不断发展，AutoML和NAS技术将在更多领域发挥重要作用，推动人工智能技术的进一步发展。

大模型网络设计的创新是推动人工智能技术发展的重要动力。从深度ResNet、DenseNet到

GNN、注意力机制与Transformer模型，再到AutoML和NAS，这些创新不仅提高了模型的性能，还增强了模型的泛化能力和可解释性。

7.5 大模型网络的发展趋势

随着人工智能技术的飞速发展，大模型作为深度学习领域的重要组成部分，其网络架构也在不断演进和创新。本节将探讨当前大模型网络的发展趋势，以期为未来的研究和应用提供指导和参考。

7.5.1 深度与宽度

在深度学习领域，大模型的性能与其网络架构的深度和宽度密切相关。深度指的是网络中层的数量，而宽度指的是每层中神经元的数量。图7-15所示为深度网络与宽度网络的对比示意，左侧深度网络的层数很多，而右侧的宽度网络则是在编码器和解码器之间增加了更多的维度。

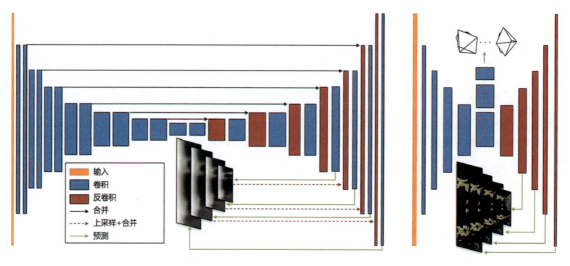

图7-15　深度网络与宽度网络的对比示意

1. 深度与宽度的权衡

在大模型的设计中，深度和宽度并非孤立存在，而是相互关联的。一般来说，增加网络深度可以提高模型的表达能力，使其能够学习更复杂的数据特征；而增加网络宽度则可以增强模型的泛化能力，减少过拟合。然而，当网络过深或过宽时，都会带来一系列问题。例如，过深的网络可能导致梯度消失或梯度爆炸，使模型难以训练；过宽的网络则可能增加计算成本，降低模型的实时性能。

2. 平衡策略的探索

为了在大模型的深度和宽度之间找到平衡点，研究者们进行了大量的探索。一种策略是采用残差连接或密集连接等技术来缓解梯度消失或梯度爆炸问题，从而使网络可以构建得更深。另一种策略是通过剪枝或量化等技术来减少网络的宽度，从而降低计算成本。此外，还可以尝试通过 AutoML 或 NAS 等技术来自动寻找最优的深度和宽度组合。

3. 实际应用中的考量

在实际应用中，大模型的深度和宽度选择还需要考虑具体的任务需求和资源限制。例如，在图像识别任务中，由于图像数据的复杂性较高，通常需要构建较深的网络来捕捉更多的特征信息。而在 NLP 任务中，由于文本数据的时序性和依赖性较强，因此可能需要构建较宽的网络来增强模型的泛化能力。此外，在计算资源有限的情况下，还需要通过合理的深度和宽度组合来平衡模型的性能和计算成本。

7.5.2 自适应性和可伸缩性

随着人工智能技术的飞速发展，大模型在各个领域的应用日益广泛。然而，面对多样化的应用场景和不断变化的数据环境，传统的大模型网络架构往往显得不够灵活和高效。因此，自适应性和可伸缩性成为大模型网络发展的重要趋势之一。图 7-16 所示为一种目标自适应机制的示意，首先对输入时间序列进行预激活（即输入数据适配），包括自适应序列过滤、自适应归一化，然后处理特征并预测结果，根据最终的错误再进行自适应模型更新。

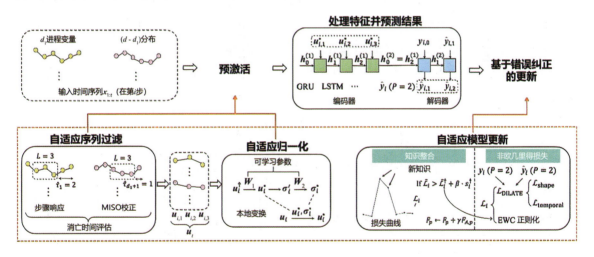

图 7-16　一种目标自适应机制的示意

1. 自适应性的重要性

自适应性指的是大模型能够根据输入数据的特点和任务需求，自动调整其网络结构和参数，以达到最优的性能表现。这种能力对于处理复杂多变的数据和任务至关重要。例如，在 NLP 任务中，不同领域的文本数据具有不同的语言特点和语义结构，一个自适应的大模型能够根据这些特点自动调整其词汇表、语法规则和语义理解方式，从而提高处理的准确性和效率。

2. 可伸缩性的挑战与机遇

可伸缩性则是指大模型能够在不同规模和资源限制下保持良好的性能。随着数据量的增加和计算资源的扩展，一个可伸缩的大模型能够灵活调整其处理能力和存储需求，以适应不同的应用场景。这要求模型设计者在网络架构、算法优化和硬件适配等方面做出综合考虑，以实现高效、稳定的模型运行。

3. 实现自适应性和可伸缩性的策略

为了实现大模型的自适应性和可伸缩性，研究者们提出了多种策略。其中，动态网络架构和参数共享是两种常见的方法。动态网络架构允许模型在运行时根据输入数据和任务需求，动态调整其网络结构，如增减层数、调整神经元连接等；参数共享则通过在不同任务或数据之间共享模型参数，减少计算量和存储需求，同时提高模型的泛化能力。

此外，分布式训练和模型压缩也是实现大模型自适应性和可伸缩性的重要手段。分布式训练通过将模型训练任务分配到多个计算节点上并行处理，可以显著提高训练速度和效率；模型压缩则通过减少模型参数的数量和复杂度，降低了存储和计算需求，同时尽量保持模型的性能。

7.5.3　多模态融合

随着人工智能技术的快速发展，越来越多的应用场景需要处理来自不同模态的信息，如文本、图像、音频、视频等。因此，多模态融合成为大模型网络架构创新的一个重要趋势。多模态融合旨在将来自不同模态的信息进行有效整合，以提高模型的性能和泛化能力。图7-17所示为多模态数据融合模型的工作示意，从左到右依次要经历数据收集、预处理、特征提取、融合、模型决策这几个阶段。

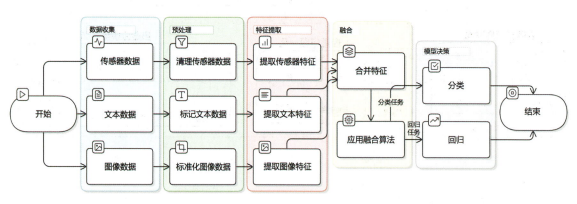

图7-17　多模态数据融合模型的工作示意

1. 多模态融合的重要性

在实际应用中，单一模态的信息往往难以全面反映事物的本质和特征。例如，在图像识别任务中，虽然图像本身包含了丰富的视觉信息，但有时仅凭图像难以准确判断物体的类别或属性。此时，结合文本描述或其他模态的信息，可以提供更全面的上下文信息，有助于提高识别的准确性和鲁棒性。同样，在智能问答、情感分析等领域，多模态信息的融合也能显著提升模型的性能。

2. 多模态融合的挑战

尽管多模态融合具有显著的优势，但在实际应用中也面临着诸多挑战。首先，不同模态的数据往往具有不同的表示形式和特征维度，如何有效地将这些信息整合到统一的框架中是一个难题。其次，不同模态的数据可能存在噪声和冗余信息，如何去除干扰因素，保留有效信息也是一个挑战。此外，多模态融合还需要考虑计算效率和资源消耗的问题，如何在保证性能的同时降低计算成本也是一个重要的研究方向。

3. 多模态融合的方法

为了应对上述挑战，研究者们提出了一系列多模态融合的方法。其中，基于深度学习的多模态融合方法因其强大的表示能力和学习能力而备受关注。这些方法通常包括以下几个步骤：首先，对来自不同模态的数据进行预处理和特征提取；其次，设计合适的融合策略将不同模态的特征进行整合；最后，通过深度学习模型对整合后的特征进行学习和推理。

在融合策略方面，常见的方法包括早期融合、中期融合和晚期融合。早期融合通常在数据预处理阶段，对不同模态的数据进行整合；中期融合则在特征提取阶段，对模态进行融合；晚期融合则在模型输出阶段，对结果进行融合。不同的融合策略适用于不同的应用场景和任务需求。

7.5.4　轻量化设计

随着人工智能技术的快速发展，大模型在各个领域得到广泛应用。然而，高昂的计算成本和资源消耗严重限制其实际应用。因此，轻量化设计成为大模型网络架构创新的一个重要趋势，旨在通过优化网络结构和算法，降低模型的复杂度和计算量，同时保证模型的性能。

1. 轻量化设计的重要性

轻量化设计对于大模型的实际应用至关重要。首先，轻量化设计可以降低模型的计算成本，使模型能够在计算资源有限的设备上运行，如移动设备、嵌入式系统等；其次，轻量化设计可以减少存储需求，使模型更容易部署和维护；最后，轻量化设计还可以提高模型的实时性能，能够更快地响应输入并给出结果，这对于需要实时处理的应用场景尤为重要。

2. 轻量化设计的方法

轻量化设计的方法主要包括以下四个方面。

网络结构优化： 通过减少网络层数、降低卷积核大小、使用深度可分离卷积等方法来简化网络结构，降低计算量。

参数剪枝： 通过移除网络中的冗余参数的方法来减少模型的复杂度。该方法可以在训练过程中动态进行，也可以在训练完成后进行。

量化：将网络中的高精度浮点数转换为定点数或低精度浮点数，减少计算量和存储需求。量化方法可以在不显著降低模型性能的情况下有效地降低计算成本。

知识蒸馏：通过训练一个小型网络来模仿大型网络的输出，从而实现模型的压缩和加速。该方法可以将大型网络的性能迁移到小型网络上，同时保持较高的性能水平。

3. 轻量化设计的挑战与机遇

尽管轻量化设计具有诸多优势，但在实际应用中也面临着一些挑战。首先，轻量化设计可能会导致模型性能的下降，如何在保持性能的同时实现轻量化是一个难题。其次，轻量化设计需要针对具体的应用场景和任务需求进行优化，不同的应用场景可能需要不同的轻量化策略。最后，轻量化设计还需要考虑模型的兼容性和可扩展性，以便进行升级和扩展。

然而，轻量化设计也带来了许多机遇。首先，轻量化设计可以推动大模型在更多场景下的应用，如移动设备、物联网设备等资源受限的环境。其次，轻量化设计可以促进模型的创新和优化，为研究人员提供更多的探索空间。最后，轻量化设计还可以降低人工智能技术的门槛，使更多的人接触和应用人工智能技术。

7.5.5 可解释性和鲁棒性

随着人工智能技术的广泛应用，大模型的可解释性和鲁棒性成为日益重要的议题。可解释性关乎模型的决策过程是否透明、易于理解；鲁棒性则衡量模型在面对异常输入或攻击时的稳定性。这两个方面不仅是技术进步的标志，也是确保人工智能系统安全可靠运行的关键。图7-18所示为SHAP对模型特征的解释示意，横坐标为SHAP值，表示特征在当前样本预测中对预测结果的贡献；纵坐标为特征值，影响（SHAP值的绝对值）越大的特征越靠上。

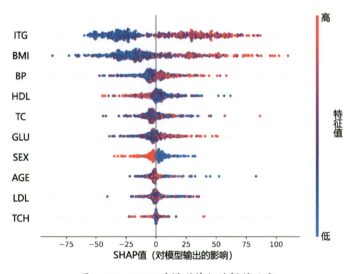

图 7-18　SHAP 对模型特征的解释示意

1. 可解释性的重要性

可解释性是指模型能够清晰、准确地解释其决策过程和结果的能力。在医疗诊断、金融风险评估等领域，模型的决策直接影响人们的生命财产安全，因此必须具备高度的可解释性。此外，随着相关法规的日益健全，如欧盟的《通用数据保护条例》（General Data Protection Regulation，GDPR）

要求企业必须能够解释算法决策的依据，这也促使可解释性成为大模型发展的重要趋势。

2. 可解释性的提升策略

为了提升模型的可解释性，研究者们探索了多种方法。一种常见的策略是开发具有可解释性结构的模型，如决策树、规则学习等，这些模型本身就具有较为直观的决策路径。另一种策略是在复杂模型（如深度神经网络）的基础上，通过可视化技术（如特征重要性分析、注意力机制可视化）或事后解释方法（如LIME、SHAP）来揭示模型的决策依据。

3. 鲁棒性的挑战与应对

鲁棒性是指模型在面对噪声、异常值、对抗性攻击等干扰因素时，仍能保持性能稳定的能力。然而，大模型由于其复杂的结构和庞大的参数量，往往容易受到对抗性样本的攻击，导致性能急剧下降。为了提升模型的鲁棒性，研究者们采取了多种方法，包括数据增强、对抗性训练、防御性蒸馏等。这些方法旨在通过模拟潜在的各类攻击场景，使模型在训练过程中学习到更加鲁棒的特征表示。

4. 可解释性与鲁棒性的相互促进

值得注意的是，可解释性和鲁棒性之间存在一定的相互促进关系。一方面，提高模型的可解释性有助于发现潜在的脆弱点，从而指导鲁棒性的增强；另一方面，增强模型的鲁棒性也有助于提高模型的可解释性，因为稳定的模型行为更容易被理解和分析。因此，在未来的大模型设计中，综合考虑可解释性和鲁棒性将是一个重要的趋势。

7.5.6　自动化和智能化

随着人工智能技术的飞速发展，大模型网络架构的创新也在不断加速。在这个过程中，自动化和智能化成为推动大模型发展的两大关键趋势。它们不仅极大地提高了模型设计的效率，还使模型的网络架构能够更好地适应复杂多变的任务需求。

1. 自动化的重要性

在传统的模型开发过程中，网络架构的设计、超参数的调整及训练过程的监控往往需要大量的手动操作和专家经验。这一过程不仅耗时耗力，而且难以保证结果最优。而自动化技术的引入，尤其是AutoML和NAS技术的兴起，使模型开发过程变得更加高效和智能。

自动化技术能够自动探索模型设计的广阔空间，通过智能算法寻找最优的网络架构和超参数配置，不仅减轻了人工设计的负担，还能够在更短的时间内发现性能更优的模型。此外，自动化技术还能够对训练过程进行实时监控和优化，确保模型能够在最短时间内达到最佳性能。

2. 智能化的提升

智能化则是指模型在处理任务时能够表现出更高的智能水平。这包括模型对复杂任务的自适应

能力、对未知数据的泛化能力及与人类用户的交互能力等。在大模型网络架构的创新中，智能化主要体现在以下三个方面。

自适应学习： 模型能够根据任务需求和数据特点自动调整其网络架构和参数，以适应不同的应用场景。

知识迁移： 模型能够将在一个任务上学到的知识迁移到另一个相关任务上，提高学习效率和性能。

人机交互： 模型能够通过NLP、图像识别等技术与人类用户进行交互，提供更智能、更便捷的服务。

3. 自动化与智能化的融合

自动化和智能化是相互融合、相互促进的。自动化技术为智能化提供了高效的模型开发工具，使模型的网络架构能够更快地适应复杂多变的任务需求；智能化则进一步提升了模型的性能和应用范围，为自动化技术提供了更广阔的发展空间。

在未来的大模型网络架构创新中，自动化和智能化的融合将成为重要趋势。通过引入更加先进的自动化技术和智能化算法，大模型在性能、效率和应用范围等方面会实现更大的突破。

综上所述，未来大模型网络架构的发展趋势将包括深度与宽度的平衡、自适应性和可伸缩性的提升、多模态融合、轻量化设计优化、可解释性和鲁棒性增强及自动化和智能化的发展等方面。这些趋势将推动大模型在更多领域得到应用和推广，为人工智能技术的发展注入新的活力和动力。

7.6 本章小结

本章聚焦于大模型网络架构的创新与发展。随着深度学习技术的不断进步，研究者们不断提出新的网络架构，旨在提升模型的性能、效率和可解释性。本章详细探讨了一系列创新性的大模型架构，如稀疏Transformer、混合精度训练架构及结合自注意力与卷积操作的模型等。这些创新不仅推动了NLP、CV等领域的进步，也为大模型的未来发展开辟了新的方向。

第 **8** 章

多模态学习与大模型

随着人工智能技术的飞速发展，多模态学习作为能够连接不同模态信息（如文本、图像、音频、视频等）的关键技术，正逐渐成为人工智能领域的研究方向。而大型预训练模型（大模型）的出现不仅为多模态学习提供了新的技术范式，也带来了新的技术挑战。本章将深入探讨多模态学习与大模型之间的协同发展关系，以及它们在推动人工智能技术的进步中的相互作用。

本章涉及的主要知识点如下。

◆ 视觉—语言模型的融合策略。

◆ 多模态数据的联合表示与推理。

◆ 多模态中的 Cross-Attention 机制。

◆ 多模态数据增强和生成方法。

◆ 多模态数据的挑战和解决方案。

8.1 视觉—语言模型的融合策略

视觉—语言模型的融合是多模态学习领域中的一个重要研究方向，旨在通过深度整合视觉与语言模态信息，显著提升跨模态理解和推理能力。随着深度学习技术的发展，尤其是大型预训练模型的出现，视觉—语言模型的融合策略也在不断演进和创新。本节将探讨几种常见的视觉—语言模型融合策略，并分析它们的优缺点。图8-1所示为多模态模型融合的示意，目前多模态融合的三种方式分别为集成方法、权重合并及混合LLM。

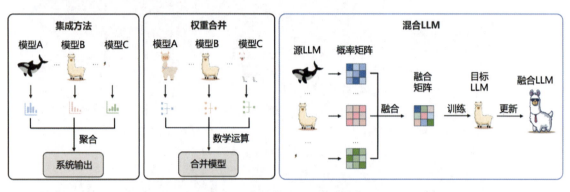

图8-1　多模态模型融合的示意

8.1.1 早期融合与后期融合

在视觉—语言模型的融合策略中，早期融合与后期融合是两种基本且重要的方法。它们分别在不同的处理阶段将视觉和语言信息结合起来，以实现跨模态的理解和交互。图8-2所示为两种融合策略的对比图，可以发现，区别就在于多模态数据融合在网络中的位置。

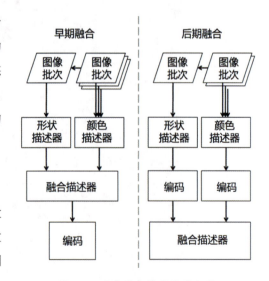

图8-2　两种融合策略的对比图

1. 早期融合

早期融合，顾名思义，是在信息处理的早期阶段就将视觉和语言数据进行整合。这种融合方式通常发生在特征提取之后、模型训练之前。具体来说，早期融合可以通过以下两种方式实现。

特征拼接： 将视觉特征和语言特征简单地拼接成一个长向量，作为输入传递给后续的模型进行处理。这种方法简单易行，但可能面临特征维度过高和特征间关系不明确的问题。

特征融合网络： 设计一个专门的融合网络，如MLP或CNN，来学习和整合视觉和语言特征。

这种方法能够更好地捕捉特征间的复杂关系，但需要更多的计算资源和训练时间。

早期融合的优点在于能够充分利用视觉和语言信息的互补性，从而提高模型的性能。然而，由于早期融合是在特征层面进行的，因此它可能无法完全捕捉到视觉和语言之间的深层次语义联系。

2. 后期融合

与早期融合不同，后期融合是在模型训练的后期阶段，即在得到各自的视觉和语言预测结果后再进行整合。后期融合通常通过以下两种方式实现。

结果平均： 将视觉和语言模型的预测结果进行简单平均或加权平均，以得到最终的预测结果。这种方法简单直接，但可能忽略了不同模态间的差异性和互补性。

决策融合： 使用更复杂的融合策略，如投票机制、贝叶斯融合等，来综合考虑视觉和语言模型的预测结果。这种方法能够更好地利用不同模态的优势，提高融合的准确性和鲁棒性。

后期融合的优点在于能够保持视觉和语言模型的独立性，从而避免在特征层面进行不必要的融合。此外，后期融合还可以根据具体任务的需求来灵活调整融合策略，提高模型的适应性和泛化能力。

8.1.2　联合嵌入空间

在视觉—语言模型的融合策略中，联合嵌入空间是一种高效且直观的方法，旨在将视觉信息和语言信息映射到一个共同的嵌入空间中，便于跨模态的信息交互和融合。这种方法的核心思想是通过学习一个共享的嵌入函数，使来自不同模态的数据能够在这个空间中相互比较和关联。图8-3所示为文字和图像的联合嵌入示意图，由图可知，多模态数据通过模型的编码器组件编码后，转换为特征向量，在一个统一的向量空间中进行计算匹配。

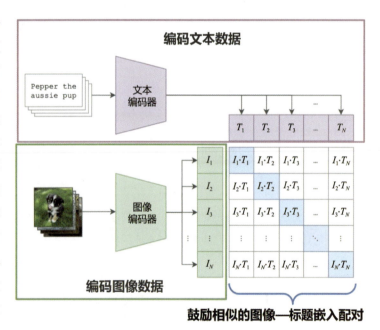

图8-3　文字和图像的联合嵌入示意图

1. 联合嵌入空间的基本原理

联合嵌入空间的基本原理是将视觉信息和语言信息分别通过各自的编码器（如CNN用于视觉信息，RNN或Transformer用于语言信息）进行编码，然后将这些编码后的表示映射到一个共同的嵌入空间中。在这个空间中，视觉和语言信息可以通过计算相似度或距离来进行比较和融合。

2. 联合嵌入空间的实现

实现联合嵌入空间的关键在于设计有效的嵌入函数和损失函数。常见的嵌入函数包括全连接层、卷积层等，它们能够将原始数据转换为固定维度的向量表示；损失函数则用于优化嵌入函数，使来自不同模态的相似样本在嵌入空间中距离较近，不同样本则距离较远。

在实际应用中，为了实现联合嵌入空间，通常需要以下四个步骤。

数据预处理： 对视觉和语言数据进行预处理，包括图像裁剪、缩放、文本分词、去停用词等操作，以便后续处理。

编码器设计： 分别为视觉和语言信息设计合适的编码器，将它们转换为固定维度的向量表示。

嵌入空间学习： 设计嵌入函数和损失函数，通过训练数据优化这些函数，使视觉和语言信息能够在嵌入空间中相互关联。

跨模态检索或分类： 在训练好的联合嵌入空间中，可以实现跨模态的检索或分类任务。例如，根据文本描述检索相关图像，或根据图像内容生成相应的文本描述。

3. 联合嵌入空间的优势与挑战

联合嵌入空间的优势在于能够提供统一的表示空间，使跨模态的信息交互和融合变得更加直观和高效。此外，通过联合训练视觉和语言编码器，还可以提高模型的泛化能力和鲁棒性。

然而，联合嵌入空间也面临一些挑战。首先，不同模态的数据具有不同的统计特性和分布规律，如何找到一个合适的嵌入空间来同时容纳这些信息是一个难题；其次，联合训练过程可能受到数据不平衡、噪声等因素的影响，导致模型性能下降；最后，嵌入空间的维度和复杂度也需要仔细设计，以避免出现过拟合或欠拟合。

8.1.3 注意力机制

在视觉—语言模型的融合策略中，注意力机制发挥着关键的作用。该机制允许模型在处理信息时能够动态地关注最关键的部分，从而提高了模型的性能和效率。在视觉—语言融合任务中，注意力机制尤其有效，它能够帮助模型在处理图像和文本信息时，更加精确地捕捉到它们之间的关联和对应关系。

1. 注意力机制在视觉—语言模型融合中的应用

注意力机制在视觉—语言融合任务中有着广泛应用。以下是一些典型的应用场景。

图像描述生成： 在给定一张图像的情况下，模型需要生成一段描述该图像的文本。通过引入注意力机制，模型可以更加准确地识别图像中的关键区域，并生成与之对应的文本描述。

视觉问答： 在给定一张图像和一个与图像相关的问题时，模型需要给出问题的答案。通过注意力机制，模型可以关注到图像中与问题最相关的区域，从而给出更加准确的答案。

图像检索： 在给定一段文本描述时，模型需要从图像库中检索出与描述最匹配的图像。通过注意力机制，模型可以更加准确地理解文本描述的含义，并找到与之对应的图像。

2. 注意力机制的优化

为了进一步提高注意力机制在视觉—语言融合任务中的性能，研究者们提出了许多优化方法。以下介绍几种常见的优化方法。

多头注意力： 通过将输入分成多个部分，每个部分都使用独立的注意力机制进行处理，然后将结果合并起来。这种方法可以提高模型的并行处理能力和鲁棒性。

自注意力： 除了建模图像和文本之间的对应关系外，还可以引入自注意力机制来建模图像内部或文本内部的关联关系。这有助于模型更好地理解图像和文本的内容。

层次化注意力： 在处理复杂场景时，可以将注意力机制分层应用。例如，在图像描述生成任务中，可以先对图像中的不同区域进行粗粒度的注意力分配，然后对每个区域内的细节进行细粒度的注意力分配。

8.1.4 跨模态交互

在视觉—语言模型的融合策略中，跨模态交互是一个核心且富有挑战性的方向，旨在促进视觉与语言信息之间的深度交互与融合，使模型能够更准确地理解复杂场景下的多模态数据。跨模态交互不仅关注信息在不同模态间的传递，更强调模型如何利用这些交互来增强自身的理解和生成能力。图8-4所示为语言模型与协同过滤模型的跨模态交互示意，LLM负责与用户交互，而协同过滤模型则通过与LLM交互将有价值的信息反馈给用户。

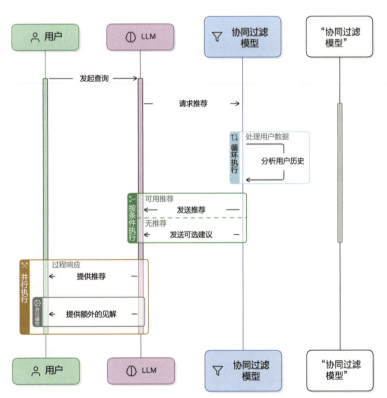

图8-4 语言模型与协同过滤模型的跨模态交互示意

1. 跨模态交互的基本原理

视觉与语言作为人类感知世界的两种主要方式，各自承载着丰富的信息。视觉信息直观且具体，能够捕捉物体的形状、颜色、纹理等细节；语言信息则抽象且富有逻辑，能够表达概念、关系和情感。跨模态交互的基本原理是通过建立视觉与语言之间的关联，使模型能够综合利用这两种信息，提高理解和生成能力。

2. 跨模态交互的实现方式

实现跨模态交互的实现方式多种多样，以下是一些常见的方法。

联合表示学习：通过设计特定的网络结构，使视觉与语言信息在编码过程中相互影响，形成统一的跨模态表示。这种表示能够同时捕捉视觉与语言的特征，为后续任务提供强有力的支持。

注意力机制：跨模态交互中的常用手段。通过为视觉信息中的不同部分分配不同的注意力权重，模型能够关注到与语言描述最为相关的视觉内容，从而实现跨模态的信息对齐和融合。

GNN：能够处理非欧几里得空间的数据，如社交网络、知识图谱等。在跨模态交互中，可以将视觉与语言信息构建为图结构，通过节点间的信息传递实现跨模态的交互和融合。

RNN与Transformer：RNN和Transformer等序列模型擅长处理序列数据，如文本和语音。在跨模态交互中，利用这些模型对视觉与语言信息进行序列化建模，并通过跨模态的注意力机制实现信息的交互与融合。

3. 跨模态交互的应用场景

跨模态交互在多个领域具有广泛的应用前景，包括但不限于以下四个方面。

图像描述生成：根据给定的图像自动生成相应的文本描述，实现视觉到语言的转换。

视觉问答：针对图像提出问题，模型根据图像内容生成相应的文本回答，实现视觉与语言的交互。

图像检索：根据给定的文本描述从图像库中检索出最相关的图像，实现语言到视觉的映射。

多模态对话系统：在对话系统中引入视觉信息，使对话内容更加丰富和直观，提高用户体验。

8.1.5 分析与展望

在视觉—语言模型的融合策略中，探讨了多种方法，包括早期融合与晚期融合、联合嵌入空间、注意力机制和跨模态交互。这些方法各有优劣，适用于不同的应用场景和任务需求。本节将对这些方法进行综合分析，并对未来视觉—语言模型融合策略的发展趋势进行展望。表8-1所示为各种融合策略的优缺点对比。

表8-1 各种融合策略的优缺点对比

融合策略	优点	缺点	未来展望
早期融合与晚期融合	早期融合：捕捉模间的内在联系；晚期融合：保持模态独立性	早期融合：信息整合过早可能丢失信息；晚期融合：融合时机晚，互补性利用不足	更加高效的融合方法，平衡融合时机与效果

续表

融合策略	优点	缺点	未来展望
联合嵌入空间	构建共享嵌入空间，便于比较和融合	需要大量标注数据，特征差异可能导致嵌入效果不佳	提高嵌入空间的泛化能力，减少数据依赖
注意力机制	动态调整关注度，精准捕捉相关信息	计算复杂度高，易受噪声数据影响	发展更智能、自适应的注意力机制
跨模态交互	促进深度交互，理解复杂多模态数据	实现复杂，可能面临模态间的不一致性	增强跨模态生成能力，设计更智能的交互策略

8.2 多模态数据的联合表示与推理

在人工智能领域，多模态学习已成为连接不同形式信息（如文本、图像、音频、视频等）的关键技术。多模态数据的联合表示与推理，旨在通过整合来自不同模态的信息，提升模型的理解和决策能力。这一过程要求模型不仅能够有效地融合多种模态的数据，还需要能够基于融合后的信息进行复杂的推理和判断。

8.2.1 多模态数据的联合表示

在多模态学习与大模型的融合中，多模态数据的联合表示是一个核心问题，旨在将来自不同模态的数据（如文本、图像、音频等）整合到统一的表示空间中，以便于后续的处理和分析。图 8-5 所示为一种使用 GNN 来表示多模态数据的示意，其中 GNN 为统一的表示空间，在图构建阶段完成了多模态的统一图表示。

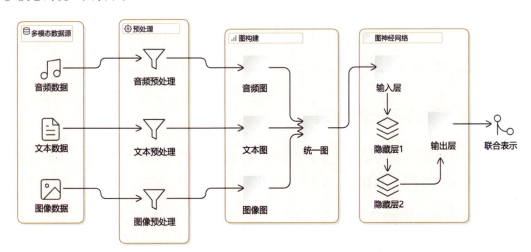

图 8-5　一种使用 GNN 来表示多模态数据的示意

1. 联合表示的重要性

多模态数据的联合表示对于多模态学习与推理至关重要。首先，它使模型能够在统一的框架下处理和分析不同模态的数据，避免了信息的碎片化；其次，联合表示有助于模型捕捉到不同模态之间的关联性和互补性，从而提高模型的性能。例如，在图像描述生成任务中，联合表示可以使模型更好地理解图像中的视觉元素与文本描述之间的对应关系。

2. 联合表示的方法

实现多模态数据的联合表示有多种方法，以下是四种常见的方法。

基于特征的联合表示： 这种方法通常首先提取各模态数据的特征（如图像特征、文本特征等），然后将这些特征进行拼接、加权求和或利用神经网络进行融合，得到联合表示。这种方法简单易行，但可能面临特征维度过高、特征冗余等问题。

基于嵌入空间的联合表示： 这种方法旨在构建一个共享的嵌入空间，将不同模态的数据映射到这个空间中，从而得到联合表示。这种方法需要设计合适的嵌入函数和损失函数，以确保映射后的表示能够保持原始数据的语义信息和模态间的关联性。

基于图结构的联合表示： 这种方法将多模态数据构建为图结构，其中节点表示数据样本，边表示样本之间的关联关系。通过GNN等技术，可以学习到样本在图结构中的表示，从而实现多模态数据的联合表示。

基于注意力机制的联合表示： 注意力机制可以动态地调整不同模态数据在联合表示中的权重，使模型能够更加关注与当前任务相关的模态数据。这种方法有助于提高模型的灵活性和适应性。

3. 联合表示的挑战与机遇

尽管多模态数据的联合表示在多模态学习与推理中具有重要意义，但其实现也面临诸多挑战。例如，不同模态数据的特征维度和分布可能存在较大差异，如何进行有效的特征融合是一个难题；此外，如何保持联合表示中的语义信息和模态间的关联性也是一个需要解决的问题。然而，随着深度学习、迁移学习等技术的不断发展，多模态数据的联合表示也迎来了新的机遇。例如，利用预训练模型可以提取到更加鲁棒和泛化的特征表示；利用迁移学习可以将从一个模态学到的知识迁移到另一个模态上，从而实现更加有效的联合表示。

8.2.2 基于联合表示的推理

在多模态学习与大模型的融合中，基于联合表示的推理是一个至关重要的环节。该环节涉及如何利用已构建的联合表示来进行有效的信息整合和决策制定，以实现多模态数据的高级理解和应用。

1. 推理的基本原理

基于联合表示的推理，其核心在于利用联合表示中所蕴含的多模态信息进行决策和预测。这种推理过程通常包括以下三个关键步骤。

信息整合： 首先，需要从联合表示中提取与当前任务相关的多模态信息。这可能涉及对联合表示进行特定的变换或投影，以更好地适应推理任务的需求。

关系建模： 在提取多模态信息后，需要建立这些信息之间的关系模型。这可能包括识别不同模态之间的相关性、因果性或其他形式的依赖关系。

决策制定： 基于建立的关系模型进行决策制定。这可能涉及分类、回归、生成等多种任务类型。在决策过程中，需要充分利用联合表示中的多模态信息，以提高决策的准确性和鲁棒性。

2. 推理方法与技术

为了实现基于联合表示的推理，研究者们开发了多种方法和技术，以下三种是最为常见的方法。

深度学习模型： 能够处理多模态数据的深度学习模型（如 Transformer、GNN 等），在基于联合表示的推理中发挥着重要作用。这些模型能够学习复杂的特征表示和关系模型，从而实现高效地推理。

知识图谱： 是一种用于表示和组织知识的有效工具。在基于联合表示的推理中，可以利用知识图谱来建立多模态信息之间的关系模型，并进行高效的推理和查询。

概率图模型： 是一种用于表示不确定性关系的工具。在基于联合表示的推理中，可以利用概率图模型来建模多模态信息之间的不确定性关系，并进行概率推理。

8.2.3 挑战与机遇

在多模态数据的联合表示与推理领域，尽管已经取得了显著的进展，但仍面临诸多挑战，同时也孕育着新的机遇。这些挑战与机遇共同推动了该领域的快速发展，并为未来的研究指明了方向。

1. 挑战

数据异质性与复杂性： 多模态数据通常包含来自不同来源、格式和维度的信息，如文本、图像、音频等。这种数据异质性和复杂性给联合表示与推理带来了巨大的挑战。如何有效地整合和处理这些多样化的数据，提取有用的特征和信息，是多模态学习面临的首要问题。

模态间的关联与互补： 不同模态的数据之间往往存在复杂的关联和互补关系。如何准确地建模这些关系，使模型能够充分利用多模态数据的优势，是多模态学习中的另一个难题。

计算资源与效率： 多模态数据的联合表示与推理通常需要处理大量的数据和高维度的特征，这对计算资源提出了很高的要求。如何在保证性能的同时，提高计算效率和降低资源消耗，是当前面临的重要挑战。

模型的泛化能力： 由于多模态数据的复杂性和多样性，如何使模型具备良好的泛化能力，能够在未见过的数据上表现出色，是多模态学习需要解决的关键问题。

2. 机遇

技术创新与融合： 随着深度学习、迁移学习等技术的不断发展，为多模态数据的联合表示与推

理提供了新的思路和方法。通过结合这些先进技术，可以探索出更加高效、准确的多模态学习模型。

跨领域应用：多模态数据的联合表示与推理在多个领域具有广泛的应用前景，如智能医疗、智能安防、智能家居等。随着技术的不断成熟和应用场景的不断拓展，多模态学习将在更多领域发挥重要作用。

标准化与规范化：随着多模态学习的不断发展，建立统一的数据标准、模型评估标准和评价指标体系变得尤为重要，这将有助于推动多模态学习的规范化和标准化发展，提高研究的可比性和可重复性。

跨学科合作：多模态学习涉及多个学科的知识和技术，如计算机科学、数学、统计学、认知科学等。通过跨学科合作，可以汇聚各方智慧和资源，共同推动多模态学习的发展和创新。

8.3　多模态中的Cross-Attention机制

在多模态学习中，如何有效地融合来自不同模态的信息是一个核心挑战。Cross-Attention机制作为一种强大的融合策略，近年来在多模态任务中展现了显著的效果。

8.3.1　Cross-Attention机制的基本原理

Cross-Attention机制是一种在多模态学习中广泛应用的注意力机制，旨在建模不同模态之间的交互关系。其基本思想是通过计算一个模态中的元素对另一个模态中元素的注意力权重，来实现跨模态的信息融合。这种机制不仅能够帮助模型捕捉到不同模态之间的关联，还能够增强模型对复杂场景的理解能力。图8-6所示简练地表达了Cross-Attention机制的核心思想，图中使用不同语言代表了不同类型但指代相同的数据，Cross-Attention正是对这些同指的多模态数据构建注意力机制。

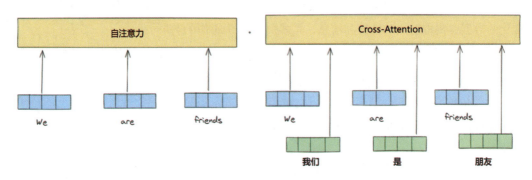

图8-6　Cross-Attention机制的核心思想

1.　注意力权重的计算

在Cross-Attention机制中，注意力权重的计算是关键步骤之一。具体而言，给定两个模态的数据，如文本（Query）和图像（Key-Value），Cross-Attention 机制会首先计算文本中每个词（或短语）对图像中每个区域（或特征点）的注意力权重。这个权重反映了文本元素与图像元素之间的相关程度。

注意力权重的计算公式通常基于点积相似度或其他度量方式，如余弦相似度等。通过计算文本元素与图像元素之间的相似度，得到一个注意力权重矩阵，其中每个元素表示文本中某个词对图像中某个区域的注意力程度。

2. 跨模态信息的融合

在得到注意力权重后，Cross-Attention 机制会利用这些权重对图像中的信息进行加权求和，从而生成与文本相对应的图像表示。这个加权求和的过程实际上是一个信息融合的过程，它将图像中的关键信息与文本中的元素关联起来，实现了跨模态的信息整合。

通过 Cross-Attention 机制，模型能够动态地调整对图像中不同区域的关注度，根据文本的描述来聚焦图像中的关键部分。这种机制使模型在处理多模态数据时更加灵活和高效，能够更准确地捕捉到不同模态之间的关联和互补性。

3. Cross-Attention 机制的优势

Cross-Attention 机制在多模态学习中具有显著的优势。首先，它能够有效地建模不同模态之间的交互关系，帮助模型捕捉到跨模态的关联信息；其次，通过动态调整注意力权重，Cross-Attention 机制能够聚焦于关键信息，提高模型的鲁棒性和准确性；最后，Cross-Attention 机制还具有一定的可解释性，通过可视化注意力权重矩阵，可以直观地了解模型在处理多模态数据时的决策过程。

8.3.2　Cross-Attention 机制在多模态任务中的应用

Cross-Attention 机制作为一种强大的多模态融合策略，在多种多模态任务中展现出了卓越的性能。它通过动态调整不同模态元素之间的注意力权重，实现了跨模态信息的有效整合和融合，为模型的决策提供了更加全面和准确的信息支持。

1. 图像描述生成

在图像描述生成任务中，Cross-Attention 机制被广泛应用于将图像内容转化为自然语言描述。模型通过视觉编码器提取图像特征，然后通过 Cross-Attention 机制将图像特征与文本解码器中的词向量进行交互。这样，模型可以在生成文本描述的过程中，动态地关注图像中的关键区域，从而生成更加准确和生动的描述。

2. 视觉问答

在视觉问答任务中，模型需要根据图像内容回答自然语言提出的问题。Cross-Attention 机制能够帮助模型在理解问题和处理图像时，更加准确地捕捉到与问题相关的图像区域。通过计算问题与图像区域之间的注意力权重，模型可以聚焦于问题的关键点，从而给出更加精确和有针对性的答案。

3. 跨模态检索

跨模态检索任务要求模型能够根据一种模态的输入（如文本描述），在另一种模态的数据库（如图像库）中检索出最相关的数据。Cross-Attention 机制能够建模文本描述与图像特征之间的复杂关系，通过计算文本描述与图像特征之间的注意力权重，实现跨模态的相似度计算。这样，模型可以更加准确地找到与文本描述最匹配的图像，提高检索的准确性和效率。

4. 多模态对话系统

在多模态对话系统中，模型需要同时处理文本和图像等多种模态的信息。Cross-Attention 机制能够帮助模型在对话过程中动态地整合不同模态的信息，提高对话的连贯性和准确性。例如，在回答用户的问题时，模型可以通过 Cross-Attention 机制关注图像中的关键区域，并结合文本信息进行综合分析和回答。

5. 其他应用

除了上述任务外，Cross-Attention 机制还可以应用于其他多种多模态任务中，如视频理解、音频识别等，能够帮助模型更好地整合和融合不同模态的信息，提高模型的性能和鲁棒性。

8.3.3　Cross-Attention 机制的优势与挑战

Cross-Attention 机制作为一种在多模态学习中广泛应用的注意力技术，具有诸多优势，同时也面临着一些挑战。了解这些优势与挑战，有助于读者更好地理解和应用 Cross-Attention 机制。

1. Cross-Attention 机制的优势

跨模态交互能力：Cross-Attention 机制能够有效地建模不同模态之间的交互关系，使模型能够同时处理和理解来自多个模态的信息，使模型在处理多模态数据时更加灵活和高效。

动态关注关键信息：通过计算不同模态元素之间的注意力权重，Cross-Attention 机制能够动态地关注到最关键的信息，有助于模型在复杂场景中捕捉到最有价值的信息，提高模型的决策准确性。

增强模型可解释性：Cross-Attention 机制通过可视化注意力权重，可以直观地展示模型在处理多模态数据时的决策过程，有助于理解模型的内部工作机制，提高模型的透明度和可信度。

提高模型性能：在多模态任务中，Cross-Attention 机制通常能够显著提升模型的性能。通过有效地融合不同模态的信息，模型能够学习到更加丰富和全面的特征表示，从而提高任务的完成质量和效率。

2. Cross-Attention 机制的挑战

计算复杂度：Cross-Attention 机制的计算复杂度通常较高，特别是在处理大规模多模态数据时。这可能会导致模型训练和推理速度变慢，影响实际应用效果。

数据依赖性强： Cross-Attention 机制的性能在很大程度上依赖训练数据的质量和数量。如果训练数据不足或质量不高，可能会影响模型的泛化能力和鲁棒性。

模态差异处理： 不同模态的数据具有不同的统计特性和表示形式，如何有效地处理这些差异是 Cross-Attention 机制面临的一个挑战。如果处理不当，可能会导致信息丢失或误解。

超参数调优： Cross-Attention 机制涉及多个超参数（如注意力头数、嵌入维度等），这些超参数的调优对模型性能有重要影响。然而，超参数的调优通常是一个复杂且耗时的过程。

8.4 多模态数据增强和生成方法

在多模态学习与大模型的融合中，多模态数据的增强和生成方法扮演着至关重要的角色。这些方法不仅有助于提升模型的泛化能力，还能增强模型对复杂场景的理解和处理能力。本节将探讨几种常见的多模态数据增强和生成方法，并分析它们在不同应用场景下的应用效果。

8.4.1 数据增强技术

在多模态学习与大模型的应用中，数据的质量与数量直接关系到模型的性能。然而，高质量的多模态数据往往难以获取，并且标注成本高昂。因此，数据增强技术成为提升模型泛化能力、降低过拟合风险的重要手段。数据增强技术通过对现有数据进行变换或合成，生成新的训练样本，从而在不增加标注成本的情况下，丰富训练数据集。

1. 图像数据增强

图像是多模态数据中的重要组成部分，图像数据增强技术主要包括几何变换、颜色变换、噪声添加等。如图 8-7 所示，对一张小猫图像样本做各种数据增强的示意，包括旋转、颜色调整、裁剪等。

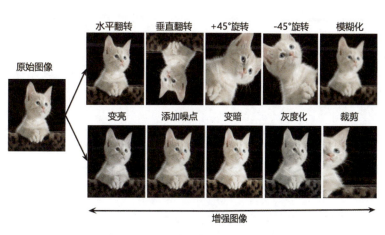

图 8-7 对一张小猫图像样本做各种数据增强的示意

几何变换： 通过对图像进行旋转、缩放、裁剪、翻转等操作，生成新的图像样本。这类变换可以模拟真实场景中的视角变化，提高模型对图像变化的鲁棒性。

颜色变换： 通过调整图像的亮度、对比度、饱和度等参数，生成具有不同视觉效果的图像。这类变换有助于模型学习图像的本质特征，而非依赖特定的颜色分布。

噪声添加： 在图像中添加高斯噪声、椒盐噪声等，可以模拟真实场景中的图像质量变化。这种

方法可以提高模型对噪声的鲁棒性，增强模型的泛化能力。

2. 文本数据增强

文本数据增强技术主要包括同义词替换、句子重组、回译等方法。表8-2为适用于中文文本数据的增强方法及示例。

表8-2　适用于中文文本数据的增强方法及示例

方法	描述	示例
同义词替换	将文本中的词语替换为同义词，以丰富词汇表达	原始句子："这本书很有趣。" 替换后："这本书很有意思。"
随机插入	在文本中随机位置插入一个或多个合适的词语	原始句子："我喜欢看电影。" 插入后："我喜欢看各种类型的电影。"
随机删除	随机删除文本中的某些词语，模拟文本的残缺性	原始句子："今天天气很好，适合出去玩。" 删除后："今天天气很好，适合玩。"
随机交换	随机交换文本中两个词语的位置，改变句子结构	原始句子："这本书内容丰富，值得一读。" 交换后："这本书内容丰富，一读值得。"
句子重组	对文本中的句子或短语进行重新排列，形成新的句子	原始句子："我喜欢吃苹果，因为它很甜。" 重组后："因为苹果很甜，所以我喜欢吃它。"
反义词替换	使用反义词替换文本中的某些词语，形成对比效果	原始句子："这个房间很明亮。" 替换后："这个房间很昏暗。"
条件生成	根据预设条件生成新的文本内容，增加文本的多样性	原始条件："描述一个春天的景象。" 生成文本："春天到了，万物复苏，花儿盛开，到处充满了生机。"
回译	将中文文本翻译成其他语言后再翻译回中文，引入新的表达	原始句子："这个问题很难解决。" 翻译成英文："This problem is difficult to solve." 再翻译回中文："这个问题很难处理。"

这些方法各有特点，可以根据具体需求和数据特点选择合适的方法进行中文文本数据增强，以提高模型的泛化能力和鲁棒性。在实际应用中，也可以结合多种方法来进行文本数据增强，以达到更好的效果。

3. 跨模态数据增强

跨模态数据增强技术旨在同时增强图像和文本数据之间的关联性，提高模型对多模态数据的理解能力。

图像—文本对应增强：对于给定的图像—文本对，可以通过替换图像中的部分区域或调整文本中的部分词汇，生成新的对应关系。这种方法可以模拟真实场景中的多模态数据变化，提高模型对多模态数据一致性的理解。

跨模态合成：通过组合不同图像和文本片段，生成新的跨模态数据样本。这种方法可以探索多模态数据之间的潜在关系，提高模型对复杂场景的理解能力。

数据增强技术是多模态学习中不可或缺的一部分，能够在不增加标注成本的情况下，丰富训练数据集，提高模型的泛化能力和鲁棒性。未来，随着技术的不断发展，期待更多创新的数据增强方法出现，为多模态学习提供更加丰富的训练资源。

8.4.2 数据生成技术

在多模态学习与大模型的应用场景中，数据生成技术扮演着至关重要的角色。这些技术不仅能够扩展现有数据集的规模，还能生成高质量、多样化的多模态数据，以满足模型训练和评估的需求。本节将探讨几种常见的多模态数据生成技术，并分析它们在提升模型性能方面的作用。

1. 基于深度学习的数据生成

深度学习模型，尤其是 GAN 和变分自编码器（Variational Autoencoder，VAE），在多模态数据生成方面展现出了巨大的潜力。

生成对抗网络： 由生成器和判别器两部分组成，通过对抗训练的方式，生成器能够学习到真实数据的分布，并生成逼真的多模态数据。例如，可以训练一个 GAN 来生成与真实图像和文本描述相匹配的图像—文本对。图 8-8 所示为典型的 GAN 结构，图中下方的生成器（G）通过低维潜在空间获取信息，生成虚假的图片，判别器（D）将生成结果与真实图片比较判定真伪，通过生成器与判别器的不断互相"对抗"，进而最终实现生成以假乱真的图像。

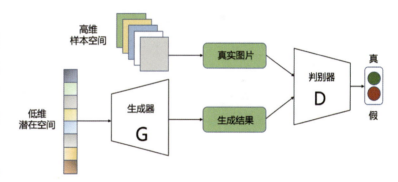

图 8-8 典型的 GAN 结构

变分自编码器： 通过编码器和解码器的结构，将输入数据映射到潜在空间，并从潜在空间中采样生成新的数据。这种方法能够生成具有多样性的多模态数据，同时保持数据的整体结构。图 8-9 所示为 VAE 的结构，顾名思义"变分"，VAE 改变了原始数据的分布，将输入的 x 通过编码器压缩到一个假设的空间 z 后，再使用假设的分布 ε 融入 z，使用解码器解码出新的输出 x'。

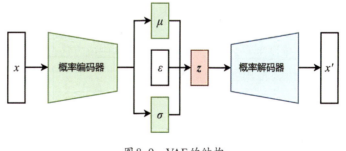

图 8-9 VAE 的结构

2. 基于知识图谱的数据生成

知识图谱是一种结构化的知识表示方式，它包含了实体、属性、关系等信息。基于知识图谱的数据生成技术可以利用图谱中的信息来生成新的多模态数据。

实体关系推理：通过分析知识图谱中的实体和关系，可以推导出新的实体和关系，从而生成新的多模态数据。例如，可以根据已有的实体和关系信息，生成与这些实体相关的文本描述或图像。

模板填充：为知识图谱中的实体和关系定义模板，并通过填充模板中的占位符来生成新的多模态数据。这种方法能够生成符合特定格式和风格的多模态数据。

3. 基于迁移学习的数据生成

迁移学习是一种将从一个任务中学到的知识迁移到另一个相关任务中的方法。在多模态数据生成中，迁移学习可以利用已有模型的知识来生成新的多模态数据。

模型微调：在已有的多模态模型基础上进行微调，以适应新的数据生成任务。通过调整模型的参数和结构，可以生成符合新任务要求的多模态数据。

特征迁移：将已有模型学习到的特征表示迁移到新的数据生成任务中，能够利用已有模型的知识来生成具有相似特征表示的多模态数据。

4. 基于规则的数据生成

在某些场景下，可以通过定义规则来生成多模态数据。这些规则可以基于领域知识规则、语法规则和模板等。

领域知识规则：根据特定领域的知识和规则来生成多模态数据。例如，在医学领域，可以根据疾病的症状、体征和检查结果等信息来生成相应的文本描述和图像。

语法规则和模板：定义语法规则和模板来生成符合特定格式和风格的多模态数据。例如，可以定义文本描述的语法规则和图像生成的模板，通过填充这些规则和模板来生成新的多模态数据。

8.4.3　多模态应用场景

从技术维度来看，多模态数据的增强和生成方法在多个领域有广泛的应用场景，以下是对几个主要领域的技术应用场景的描述。

1. NLP 与 CV 结合

图像描述生成：利用深度学习模型（如 CNN 和 RNN）对图像进行特征提取，同时结合 NLP 模型（如 LSTM 或 Transformer）生成与图像内容相关的文本描述。这种技术可以应用于电商平台的产品描述、社交媒体的图像标注等领域。

视觉问答：通过结合 CV 技术和 NLP 技术，使模型能够根据图像内容回答自然语言问题，涉及图像识别、文本理解及跨模态的信息融合等技术，可以应用于教育、娱乐、智能家居等多个场景。

2. 医疗健康领域

医学影像分析： 利用GAN或VAE等生成模型，可以生成高质量的医学影像数据，用于辅助医生进行疾病诊断和治疗计划的制定。同时，数据增强技术可以扩展医学影像数据集，提高模型的泛化能力。

电子病历生成： 结合NLP技术和规则引擎，可以根据患者的医疗记录自动生成结构化的电子病历，涉及信息抽取、文本分类、实体识别等技术，有助于提高医疗信息的管理效率和质量。

3. 教育领域

智能教辅材料生成： 利用深度学习模型根据学生的学习进度和需求，生成个性化的教辅材料和练习题，涉及文本生成、知识图谱构建、个性化推荐等技术，有助于提高教学效果和学生的学习兴趣。

虚拟实验室建设： 通过生成虚拟实验数据和场景，提供安全、便捷的实验教学环境，涉及三维建模、物理引擎、人机交互等技术，可以帮助学生更好地理解科学原理和实践操作。

4. 娱乐与游戏产业

虚拟角色和场景生成： 利用深度学习模型生成逼真的虚拟角色和场景，为游戏和动画制作提供丰富的素材，涉及计算机图形学、动画渲染、物理模拟等技术，可以提升游戏和动画的视觉效果和用户体验。

交互式故事创作： 结合NLP技术和生成模型，可以生成多样化的故事情节和角色对话，增强游戏的趣味性，涉及文本生成、对话系统、情节规划等技术，为游戏开发者提供更多的创作灵感和工具。

8.5 多模态数据的挑战和解决方案

在多模态学习与大模型的融合过程中，多模态数据的处理和分析面临着诸多挑战。这些挑战不仅来源于数据本身的复杂性，还涉及模型设计、计算资源等多个方面。然而，正是这些挑战推动了多模态学习技术的进步和创新。本节将探讨多模态数据面临的主要挑战，并提出相应的解决方案。

8.5.1 数据异质性挑战

多模态数据通常包含不同来源、格式和维度的信息，如文本、图像、音频、视频等。这种数据异质性给数据的整合、对齐和分析带来了巨大挑战。为了应对这一挑战，研究者们提出了多种数据预处理和标准化方法，如数据清洗、格式转换、特征提取等，以确保不同模态的数据能够在同一框架下进行比较和分析。图8-10所示为异质数据的使用示意，其中列举了应用程序接口、关系型数据库、JSON文件、CSV文件、非关系型数据库等，这些数据在输入模型之前会有一个数据集成和数据分析的过程。

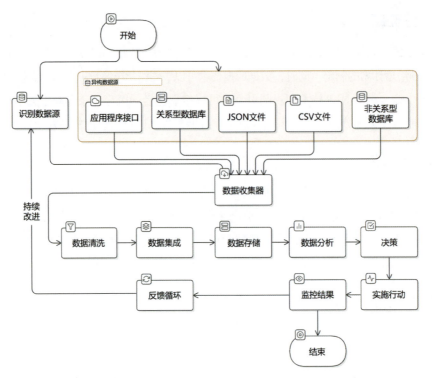

图8-10　异质数据的使用示意

8.5.2　数据稀疏性与不平衡性挑战

　　多模态数据往往存在稀疏性和不平衡性问题。稀疏性指的是某些模态的数据可能非常有限，导致模型难以从这些有限的数据中学习到有效地表示；不平衡性则是指不同模态的数据量或重要性可能存在显著差异，影响模型的性能。为了应对这些挑战，研究者们采用了数据增强、重采样、迁移学习等技术，以平衡和增强不同模态的数据。图8-11和图8-12分别为稀疏数据与稠密数据的对比示意、平衡数据与不平衡数据的对比示意，相对稠密数据，稀疏数据的随机缺失较多，而不平衡数据相对平衡数据，其某个分类的数据明显要多于另一分类。

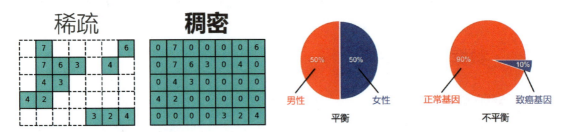

图8-11　稀疏数据与稠密数据的对比示意　　　　图8-12　平衡数据与不平衡数据的对比示意

8.5.3　模型设计与优化挑战

　　多模态学习需要模型设计能够满足同时处理和分析多种模态数据的要求。然而，传统的单一模态模型往往无法直接应用于多模态数据。因此，研究者们提出了多种多模态学习模型，如联合嵌入模型、协同注意力模型、GNN 等，以更好地捕捉不同模态之间的关系和交互。同时，为了优化这些模型的性能，研究者们还采用了超参数调优、模型剪枝、知识蒸馏等技术。相信以后还会演化出更多在模型上的创新。

8.5.4 计算资源与效率挑战

多模态学习通常需要处理大规模的数据集和复杂的模型，对计算资源提出了极高的要求。为了应对这一挑战，研究者们采用了分布式计算、并行计算、云计算等技术，以提高计算效率和扩展性。同时，他们还探索了轻量级模型设计、模型压缩与加速等方法，以降低计算成本并提高模型的实时性能。

8.5.5 隐私保护与数据安全挑战

多模态数据往往包含敏感信息，如个人身份、生物特征等。因此，在处理和分析这些数据时，必须严格遵守隐私保护和相关数据安全法规。为了应对这一挑战，研究者们采用了差分隐私、同态加密、联邦学习等技术，以确保数据的安全性和隐私性。

8.5.6 未来展望与解决方案

多模态数据面临着数据异质性、稀疏性与不平衡性、模型设计与优化、计算资源与效率和隐私保护与数据安全等多重挑战。然而，通过采用"连接"与"量化"等多种"拟人"的策略和方法，可以不断地优化模型，推动多模态学习技术的不断进步和发展。所谓"连接"，即将不同模态的数据融合起来，所谓"量化"，即将不同单位的数据放到一起统一衡量，"拟人"则是指上述所有策略都是通过模拟人类的自然行为逻辑而不断设计和演化。

未来，多模态技术将更加侧重于跨模态融合、效率提升和智能应用。随着算法和硬件的不断进步，多模态技术将实现更深入、更精准的数据融合，提升信息理解和表达的全面性。同时，多模态技术将更加注重精度和效率，满足实时性要求较高的应用场景。

8.6 本章小结

本章深入探讨了多模态学习与大模型之间的紧密联系。随着人工智能技术的不断发展，多模态学习逐渐成为研究热点，旨在整合来自不同模态（如文本、图像、音频等）的信息，以实现更全面的理解和生成。本章详细分析了多模态学习在大模型中的应用，包括跨模态表示学习、多模态融合策略及多模态生成任务等。通过具体案例和最新研究成果，展示了多模态学习如何增强大模型的泛化能力、提升任务性能，并为构建更加智能、灵活的人工智能系统提供了有力支持。

第 **9** 章

DeepSeek架构
与特性解析

DeepSeek是一款近期崭露头角的大模型，该大模型以其独特的架构设计和卓越的性能在人工智能领域引起了广泛关注。本章将深入解析DeepSeek大模型的架构与特性，探讨其在NLP、图像处理及跨模态任务中的应用潜力，并分析其对人工智能技术发展的影响。

本章涉及的主要知识点如下。

◆ DeepSeek大模型架构解析。

◆ DeepSeek的技术特点。

◆ DeepSeek的应用场景。

◆ DeepSeek与其他大模型的比较。

◆ DeepSeek的未来发展趋势。

9.1　DeepSeek 大模型架构解析

DeepSeek 是一款前沿的大模型，其架构设计融合了多项创新技术，旨在提升模型的性能、效率和泛化能力。本节将深入解析 DeepSeek 大模型的架构，探讨其核心组件和技术特点。

9.1.1　DeepSeek 架构演变

DeepSeek 大模型基于 Transformer 架构进行了深度优化和扩展。Transformer 架构以其强大的并行处理能力和长距离依赖捕捉能力而闻名，是 NLP 和其他序列建模任务的主流架构。DeepSeek 在 Transformer 架构的基础上，引入了混合专家（Mixture of Experts，MoE）机制、多头潜在注意力（Multi-Head Latent Attention，MLA）技术以及其他创新组件，显著提升了模型的性能表现。

表 9-1 所示是 DeepSeek 的设计演变。

表 9-1　DeepSeek 的设计演变

版本	设计思路	创新点	原理	效果	优点	缺点
V1	聚焦于数据质量和基础架构优化，为后续版本奠定基础	采用 LLaMA 架构	通过高质量的数据集与监督微调进行风格对齐	提升了模型的基础性能和数据处理能力	基础性能良好；数据处理高效	未明确提及
V2	在 V1 基础上提升推理效率和模型的参数容量	引入 MLA 技术	通过低秩分解重构缓存范式，引入潜变量中介层	缓存体积锐减 80% 以上，推理速度提升	提升了推理效率；降低了显存占用	未明确提及
		深度优化混合专家系统	动态负反馈调节专家偏置，采用共享—路由的专家联邦架构	专家利用率从传统 MoE 的 12% 提升至 89%	提升了模型的参数容量和计算能力；解决了路由崩溃问题	未明确提及
V3	在 V2 基础上实现了真正的技术突破，尤其在推理速度、模型负载均衡和多 Token 预测等方面的创新	无辅助损失负载均衡	引入 Expert Bias 动态调节负载分配	确保了训练过程中的计算资源能够得到充分均衡地利用	负载均衡效果显著；资源利用率高	未明确提及
		多 Token 预测	通过预测未来多个 Token 实现并行优化	推理速度提升至 89 Token/s，代码生成任务效率提升 3 倍	提高了训练效率和生成速度	未明确提及
		FP8 混合精度训练	结合细粒度量化、动态缩放与混合存储技术	GPU 内存占用减少 50%，训练成本降低至 2.788M GPU 小时	降低了训练成本；加速了训练过程	低精度可能带来收敛问题，但通过细粒度量化等技术解决了

版本	设计思路	创新点	原理	效果	优点	缺点
R1	探索通过强化学习（RL）提升模型推理能力，摒弃传统SFT	纯强化学习训练的推理模型（DeepSeek R1-Zero）	使用GRPO算法，通过组内样本的奖励相对比较优化策略模型	pass@1分数从15.6%提升至71.0%，多数投票提升至86.7%	自主性强；不需要人工标注数据；探索能力强	输出可读性差；语言混合；格式混乱
		多阶段训练与冷启动数据（DeepSeek R1）	冷启动数据+SFT→RL→拒绝采样+SFT→全场景RL	pass@1分数达到79.8%	性能卓越；可读性优化；多任务通用性提升	数据依赖；流程复杂；语言限制
		推理能力的蒸馏	使用DeepSeek-R1作为教师模型，生成高质量数据用于蒸馏	蒸馏后的14B模型超越了开源的Qwen-32B-Preview，32B和70B模型在推理基准测试中创下新纪录	优秀的蒸馏潜力，性价比高	对多模态任务支持有限

表9-1展示了DeepSeek在不同阶段的技术突破和优化。图9-1展示了DeepSeek V2、V3及R1的关键架构，其创新点主要是对Transformer Block的改造，首先将注意力层的多头潜在注意力优化成了MLA，其次将前馈网络优化成了DeepSeekMoE。

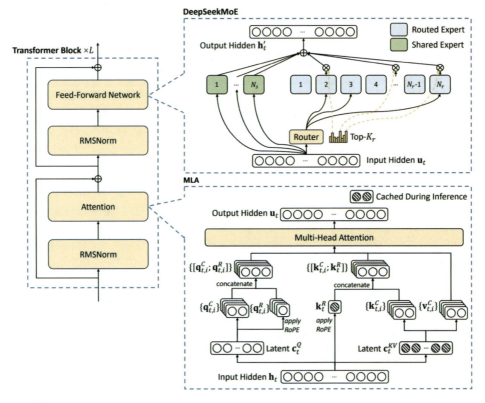

图9-1　DeepSeek V2、V3及R1的关键架构

由图 9-1 可知，系统架构中主要有两个创新点：MoE 及 MLA。下面对这两个创新点进行重点介绍。

9.1.2　混合专家机制

MoE 机制是 DeepSeek 架构中的一大亮点，它允许模型在处理不同输入时动态选择一组 "专家" 网络进行计算，每个 "专家" 网络专注于处理特定类型的输入或任务。这种机制不仅提高了模型的计算效率，还增强了模型的表示能力，使其能够更好地适应不同任务和数据分布。表 9-2 展示了 MoE 机制的原理、设计意图和优缺点。

表 9-2　MoE 机制的原理、设计意图和优缺点

类别	内容
原理	MoE 机制将模型划分为多个 "专家" 网络，每个 "专家" 网络专注于处理特定类型的输入或任务。在推理过程中，DeepSeek 根据输入数据的特点，动态选择最合适的 "专家" 网络进行计算。这种机制通过并行处理和 "专家" 分工，提高了模型的计算效率和表示能力
设计意图	通过引入 "专家" 网络的选择机制，MoE 旨在提高模型的灵活性和泛化能力。它允许模型在处理不同任务或数据时，自动选择最合适的 "专家" 网络，从而避免单一模型可能存在的局限性
优点	1. 提高计算效率：通过并行处理和 "专家" 分工，减少不必要的计算； 2. 增强表示能力：每个 "专家" 网络可以专注于学习特定领域的知识，从而提高整体模型的表示能力； 3. 提高泛化能力：动态选择 "专家" 网络使模型能够更好地适应不同任务和数据分布
缺点	1. 训练复杂性增加：MoE 机制需要额外的训练过程来学习如何选择合适的 "专家" 网络，这可能导致训练时间延长； 2. 推理延迟：在推理过程中，需要计算每个 "专家" 网络的输出并选择最合适的网络，这可能会增加推理延迟； 3. 资源分配问题：如何合理地为每个 "专家" 网络分配计算资源是一个挑战，需要仔细设计和调优

9.1.3　多头潜在注意力技术

MLA 技术是 DeepSeek 在注意力机制方面的创新。传统的注意力机制通过计算输入序列中每个元素与其他元素的相关性来捕捉序列中的关键信息。而 MLA 技术则通过引入潜在空间的概念，将输入序列映射到一个潜在空间中，并在该空间中计算注意力权重。这种方法能够更有效地捕捉输入序列中的潜在关系，并能提高模型对复杂任务的理解能力。表 9-3 展示了 MLA 技术的原理、设计意图和优缺点。

表 9-3　MLA 技术的原理、设计意图和优缺点

类别	内容
原理	MLA 技术是对传统注意力机制的一种扩展。它首先将输入数据映射到一个潜在空间，然后在该潜在空间中计算注意力权重。通过引入多个头（多个独立的注意力机制），MLA 能够同时捕捉输入数据中的多种关系，并将这些关系融合起来以生成更丰富的表示

续表

类别	内容
设计意图	MLA技术的设计意图是增强模型对复杂任务的理解能力。通过捕捉输入数据中的多种潜在关系，MLA能够帮助模型更好地理解数据的内在结构和语义信息，从而提高模型在复杂任务上的表现
优点	1. 提高模型性能：通过捕捉多种潜在关系，MLA能够生成更丰富的表示，从而提高模型在复杂任务上的性能； 2. 增强模型鲁棒性：由于MLA能够同时考虑多种关系，因此它对输入数据的微小变化更加鲁棒； 3. 灵活性高：MLA技术可以与其他神经网络组件结合使用，以构建更强大的模型架构
缺点	1. 计算复杂度高：由于需要计算多个头的注意力权重，MLA技术的计算复杂度相对较高，可能需要更多的计算资源； 2. 参数数量多：MLA技术引入了多个独立的注意力机制，因此模型参数数量可能会增加，这可能导致过拟合风险增加； 3. 调优难度大：由于MLA技术涉及多个头和潜在空间的映射，因此调优过程可能相对复杂和耗时

9.1.4　DeepSeek架构优势

图9-2所示为抽象简化后的DeepSeek推理流程，首先是MoE，这样在推理时可以快速路由到某个"专家"，而不用加载整个模型；其次是MLA，通过自主聚类的方式使模型上下文中的注意力头更精准，不再盲目。可见其核心思路仍然在于最大限度地发挥分而治之的思想，减少不必要的计算。

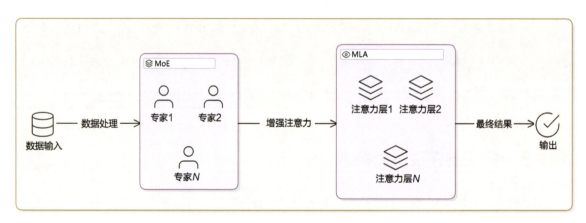

图9-2　抽象简化后的DeepSeek推理流程

通过汇总上述信息，可以得知DeepSeek大模型的架构设计具有以下优势。

高效计算：通过MoE机制和MLA技术，模型能够在保证性能的同时降低计算成本。

强大的表示能力：创新的注意力机制和专家网络选择机制使模型能够更好地捕捉输入数据中的关键信息。

灵活性：模型的架构设计使其能够轻松适应不同任务和数据分布，提高了模型的泛化能力。

可扩展性：DeepSeek的架构设计支持模型规模的扩展，为未来更大规模的模型训练提供了可能。

9.2　DeepSeek 的技术特点

DeepSeek 大模型不仅在架构设计上有所创新，还展现出一系列独特的技术特点，这些特点共同构成了 DeepSeek 在人工智能领域的竞争优势。本节将深入探讨 DeepSeek 的技术特点，包括其高效推理与多任务处理能力、对垂直领域的深度优化和成本效率与训练策略等方面。

9.2.1　高效推理与多任务处理能力

DeepSeek 通过优化模型结构和推理算法，实现了高效的推理速度，能够处理大规模数据和复杂任务。其高效的推理能力得益于 MoE 机制和 MLA 技术的引入，这些技术使模型能够在保证性能的同时降低计算成本。此外，DeepSeek 还具备强大的多任务处理能力，能够在不同任务间灵活切换，不需要对模型进行重大修改或重新训练。这种能力使 DeepSeek 能够广泛应用于各种人工智能场景，提高了资源利用率和模型部署的灵活性。

9.2.2　对垂直领域的深度优化

DeepSeek 针对特定垂直领域进行了深度优化，如医疗、金融、教育等。通过引入领域知识和定制化的训练策略，DeepSeek 在这些领域展现出了更高的准确性和实用性。例如，在医疗领域，DeepSeek 可以利用医学文献和临床数据进行预训练，从而学习到丰富的医学知识和表示能力；在金融领域，DeepSeek 可以捕捉市场动态和交易模式，为投资者提供精准的投资建议。这种深度优化使 DeepSeek 能够更好地满足特定领域的需求，推动人工智能技术在这些领域的应用和发展。

9.2.3　成本效率与训练策略

DeepSeek 在训练过程中采用了多种成本效率高的策略，旨在降低训练成本和时间。首先，DeepSeek 利用大规模预训练数据来提高模型的初始性能，从而减少了对特定任务数据的依赖。其次，DeepSeek 采用了混合精度训练和梯度累积等技术来加速训练过程，同时保持了模型的性能稳定。此外，DeepSeek 还支持分布式训练，能够在多节点间高效协同工作，进一步提高了训练效率。这些成本效率高的训练策略使 DeepSeek 能够在有限的资源下实现更快的模型迭代和更新。

9.3　DeepSeek 的应用场景

DeepSeek 大模型凭借其独特的架构设计和卓越的性能，在多个应用场景中展现出了巨大的潜力。

本节将探讨DeepSeek在自然语言处理、图像处理与视频生成、跨模态学习与多模态任务等方面的应用场景。

9.3.1 自然语言处理

DeepSeek在自然语言处理领域具有广泛的应用前景。由于其强大的语言理解和生成能力，DeepSeek可用于文本分类、机器翻译、问答系统、对话生成等任务。例如，在文本分类任务中，DeepSeek能够准确识别文本的主题或情感倾向；在机器翻译任务中，DeepSeek能够实现高质量的语言转换；在问答系统和对话生成任务中，DeepSeek能够生成自然流畅的回答和对话内容，从而提升了用户体验。

9.3.2 图像处理与视频生成

DeepSeek在图像处理与视频生成方面也展现出了强大的能力。通过结合CNN和Transformer架构，DeepSeek能够捕捉图像和视频中的关键信息，实现高质量的图像生成、视频编辑和风格迁移等任务。例如，在图像生成任务中，DeepSeek可以生成逼真的图像，甚至能够创造出全新的图像内容；在视频编辑任务中，DeepSeek可以对视频进行裁剪、拼接和特效处理；在风格迁移任务中，DeepSeek可以将一种图像风格应用到另一种图像上，实现创意性的视觉效果。

9.3.3 跨模态学习与多模态任务

DeepSeek支持跨模态学习，能够同时处理文本、图像、音频等多种模态的数据。这种能力使DeepSeek在多模态任务中表现出色，如多模态检索、多模态对话系统、视觉问答等。在多模态检索任务中，DeepSeek可以根据用户的查询内容（如文本或图像）从数据库中检索出相关的多模态信息；在多模态对话系统中，DeepSeek能够理解用户的多种输入（如语音或文本），并生成相应的多模态输出（如文本和图像）；在视觉问答任务中，DeepSeek可以根据图像内容回答用户的问题。

9.4 DeepSeek与其他大模型的比较

DeepSeek大模型作为人工智能领域的新兴力量，与其他主流大模型（如GPT系列、BERT、ViT等）在架构设计、应用场景、综合比较等方面既有相似之处，也有其独特之处。本节将对DeepSeek与其他大模型进行比较，以便更全面地理解DeepSeek的技术优势和定位。

9.4.1 架构设计比较

GPT系列： 以Transformer解码器为基础，强调生成能力，参数规模庞大，适合自然语言生成任务。

BERT： 基于Transformer编码器，通过掩码语言模型进行预训练，擅长理解语言上下文，适用于多种NLP任务。

ViT： 将Transformer应用于图像处理领域，通过将图像分割为小块后作为序列输入，展示了Transformer架构的通用性。

DeepSeek： 同样基于Transformer架构，但引入了MoE机制和MLA技术，旨在提高模型的计算效率和表示能力，同时支持跨模态学习。

9.4.2 应用场景比较

GPT系列： 广泛应用于文本生成、对话系统、摘要生成等自然语言生成任务。

BERT： 在文本分类、情感分析、命名实体识别等自然语言处理任务中表现出色。

ViT： 在图像分类、目标检测等图像处理任务中展示了其潜力。

DeepSeek： 由于其支持跨模态学习和多任务处理，DeepSeek在自然语言处理、图像处理、多模态任务及行业应用等多个领域都有广泛的应用前景。

9.4.3 综合比较

DeepSeek与其他大模型相比，在架构设计和应用场景上都有其独特之处。DeepSeek通过引入MoE机制和MLA技术，提高了模型的计算效率和表示能力，同时支持跨模态学习，使其在处理多种类型的数据和任务时具有更强的灵活性和适应性。然而，DeepSeek也面临着计算成本较高、调优难度较大等挑战。

未来，随着技术的不断发展和优化，DeepSeek有望在更多领域发挥重要作用，推动人工智能技术的进一步发展和应用。

9.5 DeepSeek的未来发展趋势

DeepSeek大模型作为人工智能领域的前沿成果，其独特的架构设计和卓越的性能已在多个应用场景中展现出了巨大的潜力。未来，DeepSeek有望在多个方面继续发展，推动人工智能技术的进一步突破和应用。以下是对DeepSeek未来发展趋势的展望。

9.5.1 技术创新与优化

架构升级： 随着对Transformer架构理解的深入，DeepSeek有望在未来进行更深入的架构升级，进一步提升模型的计算效率和表示能力。例如，通过引入更高效的注意力机制、更优化的专家网络选择策略等，使模型在处理复杂任务时更加得心应手。

跨模态融合： DeepSeek已经展示了其在跨模态学习方面的潜力，未来有望进一步加强跨模态融合的能力，实现文本、图像、音频等多种模态数据的高效整合和利用。这将有助于DeepSeek在更多领域发挥重要作用，如多模态检索、多模态对话系统等。

模型轻量化： 尽管DeepSeek在性能上表现出色，但其庞大的参数规模和计算成本也限制了其在某些场景下的应用。未来，DeepSeek有望通过模型剪枝、量化等技术手段实现模型轻量化，降低计算成本，提高模型部署的灵活性和便捷性。

9.5.2 应用场景拓展

行业应用深化： 随着DeepSeek技术的不断成熟和优化，其有望在更多行业领域得到深化应用。例如，在医疗领域，DeepSeek可以帮助医生更准确地诊断疾病、制定治疗方案；在金融领域，DeepSeek可以辅助投资者进行市场分析、风险评估等。

新兴领域探索： 除了传统领域外，DeepSeek还有望在新兴领域探索新的应用场景。例如，在元宇宙、数字孪生等前沿技术中，DeepSeek可以利用其强大的跨模态学习和生成能力，为用户创造更加丰富、逼真的虚拟体验。

9.6 本章小结

本章深入探讨了DeepSeek大模型的架构设计与技术特性，展示了其在人工智能领域的独特优势和广泛应用前景。通过对DeepSeek核心架构的解析，说明了其基于Transformer架构的创新，如MoE机制和MLA技术的引入，旨在提高模型的计算效率和表示能力。同时，DeepSeek还展现出了高效推理与多任务处理能力、对垂直领域的深度优化及成本效率与训练策略等技术特点，这些特点共同构成了DeepSeek在人工智能领域的竞争优势。

总之，本章对DeepSeek大模型的架构设计进行了全面而深入的解析，为读者提供了宝贵的参考和启示。希望读者能够从中汲取灵感，探索DeepSeek在更多领域的应用可能，共同推动人工智能技术的发展和进步。

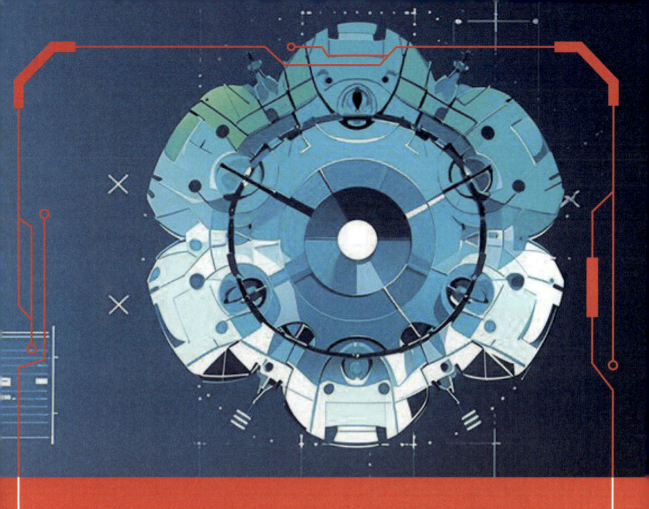

PART 04
第四部分
大模型的训练优化

在深度学习领域，大模型的训练优化是提升模型性能、加速训练过程的关键。随着模型规模的日益增大，传统的训练方法面临着计算资源消耗大、训练时间长等挑战。因此，探索有效的训练优化策略成为当前研究的热点之一。第四部分将深入探讨大模型训练过程中的各种优化技术，包括大模型的训练策略、大模型的超参数化优化、大模型的模型量化与压缩等。这些技术旨在通过减少计算冗余、提高计算效率、增强模型泛化能力等方式，实现大模型训练的高效与稳定。通过本部分的学习，读者将掌握一系列实用的训练优化方法，为构建高性能的大模型提供有力支持。

第**10**章

大模型的训练策略

随着人工智能技术的飞速发展，大模型（如BERT、GPT系列等）在自然语言处理、计算机视觉等领域展现出了强大的能力。然而，大模型的训练过程复杂且资源消耗巨大，因此，有效的训练策略显得尤为重要。本章将深入探讨大模型的训练策略，旨在提高训练效率、降低训练成本，并提升模型性能。

本章涉及的主要知识点如下。

- ◆ 大模型超参数的选择策略。
- ◆ 训练稳定性与收敛速度的平衡。
- ◆ 学习率调度与预热。
- ◆ 大模型训练中的正则化技术。
- ◆ 大模型训练中的问题诊断。

10.1 大模型超参数的选择策略

大模型超参数的选择是一个需要经验和实验相结合的过程。通过不断调整和优化超参数，可以找到最适合当前任务和数据集的模型配置。下面将介绍大模型训练时的一些重要超参数。这些超参数对于大模型的训练至关重要，它们共同影响着模型的学习效果和最终性能。

10.1.1 学习率

学习率是优化算法中最关键的超参数之一，它决定了模型参数更新的步长。过高的学习率可能导致模型无法收敛，而过低的学习率则会导致训练过程缓慢。

策略：通常从一个较小的值开始（如0.001），然后根据训练过程中的损失变化情况进行调整。示例代码（假设使用SGD优化器）如下。

```
optimizer = torch.optim.SGD(model.parameters(), lr=0.001)
```

学习率调整时的技术要点如表10-1所示。

表10-1 学习率调整时的技术要点

技巧	描述
初始学习率的设定	1. 通常从0.01或0.001开始尝试，根据任务和数据集特性调整； 2. 使用较低的初始学习率（如0.001）以避免训练初期的不稳定
试错法	1. 从较低的学习率开始，逐步增加，观察验证集的性能变化； 2. 当性能开始下降时，降低学习率
学习率调度策略	1. 逐步衰减：每隔一定迭代次数或训练周期降低学习率（如乘以0.1或0.2）； 2. 余弦退火：按余弦函数周期性调整学习率，帮助模型跳出局部最优； 3. 自适应学习率：使用如Adam、RMSprop等优化算法动态调整学习率
学习率预热	1. 线性预热：训练初期使用较低的学习率，逐渐增加到预设初始学习率； 2. 指数预热：学习率按指数函数增长，增速较线性预热快
监控与调整	1. 实时监控训练过程中的损失和验证集性能； 2. 根据监控结果及时调整学习率，避免过拟合或欠拟合
特定任务的调整	1. 根据任务复杂度和数据集特点调整学习率； 2. 图像识别任务可能适合较高的学习率，NLP任务则可能需要较低的学习率
分布式训练中的考虑	1. 在分布式环境中，考虑节点间通信延迟和数据同步对学习率设置的影响； 2. 可能需要调整学习率以适应分布式训练的特性

10.1.2 批量大小

批量大小决定了每次更新参数时使用的样本数量。较大的批量大小可以加速训练过程，但也可

能导致内存不足；较小的批量大小虽然能减少内存消耗，但可能会增加训练时间并引入更多的噪声。

策略： 根据硬件条件（如GPU内存大小）和数据集大小选择合适的批量大小。示例代码（假设批量大小为64）如下。

```
dataloader = DataLoader(dataset, batch_size=64, shuffle=True)
```

在大模型训练时，批量大小的设置是一个关键的超参数，它直接影响模型的训练效率和性能。表10-2为批量大小的设置技巧。

表10-2　批量大小的设置技巧

技巧	描述
平衡内存使用与训练效率	1.在硬件内存限制下，选择能最大化利用GPU并行计算能力的批量大小； 2.逐步增大批量大小，观察模型性能和训练速度变化，找到平衡点
考虑数据集的特性和分布	1.对于小数据集，适当减小批量大小以增加每个训练周期的迭代次数； 2.在数据分布不均匀时，适当增大批量大小以平滑数据分布差异
结合学习率调度	1.较大的批量大小通常需要较低的学习率以保持训练稳定； 2.可以结合学习率调度策略动态调整批量大小
实验与验证	1.通过对比不同批量大小下模型的性能和训练速度，找到最优批量大小； 2.使用交叉验证方法进一步验证批量大小选择的合理性

注意： 调整时避免批量大小过大导致模型在训练集上过拟合。可以根据具体任务和数据集特点灵活调整批量大小。还可以考虑使用动态批量大小或混合精度训练等技术优化训练过程。

10.1.3　Top-k 和 Top-p 采样

在文本生成任务中，特别是使用大模型进行自然语言生成时，Top-k和Top-p采样是两种常用的解码策略，它们用于从模型生成的概率分布中选择下一个词元。这两种策略通过不同的概率截断机制，在生成文本的多样性和质量之间实现动态平衡。

1. Top-k 采样

Top-k采样是一种基于概率的搜索方法，它限制了从概率分布中采样的候选词数量。具体步骤如下。

计算概率分布： 模型根据当前上下文生成词元的概率分布。

选择Top-k词元： 从概率分布中选择概率最高的k个词元。

随机采样： 从这k个词元中随机选择一个作为下一个生成的词元。

Top-k采样有助于增加生成文本的多样性，因为它允许从多个高概率词元中进行选择，避免总是选择概率最高的那个词元。当k值过大时，可能会导致生成文本的质量下降，因为包含了较多概率较低的词汇。

2. Top-p 采样

Top-p采样（又称核采样）是一种自适应采样方法，它根据概率分布中的累积概率来选择候选词。具体步骤如下。

计算概率分布： 模型生成词元的概率分布。

选择Top-p词元： 从概率分布中选择累积概率达到或超过 p 的最少词元。这里的 p 是一个 $0 \sim 1$ 的超参数。

随机采样： 从这些选定的词元中随机选择一个作为下一个生成的词元。

与Top-k采样相比，Top-p采样更加动态，因为它根据概率分布的实际形状来选择候选词。当概率分布非常尖锐（某个词的概率远高于其他词）时，Top-p采样可能会选择更少的词元，反之亦然。这使Top-p采样在保持生成文本多样性的同时，通常能生成更高质量的文本。

3. 示例代码

以下是使用PyTorch框架实现Top-k和Top-p采样的示例代码。这个示例假设已经有一个训练好的语言模型，并且希望用它来生成文本。

```python
import torch
import torch.nn.functional as F

# 假设 model 是一个已经训练好的语言模型，它接受输入序列并输出下一个词的概率分布

def top_k_sampling(logits, k=5):
    """
    从 logits 中选择概率最高的 k 个元素进行采样
    :param logits: 模型输出的 logits（未经过 softmax 的原始输出）
    :param k: 要选择的最高概率元素的数量
    :return: 采样的索引
    """
    probs = F.softmax(logits, dim=-1)              # 应用 softmax 得到概率分布
    top_k_probs, top_k_indices = probs.topk(k)     # 获取概率最高的 k 个元素及其索引
    top_k_probs = top_k_probs.squeeze(0)           # 去除批次维度（假设 logits 是单个样本的输出）
    probs_sum = torch.sum(top_k_probs)
    probs = top_k_probs / probs_sum                # 重新归一化概率
    cumprobs = torch.cumsum(probs, dim=0)          # 计算累积概率
    r = torch.rand(1).item()                       # 生成一个 [0, 1) 之间的随机数
    idx = torch.searchsorted(cumprobs, r, right=True)  # 使用二分查找找到随机数落入的区间
    return top_k_indices[idx].item()

def top_p_sampling(logits, p=0.9):
    """
    从 logits 中选择累积概率达到或超过 p 的最小元素集合进行采样
    :param logits: 模型输出的 logits（未经过 softmax 的原始输出）
```

```
    :param p: 累积概率的阈值
    :return: 采样的索引
    """
    sorted_logits, sorted_indices = torch.sort(logits, descending=True)  # 对 logits 进行降序排序
    cumulative_probs = torch.cumsum(F.softmax(sorted_logits, dim=-1), dim=-1)  # 计算累积概率
    cutoff = torch.searchsorted(cumulative_probs, p, right=True)  # 找到累积概率达到或超过 p 的位置
    if cutoff.item() == 0:
        # 如果所有词的累积概率都小于 p，则随机选择一个词
        return torch.randint(0, logits.size(-1), (1,)).item()
    flat_indices = sorted_indices[:, :cutoff.item()]     # 获取累积概率达到或超过 p 的词的索引
    probs = F.softmax(logits[0, flat_indices], dim=-1)   # 重新计算这些词的概率
    probs /= torch.sum(probs)                            # 归一化概率
    cumprobs = torch.cumsum(probs, dim=0)               # 计算累积概率
    r = torch.rand(1).item()                            # 生成一个 [0, 1) 之间的随机数
    idx = torch.searchsorted(cumprobs, r, right=True)   # 使用二分查找找到随机数落入的区间
    return flat_indices[idx].item()


# 示例使用
logits = torch.tensor([0.1, 0.4, 0.2, 0.1, 0.2], dtype=torch.float)  # 假设的 logits 输出


# Top-k 采样
k = 3
sampled_index_k = top_k_sampling(logits, k)
print(f"Top-k 采样 (k={k}): 索引 {sampled_index_k}")


# Top-p 采样
p = 0.7
sampled_index_p = top_p_sampling(logits, p)
print(f"Top-p 采样 (p={p}): 索引 {sampled_index_p}")
```

注意：该示例代码是为了演示 Top-k 和 Top-p 采样的原理而编写的，并没有考虑批量处理、多 GPU 训练等复杂情况。在实际应用中，需要根据模型和数据集对代码进行适当的修改和扩展。

4. 选择策略

任务需求： 根据具体任务的需求选择合适的采样策略。例如，在需要高度创造性和多样性的文本生成任务中，Top-p 采样可能是一个更好的选择，因为它能更灵活地调整候选词的数量。

实验调整： 通过在实际任务中试验不同的 k 值和 p 值，观察生成文本的质量和多样性，找到最适合当前任务的参数设置。

结合使用： 在某些情况下，也可以结合使用 Top-k 和 Top-p 采样。例如，可以先使用 Top-p 采样选择一个较小的候选词集合，然后从中使用 Top-k 采样选择下一个词。

10.1.4　温度

在深度学习和自然语言处理领域，特别是在使用大模型进行文本生成任务时，温度是一个重要的超参数，它用于调整模型生成文本的随机性和多样性。

1. 温度的定义与作用

温度参数在模型生成文本时，通过调整 Softmax 函数的输出概率分布来影响生成文本的多样性。Softmax 函数通常用于将模型的原始输出转换为概率分布，而温度参数则作为 Softmax 函数的一个缩放因子。

当温度较低时（如 $T<1$），Softmax 函数的输出会更加"尖锐"，即模型更倾向于选择概率最高的词汇，生成的文本更加确定和连贯，但可能缺乏多样性。

当温度较高时（如 $T>1$），Softmax 函数的输出会更加"平坦"，模型在选择词汇时会更加随机，生成的文本更加多样，但也可能包含更多错误和不连贯的句子。

2. 设置温度的示例代码

以下是使用 PyTorch 框架，在文本生成任务中设置温度参数的示例代码。

```python
import torch
import torch.nn as nn
import torch.nn.functional as F
import torch.optim as optim

# 定义一个简单的循环神经网络（RNN）模型用于文本生成
class SimpleRNN(nn.Module):
    def __init__(self, input_size, hidden_size, output_size, num_layers=1):
        super(SimpleRNN, self).__init__()
        self.hidden_size = hidden_size
        self.num_layers = num_layers
        self.rnn = nn.RNN(input_size, hidden_size, num_layers, batch_first=True)
        self.fc = nn.Linear(hidden_size, output_size)

    def forward(self, x, hidden):
        out, hidden = self.rnn(x, hidden)
        out = self.fc(out[:, -1, :])
        return out, hidden

    def init_hidden(self, batch_size):
        return torch.zeros(self.num_layers, batch_size, self.hidden_size)

# 模型参数
```

```python
input_size = 10      # 输入特征维度
hidden_size = 20     # 隐藏层大小
output_size = 5      # 输出词汇表大小
num_layers = 1       # RNN 层数
learning_rate = 0.001
num_epochs = 10      # 训练周期数
batch_size = 64      # 批量大小
sequence_length = 10 # 序列长度

# 实例化模型、损失函数和优化器
model = SimpleRNN(input_size, hidden_size, output_size, num_layers)
criterion = nn.CrossEntropyLoss()
optimizer = optim.Adam(model.parameters(), lr=learning_rate)

# 假设 inputs 和 targets 是准备好的数据，inputs 的形状为 (batch_size, sequence_length, input_size)
# targets 的形状为 (batch_size, sequence_length)

# 训练循环
for epoch in range(num_epochs):
    model.train()
    total_loss = 0
    for i in range(0, inputs.size(0) - 1, sequence_length):
        inputs_batch = inputs[i:i+sequence_length]
        targets_batch = targets[i:i+sequence_length]

        # 初始化隐藏状态
        hidden = model.init_hidden(batch_size)

        optimizer.zero_grad()

        # 前向传播
        outputs, hidden = model(inputs_batch, hidden)

        # 设置温度参数（例如，temperature 为 1.0 表示不调整，小于 1.0 使输出更尖锐，大于 1.0
          使输出更平坦）
        temperature = 1.2 # 示例温度值
        logits = outputs / temperature

        # 计算损失
        loss = criterion(logits.view(-1, output_size), targets_batch.view(-1))
        loss.backward()

        # 更新参数
        optimizer.step()
```

```
        total_loss += loss.item()

    print(f'Epoch [{epoch+1}/{num_epochs}], Loss: {total_loss/len(inputs)}')
```

上述代码通过将outputs除以温度参数temperature来调整Softmax函数的输入，从而控制生成文本的多样性。在训练过程中，可以根据需要动态调整温度参数的值，以观察对生成文本的影响。

3. 温度的选择策略

选择合适的温度参数对于平衡生成文本的多样性和质量至关重要。以下是一些选择温度参数的策略。

任务需求： 根据具体任务的需求选择温度。例如，在需要生成高度连贯和一致的文本时（如新闻稿、正式报告等），可以选择较低的温度；在需要生成具有创造性和多样性的文本时（如小说、诗歌等），可以选择较高的温度。

实验调整： 通过在实际任务中试验不同的温度值，观察生成文本的质量和多样性，找到最适合当前任务的温度参数。

动态调整： 在训练过程中，可以根据模型的训练状态和生成文本的质量动态调整温度参数。例如，在训练初期可以使用较高的温度以增加文本的多样性，随着训练的深入逐渐降低温度以提高文本的质量。

注意：温度参数的选择应与其他超参数（如学习率、批量大小等）相协调，以确保模型的整体性能。过高的温度可能导致生成大量无意义的文本，而过低的温度则可能限制模型的创造性。在实际应用中，可以通过监控生成文本的质量和多样性来评估温度参数的选择是否合适，并进行必要的调整。

10.1.5 优化器选择

在训练过程中有众多优化器可以选择，不同的优化器适用于不同的场景和任务。例如，SGD适用于简单的凸优化问题，而Adam则更适合处理复杂的非凸优化问题。表10-3列出了PyTorch中可以使用的优化器。

表10-3　PyTorch中可以使用的优化器

优化器名称	描述
SGD	随机梯度下降法，支持动量、权重衰减和Nesterov动量
ASGD	平均随机梯度下降法
Adagrad	自适应学习率梯度下降法
Adadelta	Adagrad的改进，使用梯度平方的指数加权平均
Rprop	弹性反向传播
RMSprop	采用指数移动平均的梯度平方

优化器名称	描述
Adam	结合RMSprop和Momentum，使用梯度一阶矩（均值）和二阶矩（方差）估计
Adamax	Adam的变体，用无穷范数约束学习率上限
SparseAdam	稀疏版的Adam
AdamW	Adam的变体，结合了权重衰减
L-BFGS	拟牛顿法实现，适合小批量数据全批次优化

注意：表格中的参数是每个优化器的一些关键参数，具体的参数和描述可能根据PyTorch的版本有所不同。

策略：根据问题的复杂性和模型的特点选择合适的优化器。示例代码（选择Adam优化器）如下。

```
optimizer = torch.optim.Adam(model.parameters(), lr=0.001)
```

优化器的选择技巧如表10-4所示。

表10-4　优化器的选择技巧

技巧	描述
深入理解优化器特性	1. 深入研究不同优化器的算法原理和特点，如SGD、Adam、RMSprop等； 2. 了解每种优化器的适用场景和优缺点
根据任务需求选择	1. 根据具体任务的需求选择合适的优化器； 2. 例如，对于需要快速收敛的任务，可以考虑使用Adam等自适应学习率优化器
考虑模型复杂度	1. 对于简单模型，SGD等基于梯度的优化器可能足够有效； 2. 对于复杂大模型，可能需要使用Adam等更高级的优化器来处理稀疏梯度等问题
实验对比不同优化器	1. 在实际训练过程中，实验对比不同优化器的性能； 2. 观察验证集上的准确率、损失变化等指标，选择表现最佳的优化器
调整超参数	1. 优化器的性能往往受到超参数设置的影响； 2. 根据实验结果调整学习率、动量等超参数，以获得最佳训练效果
结合学习率调度	1. 优化器的选择应与学习率调度策略相结合； 2. 根据优化器的特点和学习率的变化情况，动态调整学习率以加速收敛并提高性能
监控训练过程	1. 在训练过程中实时监控优化器的表现； 2. 注意观察梯度分布、学习率变化等情况及时调整优化器设置以避免训练不稳定或发散
参考权威指南和论文	1. 查阅深度学习领域的权威指南和最新论文； 2. 了解优化器的最新进展和最佳实践，为选择和优化优化器提供指导

10.1.6　正则化强度

正则化强度（如L2正则化的权重衰减系数）用于控制模型的复杂度，防止过拟合。

策略： 根据模型的复杂度和数据集的大小调整正则化强度。示例代码（在优化器中添加权重衰减）如下。

```
optimizer = torch.optim.SGD(model.parameters(), lr=0.001, weight_decay=1e-4)
```

表10-5列出了常见正则化强度的设置技巧。

表10-5　常见正则化强度的设置技巧

技巧	描述
根据数据量调整	1. 小数据量：过拟合风险高，应使用较强的正则化强度； 2. 大数据量：过拟合风险相对较低，可适当降低正则化强度
考虑模型复杂度	1. 模型越复杂，越需要较强的正则化来防止过拟合； 2. 简单模型可能不需要过强的正则化，以免导致欠拟合
监控验证集性能	1. 在训练过程中，密切关注验证集上的性能变化； 2. 如果验证集性能开始下降，可能是正则化强度过高导致欠拟合，应适当降低正则化强度
实验对比不同强度	1. 通过实验对比不同正则化强度下模型的性能； 2. 选择既能有效防止过拟合，又不至于导致欠拟合的正则化强度
结合其他正则化方法	1. 正则化强度可以与其他正则化方法（如Dropout、数据增强等）结合使用； 2. 通过综合多种正则化手段，提高模型的泛化能力
参考领域经验和文献	1. 查阅相关领域的文献和研究报告，了解在类似问题中常用的正则化强度设置； 2. 借鉴前人经验，结合实际情况进行调整
动态调整正则化强度	1. 在训练过程中，可以根据模型的训练状态和性能变化动态调整正则化强度； 2. 例如，在训练初期使用较强的正则化以防止过拟合，随着训练的深入逐渐降低正则化强度以促进模型学习更复杂的特征

10.1.7　迭代次数和早停

迭代次数决定了训练过程的长短，而过早的停止训练可能导致模型欠拟合，过晚的停止训练则可能导致过拟合。

策略： 根据验证集上的性能变化决定何时停止训练。示例代码（假设使用早停法）如下。

```
early_stopping = EarlyStopping(patience=10, restore_best_weights=True)
for epoch in range(num_epochs):
    #训练代码
    early_stopping(val_loss, model)
    if early_stopping.early_stop:
        print("Early stopping")
        break
```

表10-6列出了迭代次数和早停的设置技巧。

表10-6 迭代次数和早停的设置技巧

技巧	描述
根据数据集大小设定迭代次数	1. 大数据集：对于较大的数据集，可以适当增加迭代次数，确保模型有足够的机会学习数据中的复杂模式； 2. 小数据集：对于较小的数据集，过多的迭代次数可能导致过拟合，应设置相对较少的迭代次数
考虑模型复杂度	1. 模型越复杂，需要更多的迭代次数来充分训练； 2. 简单模型则可能不需要过多的迭代次数即可收敛
使用早停法防止过拟合	1. 设定一个验证集，用于监控模型在训练过程中的性能； 2. 当验证集性能连续多个训练周期没有提升时，触发早停，停止训练
选择合适的耐心值	1. 耐心值决定了在验证集性能停止提升后，训练还可以继续进行的训练周期数； 2. 耐心值过小可能导致模型未充分训练就停止，耐心值过大则可能让模型在已经过拟合的情况下继续训练； 3. 耐心值应根据具体任务和数据集进行调整，通常设置为3～10个训练周期
结合学习率调度使用早停	1. 在学习率衰减的过程中，模型性能可能会有所波动； 2. 在这种情况下，可以稍微放宽早停的条件，给予模型更多的训练机会，以充分利用学习率衰减带来的性能提升
监控训练过程中的其他指标	1. 除了验证集性能外，还可以监控训练集上的损失、准确率等指标； 2. 在训练中后期，如果发现训练集性能持续上升但验证集性能停滞不前或下降，这可能是过拟合的迹象，应提前触发早停
动态调整迭代次数和早停策略	1. 在训练过程中，根据模型的收敛情况和验证集性能动态调整迭代次数和早停策略； 2. 例如，如果模型在训练初期就表现出良好的收敛趋势，可以考虑提前结束训练；如果模型在训练后期仍有提升空间，可以适当延长训练时间

注意：在使用这些技巧时需要综合考虑数据集大小、模型复杂度、验证集性能、学习率调度等因素，才能制订出更加科学合理的训练计划。

10.2 训练稳定性与收敛速度的平衡

在大模型的训练过程中，训练稳定性和收敛速度是两个至关重要的考量因素。训练稳定性确保模型在训练过程中不会出现异常波动或崩溃，而收敛速度则直接关系到训练效率。如何在两者之间找到平衡点是提升大模型训练效果的关键。通常用损失函数（loss）的变化曲线监控训练时的稳定性，图10-1所示为LLaMA正常训练时的loss变化曲线，曲线相对平滑，意味着整个训练过程较为稳定。

然而，训练并不总是一帆风顺的，总会遇到各种问题，这就导致loss曲线不再平滑，图10-2所示为训练中出现的一种异常的loss曲线，在训练达到第170轮时，出现了loss曲线的波动。

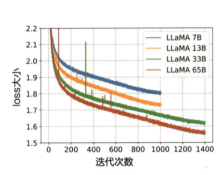
图 10-1　LLaMA 正常训练时的 loss 变化曲线

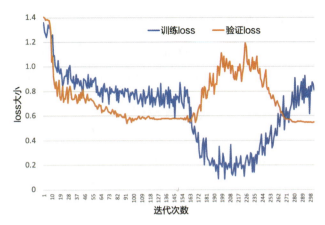
图 10-2　训练中出现的一种异常的 loss 曲线

上述这类问题都可以归纳为训练稳定性问题，下面将详细阐述训练大模型中的稳定性与收敛速度的平衡。

10.2.1　训练稳定性

训练稳定性通常与梯度爆炸、梯度消失、过拟合等问题相关。为了提升训练稳定性，可以采取以下策略。

1.　梯度裁剪

梯度裁剪是在大模型训练过程中非常实用的技巧，它主要用于解决梯度爆炸的问题。梯度爆炸，简单来说，就是在训练神经网络时，梯度（损失函数对模型参数的导数）变得异常大，导致模型参数更新过大，从而影响模型的稳定性和收敛性。

梯度裁剪的思想其实很简单，它设定了一个梯度大小的阈值，当计算出的梯度超过这个阈值时，就将其"裁剪"到阈值范围内。这样做的好处主要有以下两点。

防止梯度爆炸：通过限制梯度的大小，梯度裁剪避免了因梯度过大而导致的参数更新异常，从而提高了训练的稳定性。

维持梯度方向：虽然梯度的大小被裁减了，但其方向（参数更新的方向）保持不变，这有助于模型在正确的方向上继续学习。

在实际操作中，梯度裁剪通常是在反向传播之后、参数更新之前进行的。通过这种方法，可以有效地控制梯度的大小，使模型的训练过程更加平稳和可控。例如，在 PyTorch 中，可以使用 torch.nn.utils.clip_grad_norm_() 函数进行梯度裁剪。

```
optimizer.zero_grad()
loss.backward()
torch.nn.utils.clip_grad_norm_(model.parameters(), max_norm=1.0)
optimizer.step()
```

2. 权重衰减

权重衰减是一种在神经网络训练过程中用来防止过拟合的技术，它通过对模型的权重施加一个惩罚项来实现。简单来说，权重衰减就是在计算损失函数时，除了原本的预测误差损失外，还额外加上了一个与模型权重大小成正比的惩罚项。

在训练过程中，权重衰减会作为正则化项加入损失函数中，并通过优化算法（如梯度下降）与原本的预测误差损失一起最小化。这样，模型在尝试减小预测误差的同时，也会努力让自己的权重保持在一个较小的范围内。例如，可以在优化器中设置权重衰减参数。

```
optimizer = torch.optim.Adam(model.parameters(), lr=learning_rate, weight_decay=1e-5)
```

惩罚项的目的是让模型的权重尽可能小，因为较小的权重意味着模型对输入数据的变化不那么敏感，从而降低了模型过拟合的风险。换句话说，权重衰减鼓励模型学习到一个更平滑的解，而不是过分依赖训练数据中的噪声和细节。

10.2.2 收敛速度

收敛速度主要受学习率、批量大小、优化算法等因素的影响。为了加快收敛速度，可以采取以下策略。

1. 自适应学习率

自适应学习率是一种在深度学习模型训练过程中动态调整学习率的方法。简单来说，它意味着学习率不再是一个固定的值，而是会根据模型训练过程中的实际情况进行自动调整。学习率是深度学习中非常重要的超参数，它决定了模型参数在每次迭代中更新的幅度。如果学习率设置得太高，模型参数可能会更新过大，导致训练过程不稳定，甚至出现发散现象；如果学习率设置得太低，虽然训练过程会更加稳定，但收敛速度会变慢，可能导致模型陷入局部最优或需要过长的训练时间。

常见的自适应学习率算法包括AdaGrad、RMSprop、Adam等。这些算法各有特点，但都能够在一定程度上实现学习率的自适应调整，从而提高模型的训练效率和性能。下面的代码就是使用Adam实现自适应学习率的示例。

```
optimizer = torch.optim.Adam(model.parameters(), lr=learning_rate)
```

自适应学习率算法通过实时监控模型训练过程中的关键指标（如损失函数值、梯度大小、参数更新量等）来动态调整学习率。在训练初期，当模型参数与最优解相差较远时，可以使用较高的学习率来加快收敛速度；随着训练的深入，当模型逐渐接近最优解时，算法会逐渐降低学习率，以确保模型能够稳定地收敛到更好的解。

2. 批量归一化

批量归一化是一种在深度学习中广泛使用的技术，它主要用于加速神经网络的训练过程并提高模型的性能。具体来说，批量归一化在每次训练迭代中，会计算当前小批量数据的均值和方差，然后用这些数据对每一层的输入进行归一化处理，即将输入数据减去均值并除以标准差，从而使输入数据的分布接近标准正态分布（均值为0，方差为1）。之后，批量归一化还会通过两个可学习的参数（缩放因子和偏移量）对归一化后的数据进行线性变换，以恢复数据的表达能力。下面的代码就是调用PyTorch的BatchNorm1d()函数实现批量归一化的示例。

```
model = torch.nn.Sequential(
    torch.nn.Linear(input_dim, hidden_dim),
    torch.nn.BatchNorm1d(hidden_dim),
    torch.nn.ReLU(),
    # 其他层
)
```

注意：批量归一化的好处主要有以下3点。

（1）加速训练。批量归一化能够减少内部协变量偏移问题，即每一层输入的分布发生变化的问题，从而加速神经网络的训练过程。

（2）提高模型性能。批量归一化能够稳定学习过程，使模型更容易收敛到较好的解，从而提高模型的性能。

（3）减少调参工作。由于批量归一化能够自动调整每一层输入的分布，因此可以减少对模型超参数的依赖，降低调参的复杂度。

3. 混合精度训练

混合精度训练是一种在深度学习模型训练中使用的技术，它结合了不同精度的浮点数来加速训练过程并减少内存占用，同时保持模型的精度和性能。简单来说，混合精度训练就是同时使用FP32和FP16来进行模型训练。

在深度学习中，模型参数、激活值和梯度等通常使用FP32来表示，以确保计算的准确性。然而，使用FP32进行所有计算会占用大量的内存和计算资源，导致训练速度较慢。为了解决这个问题，混合精度训练引入了FP16，它在表示范围和精度上略低于FP32，但在计算上更加高效。

在混合精度训练中，通常会使用FP16来进行大部分的计算，如矩阵乘法和激活函数的应用，以加速训练过程并减少内存占用。然而，由于FP16的精度较低，直接使用它进行参数更新可能会导致数值不稳定和精度损失。因此，在参数更新时，仍然会使用FP32来确保计算的准确性。

为了实现混合精度训练，通常需要一些额外的技术，如损失缩放和权重备份。损失缩放用于解决FP16在计算梯度时可能出现的下溢问题，通过放大损失值来确保梯度在FP16范围内可以被正确表示。权重备份则用于在参数更新时保持一份FP32精度的权重副本，以确保参数更新的准确性。以下是使用PyTorch的GradScaler()函数进行自动混合精度训练的示例。

```
scaler = torch.cuda.amp.GradScaler()
with torch.cuda.amp.autocast():
    output = model(input)
    loss = loss_fn(output, target)

scaler.scale(loss).backward()
scaler.step(optimizer)
scaler.update()
```

10.2.3 其他平衡策略

表10-7列出了PyTorch中可实现的训练平衡策略，读者也可自行根据模型的需求拓展和迁移其他控制模型平衡的策略。

表10-7　PyTorch中可实现的训练平衡策略

策略	描述
早停法	在验证集性能不再提升时提前停止训练，防止过拟合并保持训练稳定性
数据增强	增加训练数据的多样性，有助于提高模型的泛化能力和训练稳定性
模型剪枝	移除不重要的神经元或连接，减少模型复杂度，提高训练稳定性和推理速度
梯度累积	当GPU内存不足以容纳大批量数据时，可以使用梯度累积技术。通过将多个小批量的梯度累积起来模拟大批量梯度更新，可以在不增加内存消耗的情况下提高训练稳定性

注意：这些策略在PyTorch中都可以实现，并且可以根据具体任务和数据集的特点进行选择和组合，以达到训练稳定性与收敛速度的平衡。在实际训练中，需要根据具体任务和数据集的特点来平衡训练稳定性和收敛速度。例如，当模型出现梯度爆炸时，应优先考虑通过梯度裁剪等方法提高训练稳定性；而当模型收敛速度过慢时，则可以考虑增大批量大小、使用自适应学习率等策略来加快收敛速度。

总之，在大模型的训练过程中，需要综合考虑多种因素来平衡训练稳定性和收敛速度。通过合理的策略选择和优化，可以显著提升大模型的训练效率和性能。

10.3　学习率调度与预热

在大模型的训练过程中，学习率是决定模型收敛速度和性能的关键因素之一。合理的学习率调度策略及学习率预热步骤对于提升模型训练效果至关重要。

10.3.1 学习率调度

学习率调度是指在学习过程中动态调整学习率的方法。通过适时地调整学习率，可以加快模型的收敛速度，提高训练效率，并可能获得更好的模型性能。以下是一些常见的学习率调度策略。

固定学习率：在整个训练过程中保持学习率不变。这种方法简单直接，但可能无法适应训练过程中的复杂情况。

逐步衰减学习率：在训练过程中按照一定的规则逐步降低学习率。例如，每隔一定数量的迭代次数或当验证集性能不再提升时，将学习率乘以一个衰减因子（如0.1）。

余弦退火：将学习率按照余弦函数进行周期性调整，使学习率在初始阶段较高，随着训练的进行逐渐降低，并在接近训练结束时再次提高。这种方法有助于模型在训练后期跳出局部最优解。

多项式衰减：将学习率按照多项式函数进行衰减，使学习率随着训练的进行逐渐降低。

自适应学习率方法：如 Adam、RMSprop 等优化算法，它们通过计算梯度的一阶矩和二阶矩估计来动态调整每个参数的学习率。

10.3.2　学习率预热

在学习率预热阶段，使用一个较小但逐渐提高的学习率来开始训练。这有助于模型在训练初期更加稳定地收敛，避免由于初始学习率过高而导致的训练不稳定或发散问题。学习率预热通常与某种学习率调度策略结合使用。

线性预热：在训练的前几个训练周期中，学习率从一个较小的初始值线性增加到预设的初始学习率。例如，如果初始学习率设置为0.1，预热训练周期数为5，则在前5个训练周期中，学习率从0线性增加到0.1。

指数预热：学习率按照指数函数逐渐提高，这种方式比线性预热更加激进。

10.3.3　示例代码

以下是一个结合学习率调度与预热的 PyTorch 示例代码，首先定义模型，然后预热学习率，接着进行循环训练。

```
import torch
import torch.optim as optim
from torch.optim.lr_scheduler import LambdaLR, StepLR, CosineAnnealingLR

# 定义模型、损失函数和优化器
model = … # 假设已经定义了模型
criterion = torch.nn.CrossEntropyLoss()
optimizer = optim.SGD(model.parameters(), lr=0.01, momentum=0.9)

# 学习率预热
def lr_lambda(epoch):
    if epoch < 5: # 假设预热 5 个 epoch
```

```
        return epoch / 5.0
    else:
        return 1.0

scheduler = LambdaLR(optimizer, lr_lambda=lr_lambda)

# 训练循环
for epoch in range(num_epochs):
    model.train()
    for inputs, targets in dataloader:
        optimizer.zero_grad()
        outputs = model(inputs)
        loss = criterion(outputs, targets)
        loss.backward()
        optimizer.step()

    # 根据需要，可以在每个 epoch 结束后调整学习率
    scheduler.step()

    # 验证集评估（可选）
    # …

# 其他学习率调度策略示例
# scheduler = StepLR(optimizer, step_size=30, gamma=0.1)  # 每 30 个 epoch 学习率乘以 0.1
# scheduler = CosineAnnealingLR(optimizer, T_max=num_epochs)  # 余弦退火
```

通过合理的学习率调度与预热策略，可以更有效地控制模型的训练过程，提高模型的性能和训练效率。在实际应用中，应根据具体任务和数据集的特点选择合适的学习率调度与预热方法。

10.4 大模型训练中的正则化技术

在大模型的训练过程中，正则化技术是一种有效防止模型过拟合、提高泛化能力的手段。正则化技术通过在损失函数中添加惩罚项，对模型参数进行约束，从而降低模型的复杂度，使其能够更好地泛化到未见过的数据上。以下是大模型训练中常用的几种正则化技术及其示例代码。

10.4.1 L1 正则化

L1 正则化通过在损失函数中添加模型参数的绝对值之和作为惩罚项，促使模型参数稀疏化，减少非零参数的数量，从而降低模型复杂度。示例代码如下。

```python
import torch
import torch.nn as nn
import torch.optim as optim

# 定义一个简单的神经网络
model = nn.Sequential(
    nn.Linear(10, 50),
    nn.ReLU(),
    nn.Linear(50, 1)
)

# 定义损失函数和优化器，并添加 L1 正则化
criterion = nn.MSELoss()
optimizer = optim.SGD(model.parameters(), lr=0.01, weight_decay=0.001)
                                        # weight_decay 即为 L1 正则化系数

# 训练循环
for epoch in range(num_epochs):
    for inputs, targets in data_loader:
        optimizer.zero_grad()
        outputs = model(inputs)
        loss = criterion(outputs, targets) + sum(p.abs().sum() for p in model.parameters()) * 0.001
                                        # 手动添加 L1 正则化项

        loss.backward()
        optimizer.step()
```

10.4.2　L2 正则化

　　L2 正则化（权重衰减）通过在损失函数中添加模型参数的平方和作为惩罚项，使模型参数趋向于零，从而降低模型的复杂度。在 PyTorch 中，L2 正则化可以通过优化器的 weight_decay 参数实现或手工实现。通过优化器的 weight_decay 参数实现的方式已在 L1 正则化示例中展示，这里不再重复展示，以下示例代码介绍手工实现的方式。

```python
import torch
import torch.nn as nn
import torch.optim as optim

# 定义一个简单的神经网络
class SimpleNN(nn.Module):
    def __init__(self):
        super(SimpleNN, self).__init__()
        self.fc1 = nn.Linear(10, 50)
```

```python
        self.relu = nn.ReLU()
        self.fc2 = nn.Linear(50, 1)

    def forward(self, x):
        out = self.fc1(x)
        out = self.relu(out)
        out = self.fc2(out)
        return out

# 实例化模型、损失函数和优化器
model = SimpleNN()
criterion = nn.MSELoss()
optimizer = optim.SGD(model.parameters(), lr=0.01)
# 训练循环
for epoch in range(num_epochs):
    model.train()
    optimizer.zero_grad()

    # 假设 inputs 和 targets 是已经准备好的数据
    outputs = model(inputs)
    loss = criterion(outputs, targets)

    # 手动添加 L2 正则化项
    l2_reg = sum(p.pow(2).sum() for p in model.parameters())
    loss += lambda_value * l2_reg  # lambda_value 是正则化强度

    loss.backward()
    optimizer.step()
```

10.4.3 Dropout

Dropout是一种在训练过程中随机丢弃一部分神经元连接的技术，可以有效防止模型过拟合。Dropout通过减少神经元之间的共适应性，使模型更加鲁棒。示例代码如下。

```python
import torch.nn.functional as F

# 在模型中添加 Dropout 层
model = nn.Sequential(
    nn.Linear(10, 50),
    nn.ReLU(),
    nn.Dropout(p=0.5),  # 丢弃 50% 的神经元
```

```
        nn.Linear(50, 1)
)
# 训练循环与上述示例类似，无须额外修改
```

10.4.4 批量归一化

批量归一化通过对每一层的输入进行归一化处理，使每一层的输入都保持相同的分布，从而加速模型收敛并减少过拟合。批量归一化的示例代码已在收敛速度示例中展示，这里不再重复。

综上所述，正则化技术在大模型训练中起着至关重要的作用。通过合理选择和组合不同的正则化方法，可以显著降低模型过拟合的风险，提高模型的泛化能力。在实际应用中，需要根据具体任务和数据集的特点来选择合适的正则化策略。

10.5 大模型训练中的问题诊断

在大模型的训练过程中，常常会遇到各种问题，如梯度消失、梯度爆炸、过拟合、欠拟合等。这些问题如果不能及时解决，会严重影响模型的性能。因此，问题诊断成为大模型训练中的一个重要环节。以下是一些常见的问题及其诊断方法，同时穿插了一些示例代码。

10.5.1 梯度消失与梯度爆炸

问题描述： 梯度消失与梯度爆炸是大模型训练中的常见问题，它们分别导致模型权重更新过慢和过快，从而影响模型的收敛速度和稳定性。图 10-3 显示了训练过程中发生梯度消失与梯度爆炸时的 loss 变化曲线，可见 loss 不再呈现有规律的递减，而是不断波动。

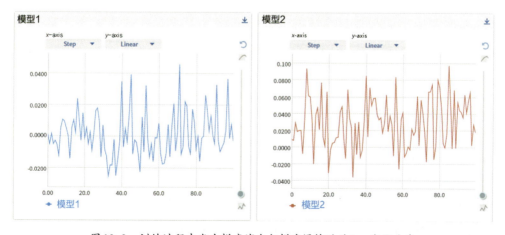

图 10-3　训练过程中发生梯度消失与梯度爆炸时的 loss 变化曲线

注意：

（1）梯度变化的可视化较为复杂。梯度变化涉及模型的每一层参数，而且这些参数的数量可能非常庞大。展示所有参数的梯度变化需要复杂的可视化技术，并且可能难以直观理解。相比之下，loss 的变化更容易绘制和理解，因此更常见。

（2）梯度的具体数值难以直观展示。梯度涉及模型内部的权重更新，这些数值可能非常小或非常大，直接展示这些数值可能会造成视觉混淆。而 loss 的变化则更直观地反映了模型性能的变化。

（3）梯度爆炸和梯度消失的动态特性。梯度爆炸和梯度消失是动态过程，它们可能在训练的不同阶段发生，并且可能在不同层之间表现出不同的特征。捕捉并展示这种动态变化需要复杂的数据记录和分析，而 loss 的变化则相对稳定和容易追踪。

诊断方法：①检查梯度值，在训练过程中，定期打印出梯度的范数，观察是否存在过大或过小的情况；②使用梯度裁剪，如果梯度过大，可以使用梯度裁剪技术来限制梯度的最大值。

示例代码如下。

```python
import torch
import torch.nn as nn
import torch.optim as optim

# 假设 model 是使用的大模型
model = ...
optimizer = optim.Adam(model.parameters(), lr=0.001)

# 梯度裁剪
def train_step(inputs, targets):
    optimizer.zero_grad()
    outputs = model(inputs)
    loss = nn.functional.cross_entropy(outputs, targets)
    loss.backward()

    # 梯度裁剪
    torch.nn.utils.clip_grad_norm_(model.parameters(), max_norm=1.0)

    optimizer.step()
    return loss.item()
```

10.5.2 过拟合与欠拟合

问题描述：过拟合是指模型在训练数据上表现很好，但在未见过的数据上表现很差；欠拟合则是指模型在训练数据和未见过的数据上都表现不佳。

可以在训练时通过对比训练集和验证集的 loss 判断是过拟合还是欠拟合，如图 10-4 所示，随着训练迭代次数的增加，左图橙色的验证集 loss 并没有伴随训练集的 loss 一起下降，反而增加了，这就是典型的过拟合现象；而右图橙色的验证集loss与训练集的loss一起下降，但与训练集的loss尚存在差异，后面可能还有下降空间，这就是典型的欠拟合现象。

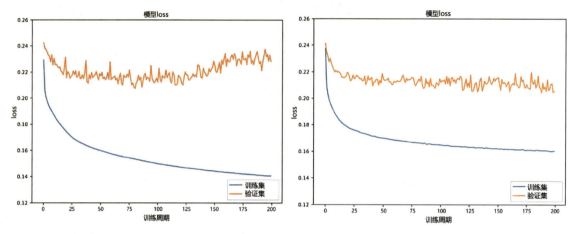

图 10-4　训练过程中的过拟合与欠拟合判断

诊断方法： ①监控训练集和验证集的loss，如果验证集的loss远高于训练集的loss，可能是过拟合，如果两者都居高不下，可能是欠拟合；②使用正则化技术，如L1、L2正则化、Dropout等，来防止过拟合；③增加模型复杂度，如增加层数、神经元数量等，来解决欠拟合问题。

示例代码（正则化）如下。

```python
# 在模型定义中添加 Dropout 层
class MyModel(nn.Module):
    def __init__(self):
        super(MyModel, self).__init__()
        self.fc1 = nn.Linear(784, 256)
        self.dropout = nn.Dropout(0.5)  # Dropout 层
        self.fc2 = nn.Linear(256, 10)

    def forward(self, x):
        x = F.relu(self.fc1(x))
        x = self.dropout(x)  # 应用 Dropout
        x = self.fc2(x)
        return x
```

10.5.3　学习率设置不当

问题描述： 学习率过高可能导致模型无法收敛，学习率过低则可能导致模型收敛速度过慢。图10-5所示为设置不同的学习率时的loss曲线对比，loss曲线的差异很大，可见设置正确学习率的重要性，把图10-5中的学习率分别设置为0.2、0.1、0.03、0.01，可以发现，当学习率设置为0.2和0.1时，刚开始训练较短的一段时间内loss是下降的，但随即而来的是不断的波动，loss始终无法持

续下降；而当学习率设置为0.03和0.01时，loss则会平稳地下降。

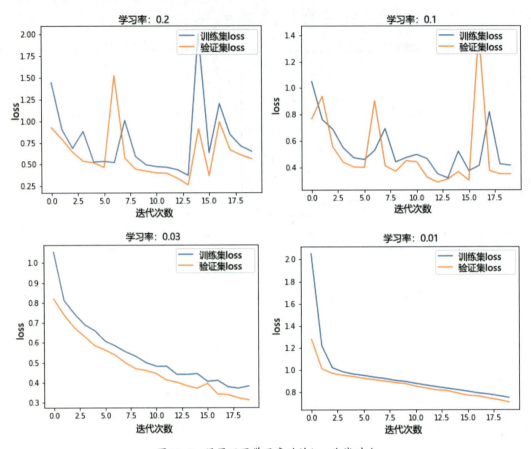

图10-5　设置不同学习率时的loss曲线对比

因为学习率本质上代表着学习的步长，步长设置太大，模型训练时就会错过最优点，导致一直在最优点附近徘徊；而学习率设置得太低又会导致学习速度太慢，所以在模型训练中需要在不同阶段设置适当的学习率。

诊断方法： ①尝试不同的学习率，通过网格搜索或随机搜索等方法，找到最佳的学习率；②使用学习率调度器，如余弦退火、多项式衰减等，动态调整学习率。

示例代码（学习率调度器）如下。

```
scheduler = optim.lr_scheduler.CosineAnnealingLR(optimizer, T_max=20)

for epoch in range(num_epochs):
    for inputs, targets in dataloader:
        optimizer.zero_grad()
        outputs = model(inputs)
        loss = nn.functional.cross_entropy(outputs, targets)
        loss.backward()
        optimizer.step()

    scheduler.step()  # 更新学习率
```

10.6　本章小结

本章详细探讨了在大规模模型训练过程中采用的多种策略，旨在提高训练效率、稳定性和模型性能。随着深度学习技术的飞速发展，大模型在各个领域的应用日益广泛，但其训练过程也面临着诸多挑战。因此，合理的训练策略显得尤为重要。

首先，本章强调了超参数选择的重要性。超参数如学习率、批量大小、正则化强度等，对模型的训练效果和最终性能有着至关重要的影响。通过精细调整这些超参数，可以在保证训练稳定性的同时，加速模型的收敛速度。

其次，本章介绍了多种优化技术，如梯度裁剪、权重衰减、批量归一化和混合精度训练等。这些技术能够有效地缓解梯度消失或梯度爆炸的问题，同时提高模型的泛化能力，并减少训练过程中的计算资源消耗。

此外，本章还深入探讨了温度参数、Top-k 和 Top-p 采样等策略在文本生成任务中的应用。这些策略通过调整模型输出的概率分布，增加了文本生成的多样性和创造性，从而提高了模型在自然语言处理任务中的表现。

综上所述，大模型的训练是一个复杂而精细的过程，需要综合运用多种策略来优化训练效果。通过本章的学习，读者可以更加深入地理解大模型训练的关键技术和方法，为实际应用中的模型训练提供有力的指导。

第11章

大模型的超参数优化

在深度学习的广阔领域中,大模型的训练往往伴随着复杂的超参数调优过程。本章将深入探讨大模型的超参数优化策略,帮助读者更好地理解和应用这些策略,以提升模型训练的效果和效率。

本章涉及的主要知识点如下。

◆ 超参数维度灾难及其影响。

◆ 超参数优化的自动化。

◆ 基于元学习的超参数优化。

◆ 基于遗传算法的超参数搜索。

◆ 分布式超参数搜索。

◆ 超参数搜索注意事项及策略。

11.1 超参数维度灾难及其影响

在深度学习中，特别是当处理大模型时，超参数优化面临一个重要的挑战，即所谓的"超参数维度灾难"。接下来将介绍超参数维度灾难。

11.1.1 超参数维度灾难的定义

超参数维度灾难是指在深度学习模型的训练过程中，随着模型复杂度的提升（如层数增加、节点数增多等），需要优化的超参数数量也大幅增加。这些超参数包括但不限于学习率、批量大小、正则化系数、Dropout 比率、激活函数类型等。当这些超参数组合在一起时，形成了一个高维的超参数空间。在这个空间中，搜索最优超参数组合的难度随着维度的增加而急剧上升，形成了所谓的"维度灾难"。图 11-1 所示为维度灾难示意，在只有 1 维时，可容纳 10 个点；当维度增加到 2 维时，则变成了 100 个点；而当维度增加到 3 维时，则已然可以容纳 1000 个点。所以如果超参数数量较多时，实际上要搜索的空间就变得无比庞大。

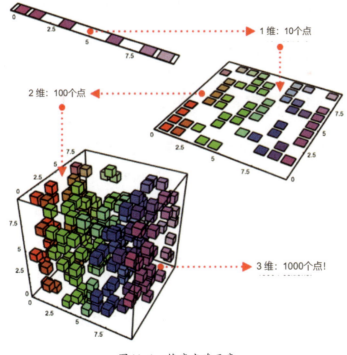

图 11-1　维度灾难示意

11.1.2 超参数维度灾难的影响

计算成本增加： 由于超参数空间庞大，传统的网格搜索或随机搜索方法需要评估大量的超参数

组合，这将导致计算成本急剧上升。对于大模型而言，每次训练都可能需要数天甚至数周的时间，这使超参数优化变得极为耗时。

优化难度增大： 在高维空间中，超参数之间的相互作用变得复杂且难以预测。即使某些超参数在单独调整时表现良好，但在与其他超参数组合时可能产生意想不到的效果。这使找到全局最优解变得几乎不可能，而只能退而求其次，寻找局部最优解。

模型性能不稳定： 由于超参数优化不充分，模型性能可能受到较大影响。不同的超参数组合可能导致模型性能出现大幅波动，这使模型的稳定性和可靠性难以保证。

资源浪费： 由于计算成本高昂且优化难度大，不充分的超参数优化可能导致资源浪费。这不仅包括计算资源的浪费（如GPU时间、存储空间等），还包括人力和时间的浪费。

11.1.3　超参数维度灾难的应对策略

为了应对超参数维度灾难带来的挑战，研究者们提出了以下一系列应对策略。

基于经验的初始化： 利用前人在类似任务上的超参数设置经验作为初始点，减少搜索空间。

自动化工具： 使用自动化超参数优化工具（如Optuna、Hyperopt等），这些工具能够更高效地探索超参数空间，找到更优的超参数组合。

分层优化： 采用分层优化的策略，先固定部分超参数，逐步调整其他超参数。这有助于降低搜索空间维度，提高优化效率。

迁移学习： 利用迁移学习的思想，将在一个任务上优化得到的超参数作为另一个相关任务的初始搜索点，从而缩小搜索空间并提高优化效率。

贝叶斯优化和Hyperband等方法： 这些方法能够在有限的计算资源下更高效地探索超参数空间，找到更优的超参数组合。

综上所述，超参数维度灾难是大模型训练过程中不可忽视的挑战之一。通过采用合理的应对策略，可以有效地缓解这一问题，提高大模型训练的效率和性能。

11.2　超参数优化的自动化

在深度学习领域，大模型的训练往往伴随着复杂的超参数调优过程。传统的手动调参不仅耗时耗力，而且难以保证找到全局最优解。因此，超参数优化的自动化成为提升模型训练效率和性能的关键途径之一。图11-2所示为典型的自动化超参数搜索框架Optuna的运行示意，通过目标函数选择合适的搜索策略和采样策略，对现有候选超参数范围进行搜索。

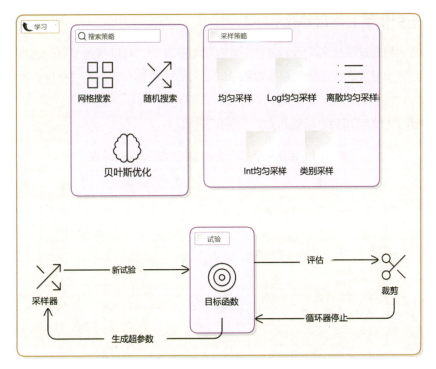

图 11-2　典型的自动化超参数搜索框架 Optuna 的运行示意

11.2.1　自动化超参数优化的重要性

自动化超参数优化能够显著提高模型训练的效率。通过自动化工具，研究人员可以快速探索广泛的超参数空间，找到更优的超参数组合，从而提升模型的性能。此外，自动化超参数优化还能减少人为因素带来的误差，使调参过程更加客观和可重复。

11.2.2　自动化超参数优化的方法

1. 基于规则的自动化

这种方法依赖预设的规则或策略来指导超参数的调整。例如，可以根据经验设定学习率的衰减策略、批量大小的增长规则等。虽然这种方法简单易行，但其效果往往受限于预设规则的准确性和适用性。

2. 基于模型的自动化

基于模型的自动化优化方法利用机器学习模型（如贝叶斯优化模型、随机森林等）来预测不同超参数组合下的模型性能。通过构建和训练这些模型，自动化工具能够更准确地评估超参数的效果，并据此进行优化。

3. 基于强化学习的自动化

强化学习是一种通过试错来学习的方法。在超参数优化中，可以将超参数的选择视为一个决策过程，并通过强化学习来寻找最优的超参数组合。这种方法能够自适应地调整搜索策略，以应对复杂的超参数空间。

表11-1列出了目前可用的自动化超参数方法以及优缺点。

表11-1　目前可用的自动化超参数方法以及优缺点

方法名称	描述	优点	缺点
网格搜索	穷举搜索所有可能的超参数组合	简单、易于实现	计算成本高，特别是当超参数空间较大时
随机搜索	在超参数空间中随机选择样本点进行训练	能在有限资源下探索更多组合	可能错过最优解
贝叶斯优化	利用概率模型预测超参数性能，选择预期性能提升最大的组合进行训练	能在较少迭代次数内找到较好的组合	对初始模型选择敏感，可能陷入局部最优
进化算法	模拟自然选择和遗传机制优化超参数	适用于复杂目标函数，能处理不可导问题	计算成本可能较高
Hyperband	基于早停策略的带宽优化，动态分配资源给不同组合	适用于资源受限场景，能快速找到较好组合	早期终止可能导致错过潜在优质组合
基于强化学习的超参数优化	将超参数优化问题建模为马尔可夫决策过程，通过强化学习算法自动学习超参数调整策略	具有较大潜力，可自适应调整策略	样本效率低，训练可能不稳定
AutoML平台	集成多种优化方法，提供用户友好的界面和丰富的功能	方便快捷，适合非专家用户	可能缺乏灵活性，难以完全满足特定需求

注意：表11-1是对各种自动化超参数优化方法的简要概述，并未涵盖每种方法的所有细节和特性。在实际应用中，需要根据具体任务的需求和约束条件来选择合适的优化方法。

11.2.3　自动化超参数优化的工具与平台

随着自动化超参数优化技术的发展，市场上涌现出了许多优秀的工具和平台。例如，Optuna、Hyperopt、Spearmint等都是广受欢迎的自动化超参数优化工具。这些工具提供了丰富的算法和接口，使研究人员能够轻松实现自动化超参数优化。

表11-2列出了目前主流的超参数优化工具和平台。

表11-2　目前主流的超参数优化工具和平台

工具/平台	描述	主要特点	集成框架/服务
Optuna	专注于超参数优化的开源框架	提供多种搜索算法，如TPE、随机搜索、网格搜索	TensorFlow、PyTorch等

工具/平台	描述	主要特点	集成框架/服务
Hyperopt	基于 Python 语言的分布式异步超参数优化工具	使用贝叶斯优化,支持多种搜索空间类型	scikit-learn、XGBoost 等
Spearmint	基于高斯过程的贝叶斯优化库	适用于处理黑盒函数优化问题及处理高维搜索空间	独立运行
Google Vizier	Google 公司开发的超参数优化服务	基于贝叶斯优化,支持多种机器学习框架和算法	Google Cloud AI Platform
Katib	Kubeflow 项目中的超参数优化服务	基于 Kubernetes,支持多种搜索算法和调度策略	Kubeflow 生态系统(如 TF、PyTorch)
Microsoft NNI	Microsoft 公司开源的自动化机器学习工具包	提供全面的自动化机器学习解决方案,包括超参数优化	多种机器学习框架和硬件平台
Auto-Keras	自动化神经网络设计工具,也提供超参数优化功能	用户只需指定任务类型,该工具便会自动搜索最优模型架构和超参数	Keras/TensorFlow 后端

此外,一些深度学习框架(如 TensorFlow、PyTorch 等)也提供了内置的超参数优化功能。这些功能通常与框架紧密集成,能够更高效地利用框架的底层优化和并行计算能力。

11.2.4　自动化超参数优化的挑战与未来展望

尽管自动化超参数优化技术已经取得了显著进展,但仍面临一些挑战。例如,对于某些复杂的模型和任务,现有的自动化工具可能无法完全替代人工调参。此外,随着模型规模的增大和复杂度的提高,自动化工具的计算效率和准确性也需要进一步提升。

未来,随着机器学习技术的不断发展,自动化超参数优化技术有望更加智能化和高效化。例如,通过引入深度学习等先进技术来改进预测模型,通过并行计算和分布式优化来提高计算效率等。这些进展将有助于推动自动化超参数优化技术在更广泛的领域得到应用和推广。

11.3　基于元学习的超参数优化

在深度学习领域,超参数优化是提升模型性能的关键步骤之一。然而,随着模型复杂度的增加,超参数空间也随之扩大,传统的超参数优化方法(如网格搜索、随机搜索等)在面对大规模模型时显得力不从心。为了更有效地解决这一问题,基于元学习的超参数优化方法应运而生。

11.3.1　元学习的概念

元学习,又称"学会学习",是一种让机器学会如何学习的技术。与传统的机器学习方法不同,

元学习的目标不是直接提升模型在某个特定任务上的性能，而是通过学习如何优化模型，从而提高模型在新任务上的泛化能力和优化效率。图11-3所示为一种元学习架构示意。

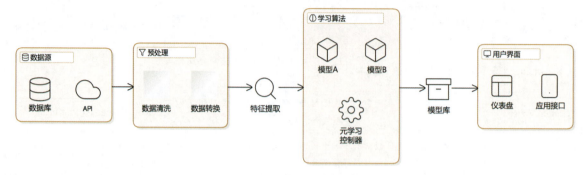

图11-3　一种元学习架构示意

11.3.2　基于元学习的超参数优化原理

基于元学习的超参数优化方法利用元学习的思想，通过构建一个元模型来学习如何有效地优化目标模型的超参数。这类方法通常包括以下四个步骤。

数据收集：需要收集一系列历史超参数优化实验的数据，包括不同的超参数组合、对应的模型性能及优化过程中的相关信息。

元模型训练：利用收集到的数据训练一个元模型。这个元模型的任务是预测给定超参数组合下目标模型的性能。为了实现这一目标，元模型需要学习超参数与模型性能之间的复杂关系。

超参数搜索：在元模型训练完成后，可以利用它来进行超参数搜索。通过元模型预测不同超参数组合下的模型性能，并选择预测性能最优的超参数组合作为候选解。

验证与调整：需要对候选解进行实际验证，并根据验证结果对元模型进行微调或更新，以确保其预测的准确性。

11.3.3　基于元学习的超参数优化方法优势

高效性：基于元学习的超参数优化方法能够利用历史数据中的知识来指导新的超参数搜索过程，从而显著减少搜索空间的大小和搜索时间。

泛化性：由于元模型是在多个任务或数据集上训练的，因此它具有一定的泛化能力。这意味着元模型可以在未见过的任务或数据集上进行有效的超参数优化。

适应性：元模型可以根据新的数据或任务动态地调整其预测策略，从而更好地适应不同的优化场景。

11.3.4　应用实例

在实际应用中，基于元学习的超参数优化方法已经取得了一定的成功。例如，一些研究者利用神经网络作为元模型来预测不同超参数组合下的模型性能，并通过强化学习等方法来优化超参数搜索过程。此外，还有一些工作将元学习与贝叶斯优化等方法相结合，进一步提高了超参数优化的效率和准确性。

以下是一个基于PyTorch和Optuna框架的编程示例，展示了如何应用基于元学习的超参数优化方法。这个示例将使用Optuna框架来优化一个简单的神经网络模型在MNIST手写数字识别任务上的超参数。

```python
import torch
import torch.nn as nn
import torch.optim as optim
import torchvision
import torchvision.transforms as transforms
from torch.utils.data import DataLoader
from optuna import Trial, create_study, suggest_float, suggest_int

# 定义简单的神经网络模型
class SimpleNN(nn.Module):
    def __init__(self, input_size, hidden_size, num_classes):
        super(SimpleNN, self).__init__()
        self.fc1 = nn.Linear(input_size, hidden_size)
        self.relu = nn.ReLU()
        self.fc2 = nn.Linear(hidden_size, num_classes)

    def forward(self, x):
        out = self.fc1(x)
        out = self.relu(out)
        out = self.fc2(out)
        return out

# 定义训练函数
def train_model(trial, model, device, train_loader, criterion, optimizer, epochs=5):
    model.train()
    for epoch in range(epochs):
        for batch_idx, (data, target) in enumerate(train_loader):
            data, target = data.to(device), target.to(device)
            optimizer.zero_grad()
            output = model(data)
            loss = criterion(output, target)
            loss.backward()
            optimizer.step()
            if batch_idx % 100 == 0:
                print(f'Train Epoch: {epoch} [{batch_idx * len(data)}/{len(train_loader.dataset)}] Loss: {loss.item():.6f}')
```

```
# 定义目标函数，用于 Optuna 框架优化超参数
def objective(trial):
    # 超参数搜索空间
    input_size = 28 * 28  # MNIST 图像展平后的维度
    hidden_size = trial.suggest_int('hidden_size', 16, 512)
    num_classes = 10  # MNIST 有 10 个类别
    learning_rate = trial.suggest_float('learning_rate', 1e-5, 1e-1, log=True)
    batch_size = trial.suggest_int('batch_size', 32, 256)
    epochs = 5

    # 加载 MNIST 数据集
    transform = transforms.Compose([transforms.ToTensor(), transforms.Normalize((0.5,), (0.5,))])
    train_dataset = torchvision.datasets.MNIST(root='./data', train=True, download=True,
transform=transform)
    train_loader = DataLoader(train_dataset, batch_size=batch_size, shuffle=True)

    # 初始化模型、损失函数和优化器
    device = torch.device("cuda" if torch.cuda.is_available() else "cpu")
    model = SimpleNN(input_size, hidden_size, num_classes).to(device)
    criterion = nn.CrossEntropyLoss()
    optimizer = optim.Adam(model.parameters(), lr=learning_rate)

    # 训练模型
    train_model(trial, model, device, train_loader, criterion, optimizer, epochs)

    # 在验证集上评估模型性能（此处省略加载验证集和评估代码）
    # 假设 validation_accuracy 是验证集上的准确率
    # validation_accuracy = evaluate_model(model, device, validation_loader)

    # 返回需要最小化的目标值（此处以负准确率为例）
    return -1.0  # 假设 validation_accuracy

# 创建 Optuna 框架研究
study = create_study(direction='minimize')
study.optimize(objective, n_trials=20)

# 输出最优超参数
print("Number of finished trials: {}".format(len(study.trials)))

print("Best trial:")
trial = study.best_trial

print("  Value: {}".format(trial.value))
```

```
print(" Params: ")
for key, value in trial.params.items():
  print("    {}: {}".format(key, value))
```

这个示例定义了一个简单的全连接神经网络模型SimpleNN，并使用Optuna框架来优化其超参数，包括隐藏层大小、学习率和批量大小。目标函数objective()定义了超参数的搜索空间，并在给定超参数下训练模型。然后，使用study.optimize()方法来执行超参数搜索，并输出最优的超参数组合。

注意：这个示例省略了验证集加载和模型评估的代码部分，因为这部分代码依赖具体的验证集和评估指标。在实际应用中，需要在目标函数中添加相应的验证集加载和模型评估逻辑，并将返回值设置为需要最小化的目标值（如负准确率）。

总之，基于元学习的超参数优化方法为大模型的训练提供了更加高效和智能的解决方案。随着技术的不断发展，相信这类方法将在未来发挥更加重要的作用。

11.4　基于遗传算法的超参数搜索

在深度学习中，大模型的超参数优化是一个复杂且耗时的过程。传统的网格搜索和随机搜索方法在面对大规模超参数空间时往往效率低下。为了更有效地搜索超参数空间，研究者们开始探索使用进化算法，特别是使用遗传算法来进行超参数搜索。

11.4.1　遗传算法简介

遗传算法是一种模拟自然选择和遗传学原理的优化算法。它通过模拟生物进化过程中的选择、交叉和变异等操作，在解空间中搜索最优解。遗传算法具有全局搜索能力强、不需要梯度信息等优点，适用于解决复杂的优化问题。图 11-4 所示为遗传算法的工作流简单示意：首先通过图 11-4（a）随机初始化种群 A～H，然后在图 11-4（b）阶段进行评分筛选，从筛选结果进入图 11-4（c）阶段，再次随机变异产生后代，在图 11-4（b）→ 图 11-4（c）之间不断迭代，最终不断逼近最优结果。

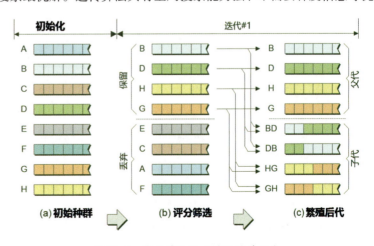

图 11-4　遗传算法的工作流简单示意

11.4.2 基于遗传算法的超参数搜索流程

基于遗传算法的超参数搜索流程通常包括以下几个步骤。

初始化种群： 随机生成一组超参数组合作为初始种群。每个超参数组合被视为一个个体，具有特定的基因型（超参数值）。

适应度评估： 对种群中的每个个体进行适应度评估，即使用给定的模型结构和数据集训练模型，并根据验证集上的性能指标（如准确率、损失值等）计算个体的适应度。

选择操作： 根据个体的适应度值，使用轮盘赌选择、锦标赛选择等方法从当前种群中选择一部分优秀个体作为父代。

交叉操作： 对选定的父代个体进行交叉操作，生成新的子代个体。交叉操作可以是单点交叉、双点交叉等，目的是将父代个体的优秀基因组合起来，生成可能更优的子代个体。

变异操作： 对子代个体进行变异操作，即以一定的概率随机改变某些基因的值。变异操作可以增加种群的多样性，有助于避免陷入局部最优解。

替代操作： 将新生成的子代个体与当前种群中的个体进行比较，选择适应度更高的个体组成新的种群。如果新种群的平均适应度高于原种群，则更新种群；否则，保持原种群不变或进行其他调整。

终止条件： 当达到预设的迭代次数或种群适应度收敛到一定程度时，终止算法并输出最优超参数组合。

11.4.3 基于遗传算法的超参数搜索优势

全局搜索能力强： 遗传算法通过模拟自然进化过程，能够在解空间中进行全局搜索，避免陷入局部最优解。

不需要梯度信息： 与传统优化算法不同，遗传算法不需要计算梯度信息，适用于解决不可导或梯度不存在的优化问题。

鲁棒性强： 遗传算法对初始种群和参数设置不敏感，具有较强的鲁棒性。

11.4.4 项目应用实例

在实际项目中，基于遗传算法的超参数搜索方法已经被广泛应用于多个领域，以一个具体的实例为例展示该方法的应用。

项目背景： 目标是开发一套高效的图像分类系统，用于自动识别生产线上的产品缺陷。该系统基于深度学习技术，采用卷积神经网络（CNN）作为核心模型。然而，由于生产环境复杂多变，模型需要不断调整超参数以适应不同的应用场景，以提高其分类准确率和泛化能力。

项目目标： 利用遗传算法对CNN模型的超参数进行自动搜索，找到最优的超参数组合，以提高图像分类系统的准确率和效率。

项目实施步骤如下。

（1）数据准备：收集并标注生产线上的产品图像数据，划分为训练集、验证集和测试集。

（2）模型构建：选择合适的CNN架构，如ResNet、VGG等，并定义模型的基本结构。

（3）遗传算法设计：包括编码方式、适应度函数、选择操作、交叉操作、变异操作和终止条件等内容。

（4）超参数搜索：运行遗传算法，对CNN的超参数进行自动搜索。在每次迭代中，根据适应度函数评估当前种群中个体的优劣，并通过选择、交叉和变异操作生成新的种群。

（5）结果评估：在搜索结束后，选择最优的超参数组合，并在测试集上评估模型的性能。同时，分析遗传算法的搜索过程和结果，探讨其优缺点及改进方向。

以下是使用DEAP框架来定义模型、训练函数和遗传算法搜索过程的示例。

```python
import torch
import torch.nn as nn
import torch.optim as optim
import torchvision
import torchvision.transforms as transforms
from torch.utils.data import DataLoader
from deap import base, creator, tools, algorithms


# 定义简单的卷积神经网络模型
class SimpleCNN(nn.Module):
    def __init__(self, in_channels, out_channels, hidden_channels, kernel_size, learning_rate):
        super(SimpleCNN, self).__init__()
        self.conv1 = nn.Conv2d(in_channels, hidden_channels, kernel_size=kernel_size,
padding=kernel_size//2)
        self.relu = nn.ReLU()
        self.pool = nn.MaxPool2d(2)
        self.fc1 = nn.Linear(hidden_channels*8*8, 128)
        self.fc2 = nn.Linear(128, out_channels)
        self.criterion = nn.CrossEntropyLoss()
        self.optimizer = optim.SGD(self.parameters(), lr=learning_rate)

    def forward(self, x):
        x = self.pool(self.relu(self.conv1(x)))
        x = x.view(-1, hidden_channels*8*8)
        x = self.relu(self.fc1(x))
        x = self.fc2(x)
        return x


# 定义训练函数
def train_model(model, device, train_loader, epochs=5):
```

```
        model.train()
        for epoch in range(epochs):
            for data, target in train_loader:
                data, target = data.to(device), target.to(device)
                model.optimizer.zero_grad()
                output = model(data)
                loss = model.criterion(output, target)
                loss.backward()
                model.optimizer.step()

# 定义评估函数
def evaluate_model(model, device, test_loader):
    model.eval()
    correct = 0
    total = 0
    with torch.no_grad():
        for data, target in test_loader:
            data, target = data.to(device), target.to(device)
            outputs = model(data)
            _, predicted = torch.max(outputs.data, 1)
            total += target.size(0)
            correct += (predicted == target).sum().item()
    return 100. * correct / total

# 定义遗传算法个体
creator.create("FitnessMax", base.Fitness, weights=(1.0,))
creator.create("Individual", list, fitness=creator.FitnessMax)

# 定义遗传算法参数
toolbox = base.Toolbox()
toolbox.register("attr_float", lambda low, up: low + torch.rand(1) * (up − low))
toolbox.register("individual", tools.initRepeat, creator.Individual,
                 toolbox.attr_float, n=4, low=[1, 16, 16, 0.001], up=[10, 128, 11, 0.1])
toolbox.register("population", tools.initRepeat, list, toolbox.individual)

# 定义遗传算法操作
toolbox.register("mate", tools.cxBlend, alpha=0.5)
toolbox.register("mutate", tools.mutPolynomialBounded, low=0, up=1, eta=20.0, indpb=0.2)
toolbox.register("select", tools.selTournament, tournsize=3)
toolbox.register("evaluate", evaluate_model)

# 加载数据
transform = transforms.Compose([transforms.ToTensor(), transforms.Normalize((0.5,), (0.5,))])
train_dataset = torchvision.datasets.MNIST(root='./data', train=True, download=True,
transform=transform)
```

```
train_loader = DataLoader(train_dataset, batch_size=64, shuffle=True)
test_dataset = torchvision.datasets.MNIST(root='./data', train=False, download=True,
transform=transform)
test_loader = DataLoader(test_dataset, batch_size=1000, shuffle=False)

# 遗传算法搜索
device = torch.device("cuda" if torch.cuda.is_available() else "cpu")
population = toolbox.population(n=300)
hof = tools.HallOfFame(1)
stats = tools.Statistics(lambda ind: ind.fitness.values)
stats.register("avg", lambda ind: sum(ind.fitness.values) / len(ind.fitness.values))
stats.register("std", lambda ind: torch.std(ind.fitness.values))
stats.register("min", min)
stats.register("max", max)

algorithms.eaSimple(population, toolbox, cxpb=0.5, mutpb=0.2, ngen=40, stats=stats,
halloffame=hof, verbose=True)

# 输出最优超参数
best_ind = hof[0]
print(f"Best hyperparameters: in_channels={int(best_ind[0])}, hidden_channels={int(best_ind[1])},
kernel_size={int(best_ind[2])}, learning_rate={best_ind[3]:.5f}")
```

该示例定义了一个简单的卷积神经网络 SimpleCNN，并使用遗传算法来搜索其超参数：输入通道数、隐藏通道数、卷积核大小和学习率。该示例使用了 DEAP 框架来实现遗传算法，并通过 train_model() 函数来训练模型，通过 evaluate_model() 函数来评估模型性能。最后，通过运行遗传算法来搜索最优超参数，并输出搜索结果。

11.4.5　遗传算法的挑战

　　基于遗传算法的超参数搜索已经在多个深度学习任务中得到了应用，如图像分类、语音识别等。然而，该方法也面临一些挑战，如计算成本高、收敛速度慢等。为了克服这些挑战，研究者们正在探索结合其他优化方法（如贝叶斯优化、Hyperband 等）的混合策略，以提高搜索效率和准确性。

　　总之，基于遗传算法的超参数搜索为大模型的优化提供了一种有效的全局搜索方法。随着算法的不断改进和应用场景的拓展，该方法有望在深度学习领域发挥更大的作用。

11.5　分布式超参数搜索

　　在深度学习领域，大模型的训练和优化往往需要大量的计算资源。随着模型规模的增大和复杂

度的提升，传统的单机超参数搜索方法逐渐显得力不从心。为了加速超参数搜索过程，提高资源利用效率，分布式超参数搜索应运而生。

11.5.1 分布式超参数搜索的概念

分布式超参数搜索是指在多台机器或多个计算节点上并行执行超参数搜索任务的方法。通过将搜索空间分割成多个子空间，并在不同的计算节点上独立进行搜索，可以显著提高搜索效率，缩短搜索时间。图11-5所示为使用Ray Tune进行分布式超参数搜索的示意，可以看到分布式超参数搜索与普通单机超参数搜索唯一的不同就是将不同的分布式任务放到了不同的节点上，以此加快了超参数搜索的速度。

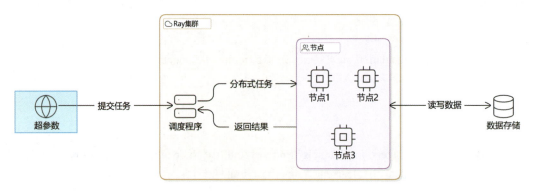

图11-5　使用Ray Tune进行分布式超参数搜索的示意

11.5.2 分布式超参数搜索的优势

加速搜索过程： 通过并行化搜索任务，分布式超参数搜索能够显著加速搜索过程，减少等待时间。

提高资源利用效率： 利用多台机器或多个计算节点的计算能力，分布式超参数搜索能够更充分地利用计算资源，提高资源利用效率。

增强可扩展性： 随着计算资源的增加，分布式超参数搜索能够轻松扩展搜索规模，处理更复杂的模型和更大的搜索空间。

11.5.3 分布式超参数搜索的实现方式

在分布式超参数搜索领域，面对大规模模型训练和复杂超参数空间的挑战，研究者们提出了多种解决方案来优化搜索过程，以提高搜索效率和准确性。分布式超参数搜索的实现方式多种多样，包括但不限于以下几种。

参数服务器架构： 采用参数服务器架构，将模型参数存储在参数服务器上，多个工作节点并行进行模型训练和超参数搜索。工作节点通过参数服务器获取和更新模型参数，实现并行化搜索。

数据并行与模型并行： 在分布式超参数搜索中，可以采用数据并行和模型并行的方式来加速搜索过程。数据并行是指将数据集分割成多个部分，每个工作节点处理一部分数据；模型并行是指将模型的不同部分分配给不同的工作节点进行处理。

异步更新与同步更新： 在分布式超参数搜索中，可以采用异步更新或同步更新的方式来更新模型参数。异步更新是指工作节点在获取到最新模型参数后立即进行训练和搜索，而无须等待其他节点完成；同步更新则是指所有工作节点在完成一轮训练后统一更新模型参数。

智能调度与负载均衡： 为了实现高效的分布式超参数搜索，智能调度和负载均衡也是必不可少的。通过动态调整工作节点的计算任务和负载，可以确保搜索过程的高效运行。例如，可以根据工作节点的计算能力和当前的负载情况来分配搜索任务，以充分利用计算资源。

11.5.4　应用实例

下面将以 NLP 中的 BERT 模型为例，展示如何进行分布式超参数搜索。首先需要利用多个 GPU 节点构建一个参数服务器架构，每个节点负责处理一部分数据和参数更新。然后通过数据并行和模型并行的结合，实现对 BERT 模型超参数的高效搜索。

以下代码展示了如何使用 PyTorch 的 torch.distributed 和 torch.multiprocessing 模块来实现分布式超参数搜索。

```python
import torch
import torch.distributed as dist
import torch.multiprocessing as mp
import torch.nn as nn
import torch.optim as optim
from torch.nn.parallel import DistributedDataParallel as DDP
from transformers import BertTokenizer, BertModel, BertConfig
from torch.utils.data import DataLoader, Dataset

# 定义一个简单的数据集类（这里仅作为示例）
class SimpleDataset(Dataset):
    def __init__(self, texts):
        self.texts = texts
        self.tokenizer = BertTokenizer.from_pretrained('bert-base-uncased')

    def __len__(self):
        return len(self.texts)

    def __getitem__(self, idx):
        text = self.texts[idx]
        inputs = self.tokenizer(text, return_tensors="pt", max_length=128, padding='max_length',
                                truncation=True)
```

```
            return inputs['input_ids'], inputs['attention_mask']

# 定义一个简单的模型（这里使用预训练的 BERT 模型）
class BertForSequenceClassification(nn.Module):
    def __init__(self, num_labels):
        super(BertForSequenceClassification, self).__init__()
        self.bert = BertModel.from_pretrained('bert-base-uncased')
        self.dropout = nn.Dropout(0.3)
        self.classifier = nn.Linear(self.bert.config.hidden_size, num_labels)

    def forward(self, input_ids, attention_mask):
        outputs = self.bert(input_ids=input_ids, attention_mask=attention_mask)
        pooled_output = outputs[1]
        pooled_output = self.dropout(pooled_output)
        logits = self.classifier(pooled_output)
        return logits

def setup(rank, world_size):
    dist.init_process_group("nccl", rank=rank, world_size=world_size)
    torch.cuda.set_device(rank)

def cleanup():
    dist.destroy_process_group()

def train(rank, world_size, texts, labels, model, tokenizer, epochs=1, learning_rate=2e-5):
    setup(rank, world_size)
    torch.manual_seed(0)
    model.train()
    dataset = SimpleDataset(texts)
    sampler = torch.utils.data.distributed.DistributedSampler(dataset)
    dataloader = DataLoader(dataset, batch_size=2, sampler=sampler, shuffle=False)
    model = DDP(model, device_ids=[rank])
    optimizer = optim.AdamW(model.parameters(), lr=learning_rate)

    for epoch in range(epochs):
        sampler.set_epoch(epoch)
        for batch in dataloader:
            input_ids, attention_mask = tuple(t.cuda(rank) for t in batch)
            logits = model(input_ids, attention_mask)
            loss_fct = nn.CrossEntropyLoss()
            labels = torch.tensor(labels).cuda(rank)
            loss = loss_fct(logits.view(-1, len(set(labels))), labels.view(-1))
```

```
            optimizer.zero_grad()
            loss.backward()
            optimizer.step()
        if rank == 0:
            print(f'Epoch {epoch+1}/{epochs}, Loss: {loss.item()}')

    cleanup()

def main():
    world_size = torch.cuda.device_count()
    texts = ["Hello world!", "This is a test sentence."] * world_size
    labels = [0, 1] * world_size
    model = BertForSequenceClassification(num_labels=len(set(labels)))
    tokenizer = BertTokenizer.from_pretrained('bert-base-uncased')

    mp.spawn(train,
            args=(world_size, texts, labels, model, tokenizer),
            nprocs=world_size,
            join=True)

if __name__ == "__main__":
    main()
```

该示例定义了一个简单的文本分类数据集和BERT模型。使用torch.multiprocessing.spawn()函数来启动多个进程，每个进程在一个GPU上运行，并使用DistributedDataParallel来同步模型参数。该示例还定义了一个train()函数，它负责在每个进程中执行训练循环。

注意：这只是一个基础框架，实际的超参数搜索还需要集成超参数调整逻辑（如网格搜索、随机搜索或贝叶斯优化等），并且需要处理更复杂的数据加载和预处理流程。此外，为了进行真正的分布式超参数搜索，还需要一个外部循环来迭代不同的超参数组合，并在每个组合上运行上述训练过程。这通常涉及将搜索空间划分为多个子空间，并在不同的进程中并行搜索这些子空间。

11.5.5　挑战与未来展望

尽管分布式超参数搜索具有诸多优势，但在实际应用中也面临一些挑战，如通信开销、数据同步、负载均衡等。为了克服这些挑战，研究者们提出了多种解决方案，如使用高效的通信协议、设计合理的数据划分策略、采用动态负载均衡算法等。

分布式超参数搜索已经在多个领域得到了广泛应用，如计算机视觉、自然语言处理等。随着深度学习技术的不断发展和计算资源的日益丰富，分布式超参数搜索将在未来发挥更加重要的作用。未来，随着算法的不断优化和硬件的不断升级，分布式超参数搜索的性能和效率将得到进一步提升，这为深度学习模型的优化提供更加有力的支持。

11.6 超参数搜索注意事项及策略

在深度学习领域，大模型的超参数优化是一个复杂且关键的过程。有效的超参数搜索不仅能够提升模型的性能，还能显著提高训练效率。然而，超参数搜索并非易事，需要仔细考虑多种因素并制定相应的策略。以下是一些超参数搜索的注意事项及策略。

11.6.1 注意事项

在进行超参数搜索时，需要注意多个方面以确保搜索过程的有效性和结果的可靠性。以下是一些关键的注意事项。

明确搜索目标： 在开始超参数搜索前，首先要明确搜索的目标是追求模型的最高准确率，还是需要平衡准确率和计算效率，不同的目标需要采用不同的搜索策略。

选择合适的搜索空间： 超参数搜索空间的大小直接影响搜索的效率和效果。过大的搜索空间可能导致搜索过程漫长且难以收敛，而过小的搜索空间则可能遗漏最优解。因此，需要根据实际情况选择合适的搜索空间。

考虑资源限制： 超参数搜索通常需要大量的计算资源，包括CPU、GPU和内存等。在搜索前应进行资源评估，并采用资源感知的搜索策略，如基于预算的贝叶斯优化。

避免过拟合： 在超参数搜索过程中，需要防止模型在验证集上过拟合。可以通过交叉验证、早停法等方法来监测和防止过拟合。

记录和分析结果： 在搜索过程中，需要详细记录每次搜索的超参数组合、模型性能等指标，确保实验结果可以复现。通过分析这些数据，可以发现超参数与模型性能之间的关系，为后续的搜索提供指导。

表11-3列出了超参数搜索时的其他注意事项。

表11-3　超参数搜索时的其他注意事项

注意事项	描述
数据集质量	确保使用高质量、有代表性的数据集进行超参数搜索。数据集的质量直接影响模型性能和超参数搜索的有效性
验证集使用	使用独立的验证集来评估模型性能，避免因验证集的局限性导致模型过拟合。验证集应合理反映模型的泛化能力
超参数依赖性	注意超参数之间的依赖性，避免孤立地调整单个超参数，而应综合考虑其相互影响
搜索算法选择	根据任务特点和计算资源选择合适的搜索算法，如网格搜索、随机搜索、贝叶斯优化等
搜索终止条件	设定明确的搜索终止条件，如达到最大迭代次数、验证集性能提升不明显等
超参数敏感性	不同模型对超参数的敏感性可能不同，需根据具体情况灵活调整搜索策略

注意事项	描述
耐心与持续监控	超参数搜索可能是一个耗时且迭代的过程，需要保持耐心并持续监控搜索进度和结果

这些注意事项有助于在进行超参数搜索时避免常见的陷阱和误区，便于提高搜索效率和结果质量。在实际应用中，应根据具体任务和数据集的特点综合考虑这些注意事项，并制定相应的搜索策略。

11.6.2　策略

在超参数优化过程中，采用合适的搜索策略可以显著提升效率和效果。以下是一些常用的超参数搜索策略。

分阶段搜索： 将超参数搜索分为多个阶段，每个阶段关注不同的超参数组合。例如，可以先固定某些超参数，只调整其他超参数，待找到较优的组合后再逐步放宽搜索空间。

智能搜索： 传统的网格搜索和随机搜索方法效率较低，并且在高维空间中难以找到全局最优解。可以采用更智能的搜索算法，如贝叶斯优化、遗传算法、强化学习等来提高搜索效率和准确性。

并行化搜索： 利用多台机器或多个GPU进行并行化搜索，可以显著加快搜索速度。但需要注意数据同步和通信开销等问题，分布式超参数搜索也是并行化搜索的一种。

表11-4列出了超参数搜索时的其他策略。

表11-4　超参数搜索时的其他策略

策略	描述
粗调与细调结合	首先进行粗调，以较宽的搜索范围和较大的步长快速定位较优的超参数区域；随后进行细调，在已确定的较优区域内以更小的步长进行精细搜索
分层搜索	将超参数分为多个层次，先固定部分超参数，对其他超参数进行搜索；然后根据初步搜索结果，再对之前固定的超参数进行调整和搜索
基于性能反馈的动态调整	根据每次搜索的结果动态调整搜索策略，如增加或减少搜索范围、步长或调整搜索算法等，以更快地逼近最优解
迁移学习	以在类似任务上已优化的超参数作为起点，根据新任务的特点进行微调。这有助于快速获得较好的初始性能
Hyperband算法	结合了随机搜索和早期停止策略，通过动态分配资源给表现较好的超参数配置，从而在有限资源下快速识别出潜力配置
多目标优化	在搜索过程中同时考虑多个优化目标（如准确率、内存占用、推理速度等），以找到满足多个约束条件的超参数配置
利用先验知识	根据领域知识和历史经验设置合理的搜索范围和初始值，以避免盲目搜索和浪费资源

这些策略可以根据具体任务、数据集和计算资源的情况灵活选择和组合使用，以达到最佳的超参数搜索效果。

11.7 本章小结

　　本章首先聚焦于大模型的超参数优化，通过介绍多种超参数搜索方法，包括自动化搜索工具与平台、基于遗传算法和分布式搜索的高级策略，展示了如何在复杂且庞大的参数空间中高效找到最优或接近最优的超参数组合。然后，进一步强调了超参数搜索过程中的注意事项与策略，如合理定义搜索空间、利用并行计算加速搜索及结合先验知识优化搜索路径等，这些都对实现高效且准确的超参数优化至关重要。

第12章

大模型的模型量化与压缩

随着深度学习技术的飞速发展，大模型在各个领域展现出了卓越的性能，但同时也带来了计算资源消耗大、部署成本高等问题。为了解决这些问题，模型量化与压缩技术应运而生，成为当前重要的研究方向。本章将深入探讨大模型的模型量化与压缩技术，包括其基本原理、常用方法、实际应用及面临的挑战。

本章涉及的主要知识点如下。

◆ 模型量化的原理。

◆ 模型量化的技术分类。

◆ 模型量化的实践与能力估算。

◆ 模型压缩与加速策略。

◆ 模型量化的挑战与解决方案。

12.1 模型量化的原理

模型量化是一种有效的技术手段，用于减少深度学习模型的存储需求和加速推理过程，同时尽量保持模型的预测准确度。这一技术通过将模型的权重和激活值从高精度的浮点数（如32位浮点数）转换为低精度的数值表示（如8位整数）来实现。图12-1所示为模型量化的基本思想示意，FP32的LLM模型在8位量化后，部分权重可能转化为FP16格式，而其他部分则转换为INT8格式。

以下是对模型量化原理的详细阐述。

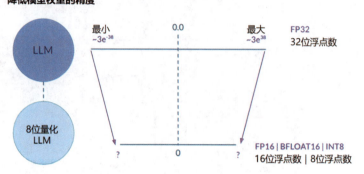

图12-1　模型量化的基本思想示意

12.1.1　量化基础

模型量化，简单来说，是一种通过降低数值计算精度来简化模型结构、减少模型体积的技术。在深度学习领域，模型通常是由大量的可训练参数（权重）组成的，这些参数在训练过程中被不断优化，使模型能够准确地完成特定的任务，如识别图像中的物体或理解自然语言等。

然而，使用高精度的数值存储和计算这些参数会导致模型占用大量的存储空间，并且在运行时也需要强大的计算能力。这对于资源有限的设备（如手机、嵌入式设备等）来说可能会成为负担。

模型量化技术就是为了解决这个问题而提出的。它的基本思想是将模型中的高精度数值转换成低精度数值，如将32位的浮点数转换成8位的整数。这样做的好处有以下两点。

减少存储空间： 低精度的数值占用的存储空间更小，因此量化后的模型文件会变得更小，更容易存储和传输。

加速推理过程： 低精度的计算通常比高精度的计算更快，这意味着量化后的模型在运行时能够更快地给出结果，提升用户体验。

当然，模型量化并不是没有代价的。由于数值精度的降低，量化后的模型可能在某些情况下的表现不如原始模型准确。因此，量化过程中需要仔细调整参数，以在模型大小和精度之间找到最佳的平衡点。

12.1.2　量化级别

模型量化级别是指量化后数值的精度等级。它决定了量化后数值的细腻程度，进而影响了模型的存储大小和推理速度，同时它也与模型的精度损失有关。常见的量化级别包括以下几种。

二值量化： 这是最极端的量化级别，将数值仅量化为两个值，通常是0和1。这种极端的量化方式会显著减少模型的存储需求和计算复杂度，但也可能导致模型精度大幅下降，仅适用于特定场景（如二值神经网络）。

三值量化： 扩展了二值量化，引入一个中间值，通常量化为–1、0和1。这种量化方式可以在减少存储和计算量的同时，比二值量化保留更高的模型精度。

低比特量化： 如8位量化，是实际应用中较为常见的量化级别。它将原始的32位浮点数转换为更低比特的整数（如8位整数），从而大幅减少模型的存储空间和计算开销，同时努力保持模型的精度在可接受范围内。

混合精度量化： 这是一种灵活的量化策略，它允许在模型中同时使用不同精度的数值表示。例如，对于对精度要求较高的部分使用较高精度的量化级别，而对于不太敏感的部分则使用较低精度的量化级别，以便达到精度和性能之间的最佳平衡。

整数量化： 将浮点数据映射到整数区间（如INT8、INT4）。这种量化方式会减少模型的存储需求和计算复杂度，适合硬件加速，但可能因数值范围有限而损失精度。

浮点数量化： 将高精度浮点数（如FP32）转换为低精度浮点数（如FP16、BF16）。这种量化方式能保留浮点数的动态范围，适合对精度敏感的场景，但计算和存储开销仍高于整数量化。

总的来说，模型量化级别越高（数值精度越高），模型的精度通常越好，但存储和计算需求也越高；反之，量化级别越低，存储和计算需求越低，但可能带来的精度损失也越大。因此，在选择量化级别时，需要根据具体的应用场景和需求进行权衡。

12.1.3 量化过程

量化过程作为实现模型压缩与加速的关键步骤，值得细致剖析。量化过程主要包括以下几个关键阶段。

1. 数据收集与预处理

在量化开始前，需要收集模型推理过程中涉及的数据，这包括模型的权重、激活值及可能的输入数据。这些数据将用于后续的量化参数选择和校准。预处理步骤可能包括数据归一化、异常值处理等，以确保量化过程能够顺利进行。

2. 量化参数选择

量化参数的选择对量化效果至关重要。这些参数通常包括量化位数（如8位、4位等）、量化范围（最小值和最大值）及量化步长（相邻量化级别之间的间隔）。这些参数的选择需要基于数据的分布特性，以确保量化后的数据能够尽可能准确地反映原始数据的特征。

3. 量化映射

量化映射是将原始浮点数数据转换为量化后数据的过程。这通常涉及两个主要步骤：首先，根据量化参数将数据映射到量化后的数值范围；其次，根据量化步长将数据离散化为整数或定点数。在映射过程中，需要采用适当的算法来减少量化误差，如使用舍入、截断或饱和等方法。

4. 量化模型微调（可选）

在某些情况下，量化后的模型性能可能会受到一定影响。为了恢复或提高模型性能，可以对量化后的模型进行微调。微调过程通常涉及使用训练数据对模型进行迭代更新，以调整模型的权重和参数，从而优化模型的精度和性能。需要注意的是，微调过程可能会增加计算量和时间成本，因此需要权衡利弊进行选择。

5. 量化模型验证与测试

在完成量化映射和量化模型微调后，需要对量化后的模型进行验证和测试。这包括使用验证数据集评估模型的精度、速度和稳定性等指标，并与原始模型进行对比分析。通过验证和测试，可以确保量化后的模型在实际应用中能够满足性能要求。

6. 部署与优化

将量化后的模型部署到目标平台上，并根据实际运行情况进行优化。这包括调整模型参数、优化计算资源分配及利用硬件加速等策略，以提高模型的推理速度和效率。同时，还需要持续监控模型的性能表现，并根据需要进行调整和优化。

12.1.4 量化误差与补偿

在模型量化过程中，将高精度浮点参数（如FP32）数转换为低精度数值表示（如INT8或定点数）时，会不可避免地引入量化误差。这种误差可能会对模型的精度和性能产生负面影响。因此，了解量化误差的来源、影响及如何进行有效补偿是模型量化研究中的重要课题。

1. 量化误差的来源

量化误差主要来源于以下三个方面。

精度损失： 当高精度的浮点数被转换为低精度的整数或定点数时，由于表示范围的限制和舍入误差的存在，会导致数值精度的损失。

分布不匹配： 量化前的数据分布可能与量化后的数据分布存在差异，这种分布的不匹配也会导致误差。

非线性影响： 在深度学习模型中，很多操作（如激活函数）是非线性的。量化操作可能会改变这些非线性操作的特性，从而引入额外的误差。

2. 量化误差的影响

量化误差对模型的影响主要表现在以下三个方面。

精度下降： 量化误差可能导致模型的预测精度下降，特别是在对精度要求较高的任务中。

性能波动： 量化后的模型在不同输入数据上的性能可能会有所波动，这种波动可能会影响模型的稳定性和可靠性。

推理速度变化： 虽然量化通常旨在加速推理过程，但量化误差有时也可能导致推理速度的变化，特别是在需要多次迭代或回溯的算法中。

3. 量化误差的补偿方法

为了减轻量化误差对模型的影响，研究者们提出了以下四种补偿方法。

量化感知训练： 在训练过程中模拟量化操作，使模型逐渐适应量化误差，从而减少量化后的精度损失。

误差补偿算法： 通过设计特定的算法来估计和补偿量化误差。例如，可以使用线性插值、多项式拟合等方法来逼近量化前后的数值关系，从而进行误差补偿。

混合精度量化： 在模型中同时使用不同精度的数值表示。对于对精度要求较高的部分使用较高精度的量化级别，而对于不太敏感的部分则使用较低精度的量化级别。这样可以在保持整体精度的同时减少存储和计算需求。

硬件加速与优化： 利用专门的硬件加速器（如 GPU、TPU 等）来加速量化模型的推理过程，并通过优化指令集和数据布局来减少量化误差对性能的影响。

综上所述，模型量化通过降低模型的数值精度来减少存储和计算成本，是深度学习模型优化和部署的重要手段之一。然而，量化过程中需要仔细处理量化级别、量化方法和量化误差等问题，以确保量化后的模型仍能保持较好的性能。

12.2　模型量化的技术分类

模型量化技术作为一种有效的模型压缩手段，在深度学习领域得到了广泛应用。根据量化方式、量化级别及应用场景的不同，模型量化技术可以分为多种类型。图 12-2 所示为不同训练阶段量化分类的示意，包括量化感知训练（Quantization-Aware Training，QAT）及后训练量化（Post-Training Quantification，PTQ）。

以下介绍几种常见的模型量化技术分类。

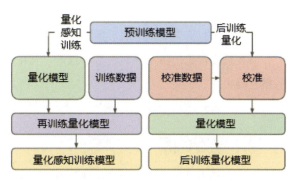

图 12-2　按不同训练阶段量化分类的示意

12.2.1 按量化方式分类

模型量化技术可以根据量化方式的不同进行分类，主要分为静态量化、动态量化和量化感知训练三类。每种量化方式都有其独特的特点和适用场景，下面将分别进行介绍。

1. 静态量化

定义：静态量化是一种模型量化方法，在模型推理前，基于校准数据预先确定量化参数，并在整个推理过程中固定使用这些参数，参数不随输入数据变化而调整。

静态量化的示例代码如下。

```python
import torch
import torchvision.models as models

# 加载预训练模型
model = models.resnet18(pretrained=True)
model.eval()

# 准备输入数据（模拟）
example_input = torch.randn(1, 3, 224, 224)

# 应用静态量化
model.qconfig = torch.quantization.get_default_static_qconfig('fbgemm')
torch.quantization.prepare(model, inplace=True)
torch.quantization.convert(model, inplace=True)

# 量化后的模型推理
with torch.no_grad():
    output = model(example_input)
    print(output)
```

静态量化的特点如下。

简单易行： 由于量化参数在推理前已确定，因此静态量化实现起来相对简单，不需要对模型进行额外的训练或微调。

广泛应用： 静态量化适用于各种硬件平台，包括CPU、GPU和专用人工智能加速器等。

潜在精度损失： 由于量化参数在推理过程中不可调整，静态量化可能会在某些情况下引入较大的精度损失。

适用场景： 适用于对精度要求不是特别高，且希望快速部署模型的场景。

2. 动态量化

定义：动态量化是在模型推理过程中根据输入数据动态调整量化参数的技术。

动态量化的示例代码如下。

```
# 应用动态量化
model.qconfig = torch.quantization.get_default_qconfig('fbgemm')
torch.quantization.prepare_dynamic(model, inplace=True)

# 量化后的模型推理
with torch.no_grad():
    output = model(example_input)
    print(output)
```

动态量化的特点如下。

灵活性强： 动态量化能够根据输入数据的不同动态调整量化参数，从而在一定程度上减少精度损失。

实现复杂： 动态量化的实现相对复杂，需要在推理过程中实时计算量化参数。

硬件支持要求高： 动态量化通常需要硬件平台的支持，以便在推理过程中实时调整量化参数。

适用场景： 适用于对精度要求较高，并且硬件平台支持动态量化的场景。

3. 量化感知训练

定义：量化感知训练是在模型训练过程中考虑量化误差的技术，通过模拟量化操作来调整模型参数，以减少量化后的精度损失。

量化感知训练的示例代码如下。

```
import torch
import torchvision.models as models
import torch.optim as optim

# 加载预训练模型
model = models.resnet18(pretrained=True)
model.train()

# 准备训练数据（模拟）
train_loader = ... # 假设已有训练数据加载器

# 定义量化配置
model.qconfig = torch.quantization.get_default_qat_qconfig('fbgemm')
torch.quantization.prepare_qat(model, inplace=True)

# 定义优化器和损失函数
optimizer = optim.SGD(model.parameters(), lr=0.01)
criterion = torch.nn.CrossEntropyLoss()

# 量化感知训练循环（简化示例）
```

```
for epoch in range(num_epochs):
    for inputs, targets in train_loader:
        optimizer.zero_grad()
        outputs = model(inputs)
        loss = criterion(outputs, targets)
        loss.backward()
        optimizer.step()

# 转换为量化模型
torch.quantization.convert(model, inplace=True)
model.eval()

# 量化后的模型推理
with torch.no_grad():
    output = model(example_input)
    print(output)
```

量化感知训练的特点如下。

精度高： 由于量化感知训练在训练过程中就考虑了量化误差，因此量化后的模型通常能保持较高的精度。

训练复杂： 量化感知训练需要在训练过程中模拟量化操作，并根据量化误差调整模型参数，因此训练过程相对复杂。

资源消耗大： 量化感知训练需要更多的计算资源和时间来完成训练过程。

适用场景： 适用于对精度要求极高，并且愿意投入更多计算资源和时间来训练模型的场景。

12.2.2 按量化级别分类

量化级别在12.1.2节中已做介绍，这里不再赘述。下面主要介绍不同量化级别的代码写法，以下罗列了每种量化级别的关键调用代码。

1. 整数量化

```
# 准备量化配置
model.qconfig = torch.quantization.get_default_qconfig('fbgemm')

# 准备量化
torch.quantization.prepare(model, inplace=True)

# 转换模型为量化模型
torch.quantization.convert(model, inplace=True)
```

2. 二值量化

由于PyTorch官方库不直接支持二值量化，这里使用自定义二值量化函数。

```python
class BinaryQuantize(nn.Module):
    def forward(self, x):
        return x.sign()
```

在模型中使用如下代码。

```python
self.binary_quantize = BinaryQuantize()
x = self.binary_quantize(x)
```

3. 三值量化

同样，PyTorch官方库不直接支持三值量化，这里使用自定义三值量化函数。

```python
class TernaryQuantize(nn.Module):
    def __init__(self, threshold=0.5):
        super(TernaryQuantize, self).__init__()
        self.threshold = threshold

    def forward(self, x):
        return torch.where(x.abs() > self.threshold, torch.sign(x), torch.zeros_like(x))
```

在模型中使用如下代码。

```python
self.ternary_quantize = TernaryQuantize()
x = self.ternary_quantize(x)
```

4. 浮点数量化

```python
# 使用自动混合精度训练
with autocast():
    outputs = model(inputs)
    loss = nn.MSELoss()(outputs, targets)

scaler.scale(loss).backward()
scaler.step(optimizer)
scaler.update()
```

注意：这些关键调用代码需要在适当的上下文中使用。此外，对于二值量化和三值量化，还需要确保它们在模型中的正确位置被调用，并且可能需要对模型的其他部分进行相应的调整。

12.2.3 按应用场景分类

表12-1列出了不同使用场景下主要量化策略的异同点。

表12-1　不同使用场景下主要量化策略的异同点

使用场景	量化策略	共同点	不同点
移动设备和边缘计算	静态量化/动态量化	减少模型大小，提高运行效率	侧重于低功耗、低延迟，常采用静态量化以保证模型的稳定性
云端部署和高效推理	静态量化/动态量化/量化感知训练	加速推理过程，降低计算资源消耗	强调高性能推理，可能采用更复杂的量化策略，如量化感知训练，以优化精度和性能
模型共享和传输	静态量化	减小模型文件大小，便于分享和部署	主要目标是文件压缩，对精度影响可能较大，但传输和部署更为便捷
资源受限环境下的训练	低精度训练（如混合精度训练）	减少内存占用，提高训练效率	在训练阶段即采用低精度数据，可能涉及更多的训练技巧和参数调优

共同点解释如下。

减少模型大小：所有场景都试图通过量化减少模型的大小，以便更高效地在不同硬件上运行。

提高运行效率：无论是推理还是训练，量化都能通过减少计算量和内存占用来提高效率。

不同点解释如下。

在移动设备和边缘计算场景中，由于硬件资源有限，量化策略通常侧重于保证模型的稳定性和低功耗，因此静态量化是更常见的选择。

云端部署和高效推理则更注重性能，可能会采用更复杂的量化策略，如量化感知训练，以在精度和性能之间找到最佳平衡点。

模型共享和传输的主要目标是减小模型文件大小，因此可能要牺牲一定的精度以换取更小的文件体积。

在资源受限环境下的训练中，量化主要用于减少内存占用和加速训练过程，这涉及训练阶段的低精度数据处理和可能的训练技巧调整。

注意：本节示例代码均为简化后的关键部分，在实际使用中需要根据具体情况进行调整。例如，在量化感知训练中，需要有一个完整的训练数据集加载器，并且可能需要调整学习率、训练周期等超参数。此外，PyTorch的量化API和配置可能会随着版本的更新而有所变化，因此请参考最新的官方文档以确保代码的正确性。

综上所述，模型量化技术可以根据量化方式、量化级别及应用场景等多种因素进行分类。在实际应用中，需要根据具体需求选择合适的量化技术以实现最佳的压缩效果和性能提升。

12.3　模型量化的实践与能力估算

模型量化作为一种有效的模型压缩技术，在实际应用中不仅能够显著减少模型的存储需求，还能加速模型的推理过程，同时尽可能保持模型的精度。本节将探讨模型量化的实践步骤及如何进行能力估算，以确保量化后的模型在实际部署中能够达到预期的性能和精度要求。

12.3.1　模型量化的实践步骤

数据准备： 收集用于量化的数据集，通常包括训练集和验证集。确保数据集具有代表性，能够覆盖模型在实际应用中可能遇到的各种情况。

量化策略选择： 根据具体需求选择合适的量化策略，如静态量化、动态量化或量化感知训练等。需要考虑模型的部署环境、精度要求及计算资源等因素。

量化工具选择： 选择适合的量化工具或框架，如 TensorFlow Lite、PyTorch Quantization Toolkit 等。这些工具提供了丰富的量化算法和接口，便于实现模型量化。

量化实施： 按照所选量化策略和工具的要求，对模型进行量化处理。这通常包括设置量化参数、进行量化模拟、微调模型等步骤。

验证与测试： 使用验证集对量化后的模型进行测试，评估其精度和性能。与原始模型进行对比，分析量化带来的精度损失和性能提升。

部署与优化： 将量化后的模型部署到目标设备上，并根据实际运行情况进行进一步优化。考虑使用硬件加速、模型裁剪等技术进一步提高模型性能。

12.3.2　能力估算

在进行模型量化前，进行能力估算对于确保量化后模型满足实际需求至关重要。

1. 能力估算的步骤

能力估算主要包括以下几个方面。

精度估算： 基于历史数据和量化策略，预估量化后模型的精度损失范围。通过对比量化前后的模型精度，评估量化对模型性能的影响。

性能估算： 根据目标设备的硬件性能和量化策略，预估量化后模型的推理速度、内存占用等性能指标。通过模拟实验或实际测试验证性能估算的准确性。

资源估算： 评估量化过程中所需的计算资源、存储资源等。确保量化过程不会对现有系统造成过大负担，同时合理规划资源使用。

风险评估： 识别量化过程中可能面临的风险因素，如量化误差过大、硬件兼容性问题等。制定相应的风险应对措施，确保量化过程的顺利进行。

在进行模型量化能力估算时，主要关注以下两个方面。

量化对模型精度的影响： 需要通过一定的方法或工具，来预估量化后模型的精度会下降多少。这通常涉及对量化前后模型输出的对比分析，评估量化是否导致了明显的性能下降。

量化对模型速度的提升： 同时，还需要估算量化后模型在计算速度上的提升。由于低精度的数

值计算通常比高精度的数值计算更快，因此量化往往能带来速度上的提升。这种提升可以通过比较量化前后模型的推理时间来量化。

在实际操作中，模型量化能力估算可能会涉及一些复杂的数学和统计方法，比如，通过模拟量化过程来观察精度的变化，或者通过实际运行量化后的模型来测量速度的提升。此外，不同的量化方法（如均匀量化、非均匀量化等）和量化参数（如量化位宽）也会对量化能力产生不同的影响。

2. 能力估算示例

为了简单说明模型量化能力估算的过程，可以考虑一个假想的图像分类模型。这个模型原本使用FP32来表示权重，现在想将其量化到INT8，以节省存储空间和提升计算速度。

选择量化方法： 首先，需要选择一种量化方法，如线性量化。线性量化将浮点数的范围映射到整数的范围，通常涉及确定一个量化比例因子（Scale Factor）和一个零点偏移（Zero Point）。

模拟量化： 在不改变模型权重实际值的情况下模拟量化过程。这意味着根据选定的量化方法，计算每个浮点权重量化后对应的整数值。

评估精度影响： 使用量化后的模型权重（实际上是模拟的，并未真正修改模型）在验证集上运行模型，记录分类准确率。然后，比较这个准确率与原始浮点数模型的准确率，以评估量化对模型性能的影响。

测量速度提升： 虽然这个步骤在实际量化能力估算中可能更复杂（因为它涉及实际的硬件执行时间），但为了简化说明，可以假设量化后的模型由于使用了更少的内存和更简单的计算，其推理速度会有显著提升。这通常是通过比较量化前后模型在相同硬件上的运行时间来得出的。

假设原始浮点数模型在验证集上的准确率为95%，经过模拟量化后，发现准确率下降到94%。同时，估计量化后的模型在相同硬件上的推理速度提高了大约2倍。

精度影响： 量化导致模型准确率下降了1%，但通常这种下降在可接受范围内，特别是当存储和计算资源受限时。

速度提升： 量化显著提高了模型的推理速度，这对于实时应用或资源受限的设备尤为重要。

基于这些信息，可以得出结论：在这个特定情况下，将模型从FP32量化到INT8是一个合理的选择，因为它在保持较高准确率的同时，显著提高了模型的推理速度。当然，在实际应用中，量化策略的选择和量化参数的调整可能需要更精细地分析和实验。

3. 代码实现示例

以下是一个使用PyTorch进行模型量化的简单示例。这个示例将使用一个预训练的ResNet模型，并对其进行量化处理。代码如下。

```
import torch
import torchvision.models as models
import torch.quantization

# 加载一个预训练的 ResNet 模型
```

```
model = models.resnet18(pretrained=True)
model.eval()

# 准备一个输入张量用于量化配置
example_input = torch.rand(1, 3, 224, 224)

# 配置模型以进行动态量化
model.qconfig = torch.quantization.get_default_qat_qconfig('fbgemm')
torch.quantization.prepare_qat(model, inplace=True)

# 使用量化感知训练对模型进行微调（这里仅作为示例，实际应用中需要完整的训练循环）
# model.train()
# optimizer = torch.optim.SGD(model.parameters(), lr=0.001, momentum=0.9)
# criterion = torch.nn.CrossEntropyLoss()
# for epoch in range(num_epochs):
#    # 训练循环

# 转换模型为量化模型
torch.quantization.convert(model, inplace=True)

# 验证量化后的模型
model.eval()
with torch.no_grad():
    output = model(example_input)
    print(output)
```

这个示例首先加载了一个预训练的ResNet18模型，并将其设置为评估模式。然后准备了一个随机输入张量，用于配置模型的量化参数。接下来，使用torch.quantization.get_default_qat_qconfig函数获取默认的量化配置，并使用torch.quantization.prepare_qat函数对模型进行量化感知训练。在实际应用中，需要在训练循环中对模型进行微调，以适应量化带来的误差。最后，使用torch.quantization.convert函数将模型转换为量化模型，并验证其输出。

12.4　模型压缩与加速策略

模型压缩与加速是提升深度学习模型在资源受限环境（如移动设备、嵌入式系统等）下部署和运行效率的关键技术。通过减少模型的参数量和计算复杂度，可以在保持模型性能的同时，显著降低其存储需求和推理时间。本节将探讨几种常见的模型压缩与加速策略。其中，剪枝与量化、知识蒸馏在前面的章节中已做介绍，这里不再赘述。

12.4.1 低秩分解

低秩分解（Low-Rank Factorization）是一种用于减少神经网络模型参数量和加速计算的技术。它的核心思想是将大型矩阵分解为多个小型矩阵的乘积，这些小型矩阵的"秩"（可以理解为矩阵的"复杂性"或"信息量"）较低。这种方法特别适用于压缩神经网络中的全连接层和卷积层。

1. 低秩分解的基本思路

想象一下，有一个很大的表格（矩阵），里面填充了很多数字。低秩分解就是尝试找到一个方法，把这个大表格分解成两个或多个小表格的乘积，而且这些小表格的"信息量"加起来能较好地近似大表格。这样，就可以用这些小表格来代替原来的大表格，从而达到降维和压缩数据的目的。

在神经网络中，全连接层的权重矩阵可以被看作一个大矩阵。低秩分解就是把这个大矩阵分解成几个小的矩阵，然后用这些小矩阵的乘积来近似原来的大矩阵。这样，就可以用更少的参数来表示原来的权重，从而达到压缩模型的目的。

2. 低秩分解在模型压缩中的应用

当在神经网络中应用低秩分解时，可以将全连接层的权重矩阵分解为两个或多个较小的矩阵。这样，原来的一个大层就可以被替换为几个小的层。由于这些小层的参数比原来的层要少得多，因此整个模型的参数数量就大幅减少了。

例如，假设有一个全连接层，它的输入特征维度是1000，输出维度是500。这个层的权重矩阵就是一个1000×500的矩阵。通过低秩分解，可以将这个层替换为一个输入维度为1000、输出维度为100的中间层，以及一个输入维度为100、输出维度为500的最终层。这样，就用两个较小的层来代替了原来的一个大层。

以下是一个使用PyTorch实现低秩分解的简单示例。这个示例将对一个随机生成的全连接层权重矩阵进行低秩分解，并用分解后的矩阵来近似原始矩阵。

```
import torch
import torch.nn as nn

# 定义一个简单的全连接层
class SimpleLinearLayer(nn.Module):
    def __init__(self, in_features, out_features):
        super(SimpleLinearLayer, self).__init__()
        self.linear = nn.Linear(in_features, out_features)

    def forward(self, x):
        return self.linear(x)

# 设置输入和输出特征维度
in_features = 100
```

```
out_features = 50

# 创建一个随机权重矩阵并进行低秩分解
original_weights = torch.randn(out_features, in_features)

# 选择分解后的秩（中间层的维度）
rank = 20

# 进行奇异值分解（SVD）
U, S, Vt = torch.svd(original_weights)

# 截取前 rank 个奇异值及其对应的奇异向量
U_r = U[:, :rank]
S_r = torch.diag(S[:rank])
Vt_r = Vt[:rank, :]

# 重构近似权重矩阵
approximated_weights = torch.matmul(torch.matmul(U_r, S_r), Vt_r)

# 打印原始权重和近似权重的形状

print(f"Original weights shape: {original_weights.shape}")
print(f"Approximated weights shape: {approximated_weights.shape}")

# 创建一个新的全连接层，使用近似权重进行初始化
approx_layer = nn.Linear(in_features, out_features)
approx_layer.weight.data = approximated_weights.t()
                                    # 注意：PyTorch 的 Linear 层权重是转置存储的

# 测试新层的前向传播
input_tensor = torch.randn(1, in_features)
output_tensor = approx_layer(input_tensor)
print(f"Output tensor shape: {output_tensor.shape}")
```

该示例首先定义了一个简单的全连接层SimpleLinearLayer。其次，创建了一个随机权重矩阵original_weights，并选择了分解后的秩rank。再次，使用PyTorch的torch.svd函数对权重矩阵进行奇异值分解，并截取前rank个奇异值及其对应的奇异向量来重构近似权重矩阵approximated_weights。接着，创建了一个新的全连接层approx_layer，并使用近似权重进行初始化。最后，测试了这个新层的前向传播，确保它能够正常工作。

注意：该示例仅用于演示低秩分解的基本过程，并未对分解后的模型进行实际的训练和评估。在实际应用中，需要对分解后的模型进行训练和验证，以确保其性能满足要求。

3. **低秩分解的挑战与限制**

尽管低秩分解在模型压缩方面有着巨大的潜力，但它也面临着一些挑战和限制。首先，低秩分

解可能会导致模型的精度有所下降，因为分解后的矩阵可能无法完全精确地表示原来的权重矩阵。其次，低秩分解的计算过程可能比较复杂，特别是对于大型矩阵来说，分解过程可能会非常耗时。

另外，低秩分解的效果也受到很多因素的影响，如分解方法的选择、分解后矩阵的秩的大小等。在实际应用中，需要根据具体的模型和任务来选择合适的分解方法和参数设置，以达到最佳的压缩效果和性能提升。

总的来说，低秩分解是一种有效的模型压缩与加速策略，但需要在精度损失和计算成本之间进行权衡。

12.4.2 压缩策略的选择

在深度学习领域，随着模型规模的日益增大，模型压缩成为一个至关重要的议题。模型压缩不仅能够减少模型的存储空间和计算资源需求，还能够提升模型的推理速度，使其更易于在资源受限的设备上部署。然而，模型压缩并非一项简单的任务，它需要在保持模型性能的同时，对模型进行精细的调优和裁剪。以下是对模型压缩策略的一些深度思考。

1. 压缩与性能的平衡

模型压缩的核心挑战在于如何在减少模型复杂度的同时，保持甚至提升模型的性能。这要求在压缩过程中，不仅要关注模型的参数量和计算量，还要密切关注模型在验证集或测试集上的表现。一种常见的做法是采用渐进式压缩策略，即逐步减少模型的复杂度，并在每一步压缩后都进行性能评估，以确保模型性能不会因过度压缩而急剧下降。

2. 压缩策略的选择与组合

模型压缩策略多种多样，包括量化、剪枝、低秩分解、知识蒸馏等。每种策略都有其独特的优势和适用范围。在实际应用中，往往需要根据模型的特点、任务的需求及部署环境的限制，灵活选择和组合不同的压缩策略。例如，对于计算密集型模型，可以优先考虑量化和剪枝策略；而对于参数密集型模型，低秩分解和知识蒸馏可能更为合适。

3. 压缩过程中的可解释性与鲁棒性

模型压缩往往伴随着模型结构的改变和参数的调整，这可能导致模型的可解释性和鲁棒性受到影响。因此，在压缩过程中，需要关注模型的可解释性，确保压缩后的模型仍然具有清晰的决策边界和可预测的行为。同时，还需要对压缩后的模型进行鲁棒性测试，确保其在不同输入和噪声条件下的表现稳定可靠。

4. 压缩与加速的协同优化

模型压缩和加速往往是相辅相成的。通过压缩模型，可以减少模型的计算量和参数量，从而降低推理时间。同时，结合硬件加速技术（如GPU、FPGA等），可以进一步提升模型的推理速度。因此，在模型压缩过程中，需要充分考虑硬件的加速能力，实现压缩与加速的协同优化。

5. **面向未来的压缩策略**

随着深度学习技术的不断发展，新的模型压缩策略也将不断涌现。例如，基于NAS的自动压缩方法、基于GAN的压缩技术等。这些新方法为模型压缩提供了更多的可能性和挑战。因此，需要保持对新技术和新方法的关注和学习，不断探索和尝试新的压缩策略。

综上所述，模型压缩是一个复杂而细致的过程，需要综合考虑多个方面的因素。通过深度思考和实践探索，就可以找到最适合自己模型的压缩策略，实现模型的高效部署和广泛应用。

12.5 模型量化的挑战与解决方案

模型量化作为一种有效的模型压缩技术，在减少模型存储需求、加速推理过程方面展现出显著优势。然而，在实施过程中，模型量化也面临着一系列挑战。本节将探讨这些挑战，并提出相应的解决方案。

12.5.1 挑战

模型量化作为提升深度学习模型部署效率和降低成本的关键技术，尽管在理论上具有显著优势，但在实际应用中仍面临诸多挑战。图12-3所示为模型量化挑战的分层示意，图12-3（a）为量化前的模型，图12-3（b）为量化后的模型，可见模型在节点量化后，最底层的信号直接丢失了1个。

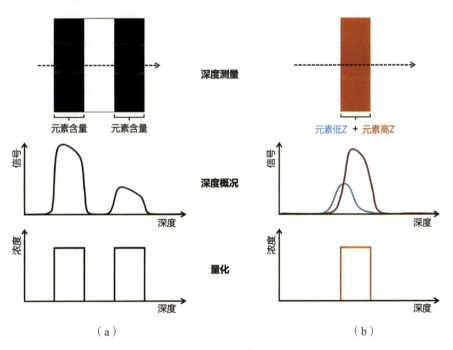

图 12-3　模型量化挑战的分层示意

以下是对模型量化过程中面临的主要挑战的概述。

1. 精度损失

在量化过程中，将高精度的浮点数转换为低精度的定点数或整数，往往会导致模型精度的下降。这种精度损失可能源于量化误差的累积，尤其是在网络较深或模型复杂度较高时更为显著。如何在保持模型精度的同时实现有效量化，是当前研究的一大难题。

2. 量化噪声

量化过程中引入的噪声可能会破坏模型的训练稳定性和泛化能力。特别是在低比特量化（如二值量化或三值量化）时，量化噪声的影响尤为明显，这可能导致模型性能大幅下降。

3. 非均匀分布数据

对于非均匀分布的数据集，量化策略可能需要更加精细地设计。简单的均匀量化可能无法有效捕捉数据的实际分布特性，从而导致量化效果不佳。

4. 硬件兼容性

不同的硬件平台对量化的支持程度各异。某些硬件可能不支持低精度数据类型或特定的量化方案，这要求量化策略必须考虑目标硬件的特性和限制。

5. 训练与推理的不一致性

在量化感知训练中，训练阶段使用的量化方式与推理阶段不一致，这可能导致模型在推理时表现不佳。如何确保训练与推理阶段量化方式的一致性，是量化策略设计中的一个重要问题。

6. 超参数调优

量化过程中涉及多个超参数（如量化位宽、量化步长等）的调优。这些超参数的选择对模型性能有重要影响，但调优过程往往复杂且耗时。

7. 模型复杂性与量化策略的选择

不同类型的深度学习模型（如CNN、RNN等）具有不同的结构和特性，因此需要选择合适的量化策略。如何根据模型特性设计有效的量化方案，是当前研究的一个挑战。

8. 跨平台部署的复杂性

在实际应用中，模型可能需要部署到多种不同的硬件平台上。这就要求量化策略必须具有良好的跨平台兼容性，能够适应不同硬件的计算和存储特性。

12.5.2　解决方案

针对模型量化过程中面临的诸多挑战，研究者们提出了多种解决方案，旨在提高量化的有效性和效率。

1.　量化感知训练

量化感知训练是一种在模型训练过程中考虑量化影响的方法，旨在提高量化后模型的精度和性能。传统的量化方法通常在模型训练完成后进行，这可能导致量化后的模型精度显著下降。而量化感知训练通过在训练过程中模拟量化操作，使模型逐渐适应量化带来的误差，从而在量化后保持较高的精度。

（1）量化感知训练的关键步骤

量化模拟： 在训练过程中，对模型的权重和激活值进行量化模拟。这通常涉及将浮点数转换为低精度的定点数或整数。

误差计算： 计算量化后的模型输出与真实标签之间的误差。这个误差反映了量化对模型性能的影响。

反向传播： 通过反向传播算法，将量化误差传播回模型的每一层，用于更新权重。

权重更新： 根据反向传播得到的梯度，更新模型的权重，以减少量化误差。

迭代训练： 重复上述步骤，直到模型在量化后的性能达到稳定或满足预定的停止条件。

（2）量化感知训练的优势

提高量化精度： 在训练过程中考虑量化误差，量化感知训练能够显著减少量化后模型的精度损失。

增强模型鲁棒性： 由于模型在训练过程中已经适应了量化带来的变化，因此量化后的模型通常具有更强的鲁棒性。

支持多种量化方案： 量化感知训练可以灵活地应用于不同的量化方案，包括均匀量化、非均匀量化、动态量化等。

（3）量化感知训练的挑战

训练成本增加： 由于需要在训练过程中进行量化模拟和误差计算，量化感知训练通常比传统训练需要更多的计算资源和时间。

超参数调优： 量化感知训练涉及多个超参数（如量化位宽、量化策略等），这些超参数的调优可能较为复杂。

硬件兼容性： 虽然量化感知训练可以提高量化后模型的精度，但不同硬件平台对量化的支持程度可能不同，因此仍需要考虑硬件兼容性。

2.　示例代码

以下是简单的量化感知训练的 PyTorch 示例代码。该示例使用了 PyTorch 的 torch.quantization 模块来模拟量化过程，并在训练过程中考虑量化误差。

```python
import torch
import torch.nn as nn
import torch.optim as optim
from torch.quantization import prepare_qat, convert
from torchvision import datasets, transforms

# 定义一个简单的 CNN 模型
class SimpleCNN(nn.Module):
    def __init__(self):
        super(SimpleCNN, self).__init__()
        self.conv1 = nn.Conv2d(1, 32, kernel_size=3, stride=1, padding=1)
        self.relu = nn.ReLU()
        self.fc = nn.Linear(32 * 28 * 28, 10)

    def forward(self, x):
        x = self.conv1(x)
        x = self.relu(x)
        x = x.view(-1, 32 * 28 * 28)
        x = self.fc(x)
        return x

# 数据加载和预处理
transform = transforms.Compose([
    transforms.ToTensor(),
    transforms.Normalize((0.1307,), (0.3081,))
])
train_dataset = datasets.MNIST(root='./data', train=True, download=True, transform=transform)
train_loader = torch.utils.data.DataLoader(train_dataset, batch_size=64, shuffle=True)

# 实例化模型并准备量化感知训练
model = SimpleCNN().to('cpu')    # 假设在 CPU 上运行
model.train()
prepare_qat(model, inplace=True)  # 准备模型进行量化感知训练

# 定义损失函数和优化器
criterion = nn.CrossEntropyLoss()
optimizer = optim.SGD(model.parameters(), lr=0.01, momentum=0.9)

# 训练模型
num_epochs = 5
for epoch in range(num_epochs):
    for data, target in train_loader:
        data, target = data.to('cpu'), target.to('cpu')

        # 前向传播
```

```
output = model(data)
loss = criterion(output, target)

# 反向传播和优化
optimizer.zero_grad()
loss.backward()
optimizer.step()

print(f'Epoch [{epoch+1}/{num_epochs}], Loss: {loss.item():.4f}')

# 将模型转换为量化模型
model = convert(model, inplace=True)

print("Quantization-Aware Training completed. Model is now quantized.")
```

注意：该示例代码是为了演示量化感知训练的基本流程而编写的，并没有进行超参数的精细调优，也没有包括验证集或测试集的性能评估。在实际应用中，需要根据具体任务和数据集对模型结构、超参数、训练轮数等进行调整，并进行充分的验证和测试。

3. 其他挑战的解决方案

表 12-2 列出了针对其他挑战的解决方案。

表 12-2　针对其他挑战的解决方案

挑战	解决方案	挑战	解决方案
精度损失	量化感知训练 混合精度量化	训练与推理的不一致性	模拟推理环境的量化感知训练 后量化校准
量化噪声	噪声鲁棒性训练 渐进式量化	超参数调优	基于强化学习的超参数调优 贝叶斯优化
非均匀分布数据	基于数据分布的量化 自适应步长量化	模型复杂性与量化策略的选择	模型结构分析 任务特性感知的量化
硬件兼容性	硬件感知量化 跨平台量化工具	跨平台部署的复杂性	容器化部署 云服务支持

尽管每种挑战都有对应的解决方案，但不一定是最优的，这些解决方案仅作参考，读者可根据实际情况进行适当选择。

12.6　本章小结

本章深入探讨了大模型的模型量化与压缩技术，特别是模型量化的挑战与解决方案。随着深度学习模型的日益复杂和庞大，如何在保持模型性能的同时，有效降低其存储和计算需求，成为当前研究的重要课题。模型量化作为一种有效的技术手段，通过降低模型参数的精度，显著减少了模型的存储空间和计算负担。然而，量化过程中也面临着精度损失、量化噪声、硬件兼容性等一系列挑战。针对这些挑战，本章介绍了多种解决方案，包括量化感知训练、混合精度量化、噪声鲁棒性训练、硬件感知量化等，旨在提高量化的有效性和效率。这些技术手段不仅能够实现模型的轻量化部署，还能在不同硬件平台上获得更优的性能表现。未来，随着技术的不断进步和创新，模型量化将在更多领域发挥重要作用，为深度学习技术的广泛应用提供有力支持。

PART 05
第五部分

大模型的
高级应用案例

　　随着大模型技术的不断成熟，其在各个领域的应用也日益广泛，展现出其巨大的潜力和价值。从自然语言处理到计算机视觉，从推荐系统到医疗健康，大模型正引领着人工智能的新一轮变革。以下将精选一系列前沿且具有代表性的大模型应用案例，深入剖析这些案例背后的技术原理、实现细节及实际应用效果。通过本部分的学习，读者不仅能够领略到大模型技术的无限魅力，还能够从中汲取灵感，探索大模型在更多领域的应用可能，为推动人工智能技术的发展贡献自己的力量。

自然语言处理应用

自然语言处理（NLP）是人工智能领域的一个重要分支，它致力于使计算机能够理解、解释和生成人类语言。随着技术的不断进步，NLP应用已经渗透到我们生活的方方面面。本章将深入探讨大模型在NLP领域的多个高级应用案例，展示其广泛的应用前景和社会价值。

本章涉及的主要知识点如下。

◆ 基于大模型的语言理解与生成。

◆ 大模型在跨语言任务中的应用。

◆ 大模型在自然语言需求分析及设计选型中的应用。

13.1 基于大模型的语言理解与生成

在 NLP 领域，大模型以其强大的语言理解和生成能力，正引领着技术革新的潮流。本节将深入探讨基于大模型的语言理解与生成技术，揭示这些技术如何深刻改变人们与语言的互动方式。

13.1.1 语言理解

语言理解是指机器能够准确解读人类语言所传达的信息和意义。这不仅包括对单词和句子的字面理解，更包括了对语境、情感、指代关系等深层次语义的把握。在大模型时代，语言理解已经超越了传统的基于规则或模板的方法，转向了基于深度学习的模型驱动方式。图 13-1 所示为大模型语言理解示意，它通过单词、句子、段落、书籍等文本信息标记化和嵌入，进而实现对语言的理解。

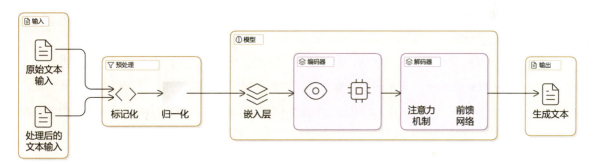

图 13-1　大模型语言理解示意

1. 大模型在语言理解中的应用

大模型，如 BERT、GPT 系列等，通过在大规模语料库上的预训练，学习到了丰富的语言知识和上下文信息。这些模型在语言理解任务中表现出了卓越的性能，包括但不限于以下内容。

文本分类：能够准确判断文本的主题、情感倾向等。

命名实体识别：能够识别文本中的实体，如人名、地名、机构名等。

关系抽取：能够解析文本中的实体关系，如"张三"是"李四"的"朋友"。

阅读理解：能够回答基于文本内容的问题，甚至进行多轮对话理解。

2. 大模型语言理解的优势

相较于传统的语言理解方法，大模型具有以下显著优势。

泛化能力强：由于在大规模语料库上进行了预训练，大模型能够处理多种语言和领域的数据，具有更强的泛化能力。

语义理解深入：大模型通过自注意力机制等先进技术，能够捕捉到文本中的深层次语义信息，实现更精准的语言理解。

适应性强：大模型可以通过微调快速适应特定的语言理解任务，降低了开发和部署成本。

3. 大模型语言理解的挑战与未来展望

尽管大模型在语言理解方面取得了显著成就，但仍面临一些挑战，如模型的可解释性、对长文本的处理能力及对低资源语言的支持等。未来，随着技术的不断进步，期待大模型能够在以下几个方面实现突破。

增强可解释性：通过引入注意力可视化、模型裁剪等技术，提高大模型的可解释性，使其决策过程更加透明。

优化长文本处理：针对长文本的特点，开发更加高效的算法和模型结构，提高长文本处理的速度和准确性。

支持多语言和低资源语言：通过跨语言预训练、数据增强等技术，提高大模型对多语言和低资源语言的支持能力。

13.1.2 语言生成

语言生成是指机器根据给定的输入（如关键词、主题、上下文等）自动产生符合语言规范的文本。这一过程不仅要求生成的文本语法正确、语义连贯，还需要具备较高的可读性和创造性。大模型，特别是基于Transformer架构的预训练语言模型（如GPT系列），因其在语言生成任务中的卓越表现而备受瞩目。图13-2所示为LLM语言生成过程示意，其核心环节是生成标记（tokens）并验证其有效性。大模型的生成过程本质上是基于概率的自回归预测，即通过计算当前上下文下最可能的下一个token，逐步迭代生成完整文本。

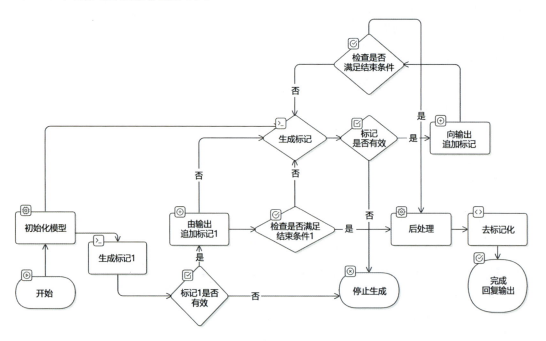

图13-2 LLM语言生成过程示意

1. 大模型在语言生成中的应用

大模型在语言生成领域的应用广泛且深入，包括但不限于以下几种。

文本创作： 从新闻报道、小说、诗歌到广告文案，大模型能够根据给定的主题或风格生成高质量的文本内容。

对话系统： 在智能客服、聊天机器人等场景中，大模型能够模拟人类对话，生成自然、流畅的回复。

摘要生成： 从长文中提炼出关键信息，生成简洁明了的摘要，帮助用户快速了解原文内容。

代码生成： 根据自然语言需求描述或伪代码，输出符合语法规范的可执行的代码片段，提高编程效率。

2. 大模型语言生成的优势

相较于传统的语言生成方法，大模型展现出以下显著优势。

内容多样性： 大模型通过在大规模语料库上的学习，掌握了丰富的语言知识和表达方式，能够生成多样化的文本内容。

上下文感知： 基于自注意力机制的大模型能够捕捉文本中的上下文信息，生成与上下文紧密相关的文本内容。

可定制性： 通过微调或引导文本生成过程，大模型能够根据特定需求生成符合要求的文本内容。

3. 大模型语言生成的挑战与未来展望

尽管大模型在语言生成领域取得了显著成就，但其仍面临一些挑战，如生成文本的重复性问题、事实性错误及生成内容的可控性等。未来，随着技术的不断进步，期待大模型能够在以下几个方面实现突破。

提高生成质量： 通过引入新的训练策略、优化模型结构等手段，进一步提高生成文本的质量和可读性。

增强可控性： 研究如何在保持生成文本多样性的同时，实现对生成内容的更精细化控制。

降低生成成本： 优化模型训练和推理过程，降低语言生成技术的部署和应用成本。

13.1.3　交互式对话系统

交互式对话系统是一种能够与用户进行自然语言交互的智能系统。它利用NLP技术，如语音识别、语言理解、语言生成等，实现与用户的无缝沟通。大模型，特别是预训练语言模型，如BERT、GPT系列等，为交互式对话系统提供了强大的语言理解和生成能力，使其能够更好地理解用户意图，生成更加自然、个性化的回复。图13-3所示为交互式对话系统的结构示意，用户通过用户界面与大模型核心交互，而大模型则能够借助输出交付及外部服务解答用户的问题。

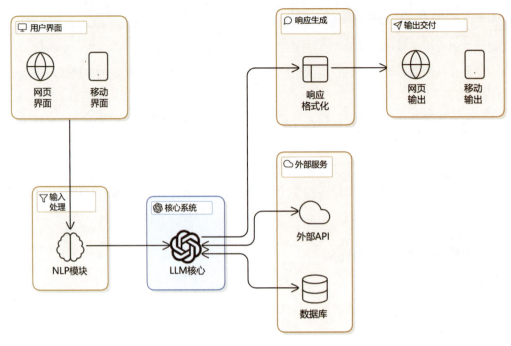

图13-3　交互式对话系统的结构示意

1. 大模型在交互式对话系统中的应用

大模型在交互式对话系统中的应用主要体现在以下几个方面。

语言理解： 大模型通过预训练学习到丰富的语言知识和上下文信息，能够准确理解用户的输入意图，包括问题咨询、信息查询、任务执行等。

语言生成： 基于对用户输入的理解，大模型能够生成自然流畅的回复，提供准确的信息或执行相应的任务。

上下文维护： 交互式对话系统需要在多轮对话中保持上下文的一致性。大模型通过自注意力机制等先进技术，能够捕捉并维护对话的上下文信息，确保回复的连贯性和准确性。

个性化服务： 大模型能够根据用户的历史对话记录、偏好等信息，提供个性化的服务。例如，在智能客服系统中，大模型可以根据用户的咨询历史和反馈，调整回复的风格和内容，提高用户满意度。

2. 大模型交互式对话系统的应用场景

交互式对话系统的应用场景广泛，包括但不限于以下几种。

智能客服： 在电商、金融、电信等领域，交互式对话系统可以为用户提供24小时不间断的客户服务，如解答用户疑问，处理投诉建议等。

智能家居： 通过语音助手等设备，交互式对话系统可以控制智能家居设备，如调节灯光、温度、播放音乐等，从而提升用户的生活品质。

教育辅导： 在教育领域，交互式对话系统可以为学生提供个性化的学习辅导，解答学习疑问，提供学习资源等。

娱乐互动： 在游戏、社交等娱乐场景中，交互式对话系统可以为用户提供有趣的互动体验，如角色扮演、聊天交友等。

3. 大模型交互式对话系统的挑战与未来展望

尽管基于大模型的交互式对话系统已经取得了显著进展，但仍面临一些挑战，如对话流畅性、上下文一致性、个性化服务等。未来，随着技术的不断进步，期待交互式对话系统能够在以下几个方面实现突破。

提高对话质量： 通过引入新的训练策略、优化模型结构等手段，进一步提高对话的流畅性和准确性。

增强上下文理解： 研究如何在多轮对话中更好地维护上下文信息，提高对话的一致性和连贯性。

提升个性化服务： 结合用户画像、行为分析等技术，为用户提供更加个性化、精准的服务。

拓展应用场景： 探索交互式对话系统在更多领域的应用，如医疗健康、智慧城市等，推动社会进步和发展。

13.2 大模型在跨语言任务中的应用

随着全球化的深入发展，跨语言交流的需求日益增长。NLP技术，特别是大模型的应用，为跨语言任务提供了强大的支持。本节将深入探讨大模型在跨语言任务中的应用，展示其如何跨越语言障碍，促进全球信息的自由流通。

13.2.1 机器翻译

机器翻译是指利用计算机技术将一种自然语言文本自动转换为另一种自然语言文本的过程。传统的机器翻译方法主要包括基于规则的翻译和统计机器翻译，但这些方法在处理复杂语言结构和语义关系时往往表现不佳。而大模型的引入，为机器翻译带来了新的突破。图13-4所示为大模型机器翻译的原理示意，可见左侧源语言先被编码器编码为深度表达特征，然后使用解码器解码为目标语言。

1. 大模型在机器翻译中的应用

大模型，尤其是基于Transformer架构的预训练语言模型，如BERT、GPT系列等，在机器翻译任务中展现出了卓越的性能。这些模型通过在大规模多语言语料库上的预训练，能学习到丰富的语言知识和跨语言对应关系，使机器翻译更加准确、流畅。

自注意力机制： 大模型采用的自注意力机制能够捕捉文本中的长距离依赖关系，有效处理复杂的语言结构，从而提高了翻译的准确性。

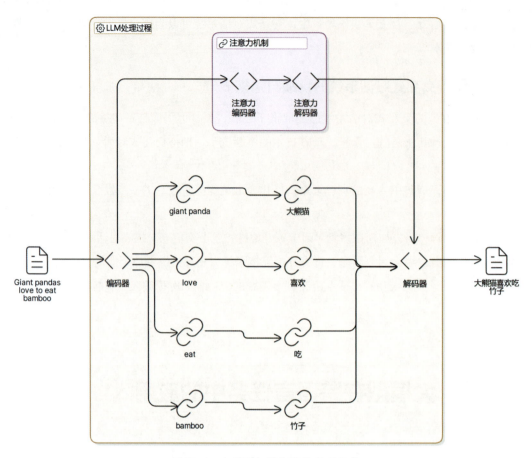

图 13-4 大模型机器翻译的原理示意

多任务学习： 通过多任务学习，大模型能够在翻译任务中同时学习其他相关任务（如语言建模、词性标注等），进一步提升翻译质量。

低资源语言翻译： 大模型通过跨语言迁移学习，能够在低资源语言翻译任务中表现出色，缓解数据稀缺的问题。

2. 大模型机器翻译的优势

相比传统机器翻译方法，大模型机器翻译具有以下优势。

高质量翻译： 大模型能够捕捉文本中的深层次语义信息，生成更加自然、流畅的译文。

高效率翻译： 大模型采用并行计算技术，能够快速处理大规模翻译任务，提高翻译效率。

强适应性： 大模型具有强大的泛化能力，能够适应不同语言、不同领域的翻译需求。

3. 大模型机器翻译的挑战与未来展望

尽管大模型在机器翻译中取得了显著成就，但仍面临一些挑战，如领域适应性、长文本翻译、实时翻译等。未来，随着技术的不断进步，期待大模型机器翻译能够在以下几个方面实现突破。

提高领域适应性： 针对特定领域的翻译需求，开发更加专业的翻译模型，提高翻译的准确性和专业性。

优化长文本翻译: 针对长文本翻译中存在的上下文丢失、缺乏连贯性等问题,研究更加有效的翻译策略和方法。

实现实时翻译: 结合边缘计算和轻量化模型技术,实现低延迟、高质量的实时翻译服务。

13.2.2 跨语言信息检索

跨语言信息检索是指用户可以用一种语言(查询语言)提交查询,系统能够自动将其翻译并匹配到另一种或多种语言(目标语言)的文档集合中,返回与用户查询相关的文档。这一过程涉及NLP、机器翻译、信息检索等多个领域的知识和技术。图 13-5 所示为跨语言信息检索的流程示意,首先需要检测用户语言类型,如果不是源语言则需要翻译,得到正确的查询语句后开始检索文档,其次给文档排名,然后判断排名较强的文档是否为目标语言,如果不是同样需要翻译文档,最后返回用户语言的检索结果。

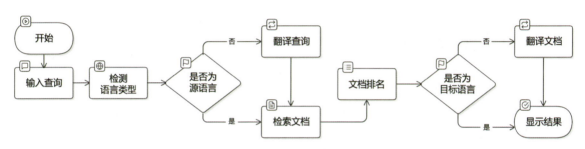

图 13-5 跨语言信息检索的流程示意

1. 大模型在跨语言信息检索中的应用

大模型,特别是基于 Transformer 架构的预训练语言模型,如 BERT、多语言 BERT(Multilingual BERT,mBERT)、跨语言模型 RoBERTa(XLM-R)等,在跨语言信息检索中发挥了重要作用。这些模型通过在大规模多语言语料库上的预训练,能学习到丰富的语言知识和跨语言语义的对应关系,这为跨语言信息检索提供了强大的支持。

跨语言表示学习: 大模型能够学习到不同语言间的共享语义空间,这使不同语言的文本可以在同一向量空间中表示,为跨语言信息检索提供了基础。

零样本/少样本跨语言检索: 由于大模型已经在大规模多语言语料库上进行了预训练,因此它们能够在没有或只有少量目标语言标注数据的情况下进行跨语言信息检索,降低了对标注数据的依赖。

上下文感知的检索: 大模型能够捕捉查询和文档之间的上下文关系,以此提高检索的准确性和相关性。

2. 大模型跨语言信息检索的优势

相比传统的跨语言信息检索方法,大模型跨语言信息检索具有以下优势。

更高的检索准确性: 大模型通过学习到的跨语言语义对应关系,能够更准确地匹配用户查询和目标文档。

更强的泛化能力：大模型经过大规模预训练，对不同语言的文档都有较好的理解能力，适用于多种语言的跨语言信息检索。

更低的标注成本：大模型支持零样本/少样本学习，降低了对标注数据的依赖，降低了跨语言信息检索的成本。

3. 大模型跨语言信息检索的挑战与未来展望

尽管大模型在跨语言信息检索中取得了显著进展，但仍面临一些挑战，如长尾语言的支持、实时性要求、隐私保护等。未来，随着技术的不断发展，期待大模型在跨语言信息检索中能够实现以下突破。

提高长尾语言的支持：针对资源稀缺的长尾语言，开发更加有效的跨语言表示学习方法。

优化实时性：结合索引技术和高效的检索算法，提高跨语言信息检索的实时性。

加强隐私保护：在跨语言信息检索过程中保护用户隐私和数据安全。

13.2.3 跨语言对话系统

跨语言对话系统是一种能够支持多种语言输入和输出的智能对话系统。它不仅能够理解用户在不同语言中的提问和指令，还能以相应的语言生成自然流畅的回复。这种系统需要处理复杂的语言转换、语义理解和生成任务，对技术的要求极高。

1. 大模型在跨语言对话系统中的应用

大模型，特别是基于Transformer架构的预训练语言模型，如mBERT、XLM-R等，在跨语言对话系统中发挥着核心作用。这些模型通过在大规模多语言语料库上的预训练，学习到了丰富的语言知识和跨语言语义对应关系，使系统能够在不同语言之间进行无缝交流。

跨语言理解：大模型能够准确理解用户在不同语言中的提问和指令，捕捉其背后的意图和需求。

跨语言生成：基于对用户输入的理解，大模型能够生成符合目标语言习惯的自然流畅的回复。

上下文维护：跨语言对话系统需要在多轮对话中保持上下文的一致性。大模型通过自注意力机制等先进技术，能够捕捉并维护对话的上下文信息，从而确保回复的连贯性和准确性。

2. 大模型跨语言对话系统的应用场景

跨语言对话系统的应用场景广泛，包括但不限于以下几项。

多语言客服：为企业提供多语言客服支持，帮助企业拓展国际市场。

在线教育：为不同语言背景的学生提供个性化学习辅导和交流平台。

旅游服务：为国际游客提供多语言旅游咨询和服务支持。

社交娱乐：支持多语言交流的社交平台和游戏应用，丰富用户的娱乐体验。

3. 大模型跨语言对话系统的挑战与未来展望

尽管大模型为跨语言对话系统带来了显著的性能提升，但仍面临一些挑战，如语言覆盖广度与深度、个性化与情感理解、实时性与效率等。未来，随着大模型技术的不断进步和应用场景的不断拓展，跨语言对话系统有望在以下几个方面实现突破。

增强语言覆盖能力： 通过持续的数据收集和模型训练，提高跨语言对话系统对更多语言的支持能力。

提升个性化与情感理解能力： 结合用户画像、历史对话记录等信息，提高跨语言对话系统的个性化服务和情感理解能力。

优化系统性能： 通过引入更高效的算法和硬件加速技术，提高跨语言对话系统的实时性和处理效率。

大模型在跨语言任务中的应用展示了其强大的语言处理能力和跨语言交流能力。通过机器翻译、跨语言信息检索、跨语言对话系统等应用，大模型正在逐步打破语言障碍，促进全球信息的自由流通和文化交流。随着技术的不断进步和应用场景的不断拓展，人们有理由相信大模型将在跨语言任务中发挥更加重要的作用。

13.3　大模型在自然语言需求分析及设计选型中的应用

在 NLP 领域，随着大模型技术的飞速发展，如何根据具体需求选择合适的模型并进行有效设计，成为实现高效 NLP 应用的关键。本节将深入探讨大模型在自然语言需求分析及设计选型中的应用，为企业和个人开发者提供有价值的指导。

13.3.1　自然语言需求分析

在 NLP 项目的起始阶段，准确而深入的自然语言需求分析是项目成功的关键。这一过程不仅关乎对项目目标的清晰界定，还直接影响到后续模型的选择、设计与优化。随着大模型技术的兴起，自然语言需求分析的维度和方法也变得更加丰富和复杂。本节将深入探讨如何在 NLP 项目中进行有效的自然语言需求分析。

1. 自然语言需求分析概述

自然语言需求分析是指对项目所涉及的自然语言文本进行深入解读，明确项目目标、任务要求、用户群体特征及期望的输出结果。这一过程通常包括以下几个步骤。

明确项目目标： 需要清晰界定 NLP 项目的总体目标和具体任务，如情感分析、文本分类、命名实体识别等。

分析任务需求：根据项目目标，进一步分析任务的具体要求，如准确率、召回率、处理速度等性能指标。

了解用户群体：明确目标用户群体的语言习惯、文化背景等信息，以便更好地适应其需求。

确定输出要求：明确项目期望的输出结果形式，如分类标签、实体列表、摘要文本等。

2. 大模型在自然语言需求分析中的应用

随着大模型技术的不断发展，其在自然语言需求分析中的作用日益凸显。大模型通过在大规模语料库上的预训练，学习到了丰富的语言知识和语义信息，能够为自然语言需求分析提供更加精准和全面的支持。

文本分类与聚类：大模型可以通过对文本进行深度语义分析，实现更准确地文本分类和聚类，以帮助识别项目中的关键主题和话题。

情感与观点分析：大模型能够捕捉文本中的情感倾向和观点表达，为需求分析提供情感维度的支持。

实体与关系抽取：大模型能够识别文本中的实体和实体之间的关系，为需求分析提供结构化的信息。

3. 大模型在自然语言需求分析中的挑战与解决方案

在自然语言需求分析过程中，可能会遇到一些挑战，如文本歧义、领域特定语言、低资源语言等。针对这些挑战，可以采取以下解决方案。

结合上下文信息：在处理具有歧义的文本时，可以引入上下文信息来辅助判断文本的真实含义。

利用领域知识：对于领域特定的语言或术语，可以引入领域知识库或专家知识来增强理解。

数据增强与迁移学习：对于低资源语言或数据稀缺的情况，可以采用数据增强技术或迁移学习方法来提高模型的泛化能力。

13.3.2 大模型选型原则

在明确需求后，接下来需要根据项目特点选择合适的大模型。表13-1列出了大模型选型原则的适用场景及其优缺点。

表13-1 大模型选型原则的适用场景及其优缺点

选型原则	适用场景	优点	缺点
任务匹配度	任何特定NLP任务，如文本分类、情感分析、命名实体识别等	确保模型与任务高度相关，提高性能	可能限制模型在其他任务上的适用性
性能与资源消耗	对实时性要求较高或计算资源有限的场景	提高处理速度和效率，降低资源消耗	可能牺牲部分性能以换取资源效率

选型原则	适用场景	优点	缺点
可解释性与透明度	需要解释模型决策或满足法规要求的场景，如金融、医疗领域	增强模型的可信度和透明度，便于审计和监管	可能降低模型性能，增加模型复杂度
可扩展性与灵活性	适应未来任务变化或需求调整的场景	便于模型扩展和定制，适应性强	初期可能增加开发和维护成本
社区支持与文档	需要快速解决问题或利用社区资源优化的场景	易于获取帮助和资源，加速项目开发	过度依赖社区可能导致项目受外部因素影响
隐私与安全	处理敏感数据或受隐私法规约束的场景，如金融、医疗、政府项目	保护用户隐私和数据安全，降低法律风险	可能增加模型开发和部署的复杂度
成本效益	预算有限或追求成本控制的场景	降低项目总成本，提高经济效益	可能在性能或灵活性上做出妥协

注意：上述表格中的优缺点是基于一般情况的概括，实际项目中应根据具体需求和环境的不同而有所变化。在选型过程中，应综合考虑各种因素，并根据项目的实际情况进行权衡和取舍。

13.3.3 设计选型实践

下面将通过一个具体的NLP项目的实际设计选型案例来展示如何从需求分析到最终模型部署的全过程。

1. 项目背景

假设需要开发一个智能客服系统，该系统要能够理解用户的自然语言输入，自动分类用户的问题，并给出相应的回复或建议。该项目的目标是提高用户满意度，减少人工客服的工作量。

2. 需求分析

通过了解项目背景对项目需求进行以下深入分析。

输入： 用户的自然语言问题，可能涉及产品咨询、售后服务、投诉建议等多个方面。

输出： 自动分类用户问题，并给出预设的回复或建议。

性能要求： 高准确率、低延迟。

用户群体： 广泛，包括不同年龄、性别、教育背景的消费者。

3. 大模型调研与选择

基于需求分析，调研市场上主流的大模型，如BERT、GPT系列、RoBERTa等，并考虑了以下因素。

任务匹配度： 这些模型在文本分类、情感分析、问答系统等任务上均有良好表现。

性能与资源消耗： 考虑到系统需要实时响应用户请求，选择推理速度较快的模型。

可扩展性与灵活性: 由于未来可能需要增加新的分类标签或调整回复策略,选择易于微调和扩展的模型。

最终,选择了GPT-3作为项目的基础模型,因为它在多个NLP任务上表现出色,并且易于通过微调来适应特定需求。

4. 数据准备与处理

收集大量的历史客服对话数据,并进行了以下处理。

清洗: 去除无关信息、重复数据等。

标注: 为每条对话数据标注问题类别和回复建议。

划分: 将数据划分为训练集、验证集和测试集。

5. 模型训练与优化

使用GPT-3的微调功能,在训练集上对模型进行训练。通过不断调整学习率、批量大小等超参数,以及采用早停法防止过拟合,最终得到一个性能较好的模型。

6. 模型评估与测试

在测试集上对模型进行评估,发现其在问题分类任务上的准确率达到了90%以上,且回复建议也基本符合用户需求。同时,对模型的推理速度进行测试,确保其能够满足实时响应的要求。

7. 部署与监控

将训练好的模型部署到智能客服系统中,并设置监控机制来跟踪模型的性能表现。在实际运行过程中,不断收集用户反馈和数据变化,以便对模型进行迭代优化。

8. 迭代优化

根据用户反馈和系统监控数据,发现模型在某些特定问题上的分类准确率较低。于是,对这些问题进行了深入分析,并收集了更多相关数据进行再训练。经过多次迭代优化后,模型的整体性能得到了显著提升。

以上实践过程不仅成功地将大模型应用到了智能客服系统中,还通过不断地迭代优化提高了系统的性能表现。这一实践过程充分体现了设计选型在NLP项目中的重要性。

13.3.4 案例分析

上述智能客服系统的实践案例成功地将大模型应用于实际问题解决中,但在整个设计选型与实践过程中,有几个关键细节值得深入探讨和注意。

1. 数据质量与标注

数据清洗：在实际操作中，原始数据中包含了大量噪声，如无关的广告信息、乱码等。这些数据如果不经过严格清洗，会严重影响模型的训练效果。因此，数据清洗是不可或缺的一步，需要投入足够的时间和精力。

数据标注：高质量的数据标注是模型训练成功的关键。在本案例中，每条对话数据都标注了问题类别和回复建议。但在标注过程中，不同标注员之间存在标注不一致的问题。为了解决这个问题，制定了详细的标注规范，并对标注员进行了培训，以确保标注质量的一致性。

2. 模型选择与微调

模型选择：在选择大模型时，不仅要考虑模型在通用任务上的表现，还要结合具体项目的需求。本案例选择了 GPT-3 作为基础模型，主要是因为它在文本生成和问答系统方面表现出色，且易于微调。

微调策略：微调是使大模型适应特定任务的重要手段。在微调过程中，需要仔细选择训练数据、调整超参数，并密切关注模型的过拟合问题。此外，还可以通过集成学习等方法进一步提高模型的性能。

3. 性能监控与优化

性能监控：在模型部署后，需要持续监控模型的性能表现，包括准确率、延迟等指标。通过性能监控，可以及时发现模型存在的问题，并采取相应措施进行优化。

迭代优化：根据用户反馈和系统监控数据，需要对模型进行迭代优化。在本案例中，当发现模型在某些特定问题上的分类准确率较低时，收集了更多的相关数据进行再训练，并通过调整模型结构和超参数等方法进一步提高了模型的性能。

4. 隐私与安全

数据处理：在收集和处理用户数据时，需要严格遵守相关法律法规，确保用户隐私得到保护。本案例对所有用户数据进行了匿名化处理，并在模型训练过程中未使用任何可识别个人身份的信息。

模型安全：大模型在训练和使用过程中可能面临各种安全风险，如数据泄露、模型被恶意利用等。因此，需要采取一系列安全措施来保护模型的安全性和稳定性。

通过上述案例分析，可以看到在大模型的设计选型与实践过程中，数据质量与标注、模型选择与微调、性能监控与优化及隐私与安全等方面都需要注意细节和投入精力。只有综合考虑这些因素，才能确保大模型在实际应用中发挥出最大的价值。

大模型在自然语言需求分析及设计选型中发挥着重要作用。通过深入分析需求、选择合适的模型架构、准备高质量的训练数据及进行超参数调优，就可以构建出高效、准确的NLP应用。随着大模型技术的不断发展，未来将有更多创新的应用场景和解决方案涌现，为NLP领域带来更多的可能性。

13.4 动手实践：构建一个问答系统

本节将利用大模型技术构建一个基础的问答系统。这个系统能够理解用户的自然语言问题，并给出相应的答案。通过这个过程，读者将深入了解大模型在NLP领域的应用，并掌握构建问答系统的基本步骤。

13.4.1 项目概述

在信息时代，能够快速、准确地获取信息对于个人和企业来说至关重要。问答系统作为一种高效的信息检索工具，能够根据用户的自然语言提问，自动从海量数据中检索并返回相关答案，极大地提高了信息获取的效率。本节将通过一个动手实践项目，引导读者构建一个基础的问答系统，深入理解问答系统的构建流程和技术要点。

1. 项目目标

本项目旨在通过动手实践，构建一个能够处理自然语言提问并返回相关答案的问答系统。该系统应具备以下功能。

自然语言理解： 能够准确理解用户的提问意图，包括问题类型、关键词等。

信息检索： 能够从预设的知识库或外部数据源中检索与提问相关的信息。

答案生成： 基于检索到的信息，生成准确、简洁的答案返回给用户。

2. 项目背景

随着人工智能技术的飞速发展，问答系统已经广泛应用于各个领域，如智能客服、在线教育、搜索引擎等。问答系统不仅可以提升用户体验，还能为企业带来更高的运营效率。因此，掌握问答系统的构建技术具有重要的实际应用价值。图13-6所示为问答系统的整体架构图，该问答系统包括用户界面、辅助服务、处理器、数据源4个主要模块。

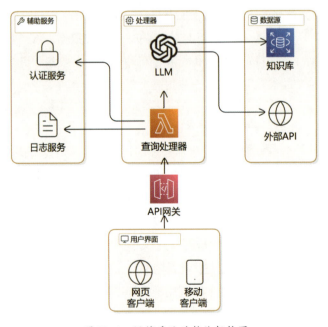

图13-6　问答系统的整体架构图

3. 技术栈

为了构建这个问答系统，将采用以下技术栈。

编程语言：Python，因其简洁的语法和丰富的自然语言处理库。

框架与库：PyTorch（用于深度学习模型构建）、Hugging Face公司的Transformers库（提供预训练的NLP模型）、Elasticsearch或Lucene（用于信息检索）等。

工具：Jupyter Notebook（用于代码开发和调试）、Git（版本控制）等。

4. 预期成果

通过本项目的实践，读者能够收获以下几点。

（1）掌握问答系统构建的基本流程和技术要点。

（2）实现一个能够处理自然语言提问并返回相关答案的基础问答系统。

（3）了解如何对问答系统进行测试和优化，以提高其性能和用户体验。

13.4.2 技术选型

在构建问答系统的过程中，技术选型是至关重要的一步。正确的技术选型不仅能够提高开发效率，还能确保系统的性能和可扩展性。以下是为构建问答系统所做的技术选型，包括NLP模型、信息检索技术、数据存储与检索方案等。

1. NLP 模型

Transformer架构的预训练语言模型在NLP任务中表现出色，尤其适用于文本分类、命名实体识别、问答系统等。具体来说，考虑使用以下模型。

BERT：BERT是一种基于Transformer架构的双向编码器，通过在大规模文本语料库上进行预训练，能学习到丰富的语言知识和语义信息。BERT已在多项NLP任务中取得了显著效果，包括问答系统。

RoBERTa：RoBERTa是BERT的一个优化版本，通过改进预训练过程和增加训练数据，进一步提高了模型性能。RoBERTa在问答任务上同样表现出色。

GPT系列：虽然GPT系列模型最初是为自然语言生成任务设计的，但它们在问答任务中也表现出了一定的潜力。特别是GPT-3等大规模模型，其强大的语言生成能力，可以在某些问答场景下发挥作用。

2. 信息检索技术

问答系统通常需要从大量文本数据中检索与提问相关的信息。因此，信息检索技术是问答系统不可或缺的一部分。本项目考虑使用以下技术。

Elasticsearch：Elasticsearch是一个基于Lucene的搜索和分析引擎，支持全文搜索、结构化搜索、分析以及这三个功能的组合使用。它提供了丰富的API和插件生态系统，这使信息检索变得简单而高效。

Lucene：Lucene是一个高性能、可扩展的信息检索库，为应用程序提供索引和搜索功能。虽

然Lucene本身是一个底层的库，但它提供了构建复杂搜索应用程序所需的所有基础构建块。

3. 数据存储与检索方案

为了支持高效的信息检索，需要选择合适的数据存储和检索方案。以下是可以考虑的几个方案。

关系型数据库（如MySQL、PostgreSQL）： 关系型数据库适用于存储结构化数据，并提供强大的查询和事务处理功能。然而，在处理大量文本数据时，关系型数据库可能不是最佳选择。

NoSQL数据库（如MongoDB、Cassandra）： NoSQL数据库更适合存储非结构化或半结构化数据，如文本、图像等。它们提供了灵活的数据模型和可扩展的架构，适用于处理大量文本数据。

混合方案： 结合使用关系型数据库和NoSQL数据库，以充分利用两者的优势。例如，可以使用关系型数据库存储用户信息和会话数据，使用NoSQL数据库存储文本数据和索引。

13.4.3 数据准备

在构建问答系统的过程中，数据准备是至关重要的一步。高质量的数据集是训练出高效、准确模型的基础。以下是为构建问答系统所做的数据准备工作，包括数据收集、数据清洗、数据标注及数据集划分等步骤。

1. 数据收集

需要收集足够数量的问题和答案的数据作为训练集。这些数据可以来自多个渠道，如现有的问答平台、知识库、用户反馈等。在收集数据时，需要注意以下几点。

多样性： 确保数据覆盖多个领域和主题，以提高模型的泛化能力。

质量： 收集的数据应尽可能准确、清晰，避免歧义和错误。

规模： 收集足够数量的数据，以确保模型能够得到充分的训练。

2. 数据清洗

收集到的原始数据往往包含噪声和冗余信息，需要进行清洗以提高数据质量。数据清洗的步骤如下。

去除无关信息： 删除与问答无关的部分，如广告、版权声明等。

处理乱码和特殊字符： 修正或删除乱码、特殊字符等，以确保数据的一致性。

文本规范化： 统一文本格式，如将大写字母转换为小写字母，删除多余的空格等。

3. 数据标注

对于某些类型的问答系统（如基于检索的问答系统），可能需要对数据进行标注，以便在训练过程中使用。数据标注包括以下内容。

问题分类： 将问题按照主题或意图进行分类，以便在检索时能够更准确地定位到相关信息。

实体识别： 识别问题中的关键实体，如人名、地名、机构名等，以便在检索时能够更精确地匹配相关文档。

4. 数据集划分

为了评估模型性能并进行有效的训练，需要将数据集划分为训练集、验证集和测试集。通常的划分比例是70%用于训练，15%用于验证，15%用于测试。这样的划分可以确保模型在未见过的数据上也能表现出良好的性能。

5. 数据增强

为了提高模型的泛化能力，可以采用数据增强技术，通过生成更多的训练样本来增加数据集的多样性。数据增强的方法包括同义词替换、句子重组、回译等。

准备好的数据集包含了一系列问题和答案对，其格式如下。

问题 1：Python 是一种什么语言？
答案 1：Python 是一种高级编程语言。

问题 2：如何定义一个函数？
答案 2：在 Python 语言中，你可以使用 def 关键字来定义一个函数。

13.4.4　模型加载与预处理

在构建问答系统的过程中，加载预训练模型并进行适当的预处理是确保系统性能的关键步骤。以下是为问答系统所采取的模型加载与预处理流程。

1. 模型加载

需要选择并加载一个合适的预训练模型。根据前面的技术选型，可能会选择如BERT、RoBERTa或GPT系列等模型。模型加载通常涉及以下几个步骤。

选择模型：根据任务需求和计算资源，从可用的预训练模型中选择最合适的模型。

安装依赖：确保已安装运行该模型所需的库和依赖项，如TensorFlow或PyTorch等。

加载模型：使用相应的API或框架加载预训练模型。例如，如果使用Hugging Face公司的Transformers库，可以通过AutoModelForQuestionAnswering类加载一个预训练的QA模型。示例代码如下。

```
from transformers import AutoTokenizer, AutoModelForQuestionAnswering

# 加载预训练的 QA 模型和分词器
model_name = "bert-base-uncased-finetuned-squad-v1"
tokenizer = AutoTokenizer.from_pretrained(model_name)
model = AutoModelForQuestionAnswering.from_pretrained(model_name)
```

2. 文本预处理

在将文本数据输入模型之前，需要进行一系列的预处理步骤，以确保模型能够正确理解和处理输入数据。文本预处理的步骤可能包括以下几项。

分词与标记化： 将文本分割成更小的单元（如单词、子词或字符），便于模型处理。这通常涉及使用分词器将文本转换为模型能够理解的格式。

文本清洗： 去除文本中的无关字符、特殊符号、多余空格等，以确保输入数据的质量和一致性。

文本编码： 将预处理后的文本转换为模型可以理解的数值格式。这通常涉及将文本转换为词嵌入或句嵌入等形式的数值表示。

示例代码如下。

```
# 示例问题和上下文
question = "What is the capital of France?"
context = "France is a country in Western Europe. Its capital is Paris."

# 分词与标记化
inputs = tokenizer(question, context, return_tensors="pt", truncation=True, padding=True)

# 文本编码
input_ids = inputs["input_ids"]
attention_mask = inputs["attention_mask"]
```

3. 特征提取

对于某些问答系统，特别是基于检索的问答系统，可能还需要从文本中提取特定的特征，以便更好地进行信息检索和答案匹配。特征提取可能包括以下几项。

关键词提取： 从文本中提取出最具有代表性的关键词或短语，便于后续的检索和匹配。

实体识别： 识别文本中的实体（如人名、地名、机构名等），便于在答案匹配时进行更精确的定位。

句法分析： 分析文本的句法结构，便于理解句子的语义关系和依赖关系。

示例代码如下。

```
# 示例：使用 spaCy 进行实体识别
import spacy

nlp = spacy.load("en_core_web_sm")
doc = nlp(context)

# 提取实体
entities = [(ent.text, ent.label_) for ent in doc.ents]
print(entities)
```

4. 数据增强与扩展

为了提高模型的泛化能力和鲁棒性，还可以通过数据增强和扩展技术来增加训练数据的多样性和数量。数据增强技术包括以下几项。

同义词替换： 将文本中的某些词汇替换为其同义词或近义词，以增加数据的多样性。

句子重组： 通过重新排列句子中的词语或短语来改变句子的结构，同时保持其语义不变。

回译： 将文本翻译成另一种语言，然后翻译回原始语言，以生成语义相似但表述不同的新文本。

同义词替换的示例代码如下。

```
from nltk.corpus import wordnet as wn

def get_synonyms(word):
    synonyms = set()
    for syn in wn.synsets(word):
        for lemma in syn.lemmas():
            synonyms.add(lemma.name())
    return list(synonyms)

# 示例：替换文本中的某个词为其同义词
word_to_replace = "capital"
synonyms = get_synonyms(word_to_replace)
augmented_context = context.replace(word_to_replace, synonyms[0] if synonyms else word_to_replace)
print(augmented_context)
```

13.4.5　问题处理与答案生成

在问答系统中，问题处理与答案生成是核心环节。这一过程涉及对用户提出的问题进行解析、理解，并从知识库或上下文中检索出相关信息，最终生成准确、简洁的答案。以下是为问答系统所设计的问题处理与答案生成流程。

1. 问题解析

问题解析是理解用户提问意图的关键步骤。它通常包括以下几个步骤。

分词与标记化： 将问题文本分割成更小的单元（如单词、子词），便于后续处理。

词性标注： 识别问题中每个词汇的词性，有助于理解句子的结构和含义。

依存句法分析： 分析句子中各成分之间的依存关系，进一步揭示句子的语义结构。

问题解析的示例代码如下。

```
import spacy
```

```python
# 加载预训练的 spaCy 模型
nlp = spacy.load("en_core_web_sm")

# 用户提问
question = "Who is the author of 'To Kill a Mockingbird'?"

# 问题解析
doc = nlp(question)
for token in doc:
    print(f"Token: {token.text}, POS: {token.pos_}, Dependency: {token.dep_}")
```

2. 信息检索

根据解析后的问题，系统需要在知识库或上下文中检索相关信息。它通常涉及以下几个步骤。

关键词提取：从问题中提取关键词作为检索的线索。

相似度计算：计算问题与知识库中条目的相似度，找出最相关的条目。

排序与筛选：根据相似度对检索结果进行排序，并筛选出最符合问题的条目。

信息检索的示例代码如下（假设使用Elasticsearch）。

```python
from elasticsearch import Elasticsearch

# 初始化 Elasticsearch 客户端
es = Elasticsearch(["http://localhost:9200"])

# 构造查询语句（以关键词搜索为例）
query = {
    "query": {
        "match": {
            "content": "To Kill a Mockingbird author"
        }
    }
}

# 执行查询
response = es.search(index="my_index", body=query)

# 处理查询结果
for hit in response['hits']['hits']:
    print(hit["_source"])
```

3. 答案生成

基于检索到的信息，系统需要生成准确、简洁的答案。它通常涉及以下几个步骤。

答案抽取： 从检索结果中抽取与问题直接相关的答案片段。

答案整合： 如果检索结果包含多个相关条目，需要将这些条目整合成一个完整的答案。

答案格式化： 对生成的答案进行格式化处理，使其更加易读和用户友好。

答案生成的示例代码如下（简化版）。

```
# 假设 response['hits']['hits'] 中已包含相关条目
answer = ""
for hit in response['hits']['hits']:
    # 假设每个条目都有一个 "answer" 字段直接包含答案
    if "answer" in hit["_source"]:
        answer += hit["_source"]["answer"] + "\n"


# 输出最终答案
print("Answer:")
print(answer.strip())
```

注意：上述代码仅为示例，在实际系统中的问题处理与答案生成过程会更加复杂。例如，可能需要处理多轮对话、上下文理解、实体链接等高级功能。此外，对于不同类型的问答系统（如基于规则的系统、基于机器学习的系统或混合系统），问题处理与答案生成的具体实现方式也会有所不同。

13.4.6　系统集成与测试

在问答系统的开发过程中，系统集成与测试是确保系统稳定性和可靠性的关键步骤。通过系统集成，可以将各个独立的模块组合成一个完整的系统；而通过测试，可以验证系统的功能是否符合预期，发现并修复潜在的问题。

1. 系统集成

系统集成是将各个独立的模块（如问题解析模块、信息检索模块、答案生成模块等）组合成一个完整的问答系统的过程。集成过程需要确保各个模块之间的接口兼容，数据能够正确传递，并且系统能够作为一个整体协同工作。

模块接口定义： 明确各个模块之间的输入／输出格式和协议，确保数据能够在模块之间顺畅传递。

数据流管理： 设计合理的数据流管理策略，确保数据在处理过程中不会丢失或重复。

错误处理： 在各个模块中实现错误处理机制，当某个模块出现异常时，能够优雅地处理错误，以避免系统崩溃。

示例代码如下（伪代码，用于说明系统集成思路）。

```
# 假设有以下模块
def process_question(question):
    # 问题解析逻辑
    pass
```

```python
def retrieve_information(question):
    # 信息检索逻辑
    pass


def generate_answer(retrieved_info):
    # 答案生成逻辑
    pass


# 系统集成示例
def main(user_question):
    try:
        # 解析问题
        processed_question = process_question(user_question)

        # 检索信息
        retrieved_info = retrieve_information(processed_question)

        # 生成答案
        answer = generate_answer(retrieved_info)

        return answer
    except Exception as e:
        # 错误处理
        print(f"An error occurred: {e}")
        return "An error occurred. Please try again later."
```

2. 系统测试

系统测试是验证问答系统功能是否符合预期的重要步骤。测试应涵盖系统的各个方面，包括功能测试、性能测试、安全性测试等。

功能测试：验证系统是否能够正确处理各种类型的问题，并生成准确的答案。

性能测试：测试系统的响应时间、吞吐量等性能指标，确保系统能够满足实际应用的需求。

安全性测试：检查系统是否存在安全漏洞，如SQL注入、XSS攻击等，确保用户数据的安全。

测试计划示例如下。

测试用例1：功能测试。

输入："What is the capital of France?"

预期输出："The capital of France is Paris."

实际输出：（待测试）。

测试用例2：性能测试。

测试场景：同时向系统发送100个并发请求。

预期性能指标：平均响应时间不超过 2s。

实际性能指标：（待测试）。

测试用例 3： 安全性测试。

输入："'; DROP TABLE users; --"

预期行为：系统应能够识别并阻止 SQL 注入攻击。

实际行为：（待测试）。

通过系统集成与测试，可以确保问答系统的稳定性和可靠性，为用户提供高质量的服务。

13.5 本章小结

本章通过动手实践构建了一个问答系统，涵盖了从项目概述、技术选型、数据准备、模型加载与预处理、问题处理与答案生成，到系统集成与测试的全过程。

在项目实施过程中，高质量的数据集是训练出优秀模型的基础，因此在数据准备阶段，本章介绍了数据的收集、清洗和标注工作。同时，也强调了模型选择与预处理的重要性，合适的模型和恰当的预处理步骤能够显著提升模型的性能。

在问题处理与答案生成环节，本章运用了 NLP 技术和信息检索技术，实现了对用户问题的理解和答案的生成。

虽然本章已经构建了一个基本的问答系统，但在实际应用中，还有很多可以改进和优化的地方。未来，可从以下几个方面进行进一步的探索和研究。

模型优化： 随着 NLP 技术的不断发展，可以尝试使用更先进的模型来替换当前的模型，以提高系统的性能。例如，可以尝试使用更大规模的预训练语言模型，或者结合多种模型进行集成学习。

多模态支持： 当前的问答系统主要基于文本数据，未来可以考虑加入对图像、语音等多模态数据的支持，使系统能够处理更复杂的查询需求。

个性化推荐： 根据用户的历史查询记录和偏好，为用户提供个性化的推荐服务，以提高用户的满意度和黏性。

跨语言支持： 随着全球化的加速发展，跨语言支持将变得越来越重要。未来可以考虑将系统扩展为支持多种语言，以满足更广泛用户的需求。

增强现实与虚拟现实集成： 随着增强现实／虚拟现实技术的不断发展，未来可以考虑将问答系统与增强现实／虚拟现实技术相结合，为用户提供更加沉浸式的查询体验。

总之，问答系统作为 NLP 领域的一个重要应用方向，具有广阔的发展前景和巨大的市场潜力。通过不断探索和创新，期待问答系统在未来能够为人们提供更加智能、便捷和个性化的服务。

第 **14** 章

计算机视觉的创新应用

计算机视觉作为人工智能的一个重要分支，它致力于赋予机器视觉理解能力，从而理解、分析和解释图像及视频数据。随着深度学习技术的飞速发展，尤其是大模型的应用，计算机视觉领域迎来了前所未有的创新机遇。本章将探讨计算机视觉领域的一些高级应用案例，展示大模型如何推动该领域的边界拓展和技术革新。

本章涉及的主要知识点如下。

◆ 大模型在图像合成与编辑中的应用。

◆ 大模型在视频分析与理解中的应用。

◆ 大模型在视觉应用中的需求分析及方案设计。

14.1　大模型在图像合成与编辑中的应用

在计算机视觉领域，图像合成与编辑是一项极具挑战性和创意性的任务，它涉及将不同的图像元素进行语义融合，或者对图像内容进行智能化修改和增强。随着深度学习技术的快速发展，特别是生成式大模型的应用，图像合成与编辑的技术边界得到了显著拓展，这为艺术创作、图像修复、虚拟试穿等垂直领域带来了革命性突破。

14.1.1　图像生成与风格迁移

图像生成与风格迁移是计算机视觉领域中的两个重要研究方向，它们不仅丰富了图像创作的可能性，也为艺术创作、广告设计、虚拟现实等领域带来了革命性的变化。近年来，随着深度学习技术的飞速发展，特别是大模型（如 GAN、Transformer 等）的应用，图像生成与风格迁移的效果达到了前所未有的高度。

1.　图像生成

图像生成技术旨在根据给定的条件（如文本描述、草图等）自动生成逼真的图像。大模型，尤其是 GAN，在这一领域展现出了惊人的能力。GAN 由生成器和判别器两部分组成，生成器负责生成图像，而判别器则负责判断图像是真实的还是生成的。通过对抗训练，生成器能够逐渐学习到如何生成越来越逼真的图像。图 14-1 所示为 GAN 生成相似图像的过程示意，由图中可以看出相似图像是在生成器中随机增加噪声产生的。

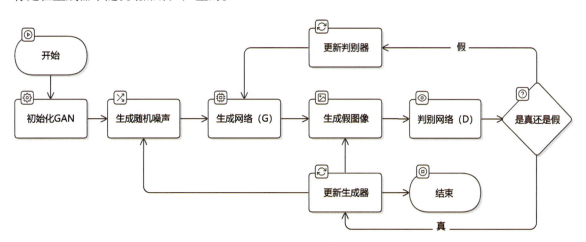

图 14-1　GAN 生成相似图像的过程示意

例如，DeepAI 的 DALL-E 模型就是一个典型的图像生成大模型。用户只需输入一段简短的文本描述，DALL-E 就能自动生成与之匹配的图像。这种技术不仅极大地降低了图像创作的门槛，还为艺术家和设计师提供了无限的灵感来源。

2. 风格迁移

风格迁移是一种将一幅图像的艺术风格应用到另一幅图像上的技术。它不仅能够保留原始图像的内容，还能赋予其全新的艺术风格。大模型，特别是CNN和Transformer等深度学习模型，在风格迁移中发挥着重要作用。图14-2所示为大模型图像风格迁移过程示意，图中左侧的内容图像通过卷积网络将内容损失贡献给合成网络，而风格图像通过卷积网络将风格损失贡献给合成网络，最终生成具有新风格的合成图像。

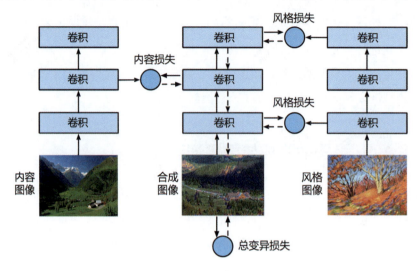

图14-2 大模型图像风格迁移过程示意

以CycleGAN为例，它是一种基于GAN的风格迁移模型，能够实现两种不同风格图像之间的互相转换。CycleGAN通过两个生成器（G和F）和两个判别器（D_X和D_Y）的对抗训练，实现了源域图像X到目标域图像Y的风格迁移，以及目标域图像Y到源域图像X的风格反迁移。这种双向循环一致性损失确保了风格迁移过程中图像内容的完整性。

除了CycleGAN外，生成对抗网络和扩散模型等大模型也在风格迁移领域取得了显著成果。例如，自适应实例归一化（Adaptive Instance Normalization，AdaIN）方法通过调整图像的特征统计量来实现风格迁移，而白化与着色变换（Whitening and Coloring Transform，WCT）方法则利用协方差矩阵的线性变换来实现图像风格的快速转换。

图像生成与风格迁移作为计算机视觉领域的重要研究方向，不仅推动了艺术创作和广告设计的创新，还为虚拟现实、增强现实等领域提供了强大的技术支持。随着大模型技术的不断发展，人们有理由相信，未来的图像生成与风格迁移技术将更加智能化、个性化和高效化，为人们带来更加丰富多彩的视觉体验。

14.1.2 图像修复与增强

在计算机视觉领域，图像修复与增强技术对于改善图像质量、恢复图像信息具有重要意义。随着大模型（如深度学习模型）的发展，这些技术得到了显著提升，这使得图像修复与增强变得更加高效和精准。

1. 图像修复

图像修复技术主要用于恢复图像中受损或缺失的部分，使其看起来完整且自然。大模型，特别是基于深度学习的模型，通过学习大量图像数据，能够自动识别和填充图像中的破损区域。图14-3所示为一种基于 Proposed Network 的图像修复网络的结构示意，由图中可以看出，图像修复的基本原理在于解码器根据预训练的权重对输入图像的深度特征加入了更多不同的细节，而解码器的对称设计则是为了学习和生成图像中不同尺度的特征。

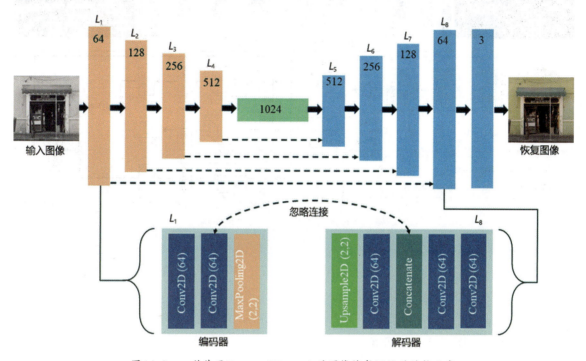

图14-3　一种基于 Proposed Network 的图像修复网络的结构示意

图像修复的关键技术如下。

CNN： CNN 在图像修复中表现出色，通过多层卷积操作提取图像特征，并利用这些特征来预测和填充缺失部分。

GAN： GAN 由生成器和判别器组成，生成器负责生成修复后的图像，而判别器则负责判断图像是真实的还是生成的。通过对抗训练，GAN 能够生成高质量的修复结果。

注意力机制： 注意力机制允许模型在处理图像时更加关注重要区域，从而提高修复效果。特别是在处理大面积破损的图像时，注意力机制能够帮助模型更好地理解和填充缺失部分。

图像修复的应用场景如下。

老照片修复： 对于年代久远、有划痕或污渍的老照片，图像修复技术可以恢复其清晰度和细节。

图像去遮挡： 在监控视频中，人物或物体可能被其他物体遮挡。图像修复技术可以去除遮挡物，恢复被遮挡部分的信息。

2. 图像增强

图像增强技术旨在改善图像质量，使其更加清晰、鲜明。大模型通过学习图像数据的统计特性和分布规律，能够自动调整图像的亮度、对比度、饱和度等参数，从而提升图像质量。图14-4所示为一种低亮度图像增强网络的结构示意，与图像修复相似，也采用了 Proposed Network 架构，而其

主要创新点则是在 Global Context Block 中加入了基于图像的自注意力机制。

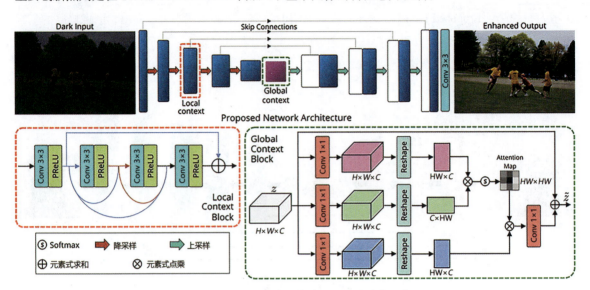

图 14-4　一种低亮度图像增强网络的结构示意

图像增强的关键技术如下。

超分辨率重建：通过大模型学习低分辨率图像到高分辨率图像的映射关系，实现图像的超分辨率重建。这不仅可以提高图像的清晰度，还可以恢复更多的细节信息。

去噪：图像在采集和传输过程中可能会受到噪声干扰。大模型通过学习噪声的分布特性，可以有效去除图像中的噪声，恢复其原始质量。

色彩校正：大模型可以根据图像的内容自动调整其色彩平衡和色调映射，使图像看起来更加自然和生动。

图像增强的应用场景如下。

医学影像处理：在医学影像诊断中，高质量的图像对于准确判断病情至关重要。图像增强技术可以提高医学影像的清晰度和对比度，帮助医生更好地识别病灶。

卫星遥感图像：卫星遥感图像在环境监测、城市规划等领域具有重要应用价值。然而，由于拍摄条件和环境因素的影响，这些图像可能存在模糊、失真等问题。图像增强技术可以改善这些问题，提高图像的可读性和准确性。

图像修复与增强技术作为计算机视觉领域的重要组成部分，对改善图像质量、恢复图像信息具有重要意义。随着大模型技术的不断发展，这些技术将在更多领域得到应用和推广，为人们带来更加清晰、生动的视觉体验。

14.1.3　虚拟试穿与换装

随着电子商务的蓬勃发展，线上购物已成为人们日常生活中不可或缺的一部分。然而，线上购物的局限性之一在于消费者无法像实体店一样直接试穿商品，从而影响了购物体验和购买决策。为了解决这一问题，虚拟试穿与换装技术应运而生，它利用计算机视觉和大模型技术，为消费者提供了一种全新的在线购物体验。

1. 虚拟试穿技术概述

虚拟试穿技术是一种结合计算机视觉、图像处理和深度学习等技术的创新应用。它通过分析消费者的身体特征（如身高、体重、体型等）和服装的款式、尺码等信息，利用大模型生成逼真的试穿效果，让消费者在线上就能体验到实际穿着的效果。图14-5所示为使用GAN技术实现虚拟试穿的系统架构，其核心在于将用户输入的数据增强后交给GAN网络，生成一个局部特征发生变化的输出，由此即实现了虚拟试穿的效果。

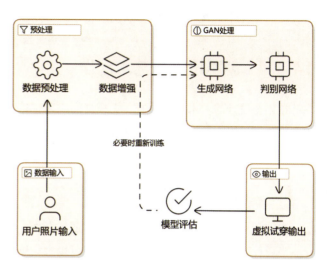

图 14-5　使用 GAN 技术实现虚拟试穿的系统架构

2. 大模型在虚拟试穿中的应用

在虚拟试穿技术中，大模型扮演着至关重要的角色。以下是大模型在虚拟试穿中的几个关键应用。

人体姿态估计：大模型通过学习大量的人体姿态数据，能够准确估计出人体的关键点（如关节位置），从而实现对人体姿态的精准捕捉。这对于生成逼真的试穿效果至关重要，因为服装的呈现效果很大程度上取决于人体的姿态。

服装分割与识别：大模型能够准确分割出图像中的服装部分，并识别出服装的款式、颜色、材质等特征。这使系统能够根据消费者的选择，快速匹配到合适的服装模型，并生成相应的试穿效果。

图像合成与渲染：在得到人体的姿态信息和所选服装的特征后，大模型会利用图像合成与渲染技术，将服装"穿"到消费者身上，并生成逼真的试穿效果。这一过程涉及图像的变形、融合、光照处理等多个环节，需要大模型具备强大的图像处理能力。

3. 虚拟换装技术的创新点

虚拟换装技术作为虚拟试穿技术的一个延伸，允许消费者在线上自由搭配和更换服装，从而进一步提升了购物体验。以下是虚拟换装技术的一些创新点。

实时互动：消费者可以通过鼠标或触摸屏实时选择和更换服装，系统能够立即生成相应的试穿效果，实现真正的"所见即所得"。

个性化推荐：大模型可以根据消费者的购物历史和偏好，智能推荐符合其品位的服装款式和搭配方案，从而提高购物的个性化和精准度。

社交分享：消费者可以将自己的试穿效果分享到社交媒体上，与朋友们一起讨论和点评，增加

了购物的趣味性和互动性。

虚拟试穿与换装技术作为计算机视觉和大模型技术在电子商务领域的一次创新应用，不仅为消费者提供了更加便捷、个性化的购物体验，也为商家带来了更多的销售机会和品牌价值。

14.1.4 创意设计与艺术创作

在创意设计与艺术创作领域，大模型的应用正逐渐改变着传统的设计流程与创作方式。通过深度学习技术的强大能力，大模型能够从海量的数据中学习并提取出复杂的视觉特征，进而辅助设计师进行创意构思、风格探索及艺术作品的生成，为创意设计与艺术创作开辟新的可能性。

1. 创意构思辅助

大模型可以通过分析大量设计作品和艺术创作，学习到不同风格、主题和元素之间的关联与差异。当设计师面临创意瓶颈时，大模型可以提供灵感激发和创意构思的辅助。例如，设计师可以输入一些关键词或描述性文本，大模型便能根据这些输入生成一系列与之相关的设计草图或概念图，帮助设计师拓宽思路，发现新的设计方向。

2. 风格探索与融合

艺术创作往往追求独特的风格与表现形式。大模型，尤其是那些在风格迁移领域表现出色的模型，如CycleGAN、StyleGAN等，能够帮助艺术家探索并融合不同的艺术风格。艺术家可以将自己的作品或任何一幅图像输入模型中，选择或指定一种或多种艺术风格，模型便能自动将所选风格应用到输入图像中，生成具有新风格的艺术作品。这种风格探索与融合的过程不仅丰富了艺术创作的多样性，也为艺术家提供了更多实验和创新的空间。

3. 自动艺术作品生成

随着技术的进步，大模型已经能够自动生成具有艺术价值的作品。例如，一些基于GAN的模型能够生成逼真的绘画作品，这些作品在视觉上往往难以与真实艺术家的作品区分开。此外，还有一些模型能够根据输入的文本描述或情感标签，自动生成与之相匹配的艺术图像或音乐片段。这种自动艺术作品生成的能力为艺术创作领域带来了全新的可能性，使艺术创作不再局限于传统的手工艺或数字绘画，而是可以扩展到更广阔的领域和形式。

4. 设计优化与反馈

在设计过程中，大模型还可以提供设计优化与反馈的支持。通过对比分析大量成功的设计案例和失败的设计尝试，大模型能够学习到优秀设计的共同特征和失败设计的常见陷阱。当设计师提交自己的设计作品时，大模型可以快速评估作品的设计质量、用户接受度及潜在的改进空间，并提供具体的优化建议和反馈意见。这种设计优化与反馈的支持有助于提高设计效率和质量，减少试错成本。

14.2 大模型在视频分析与理解中的应用

随着视频内容的爆炸性增长，如何高效地分析、理解和利用这些视频数据成为计算机视觉领域的一大挑战。大模型，尤其是深度学习中的大规模神经网络模型，因其强大的特征提取和模式识别能力，在视频分析与理解中扮演着越来越重要的角色。本节将深入探讨大模型在视频分析与理解中的关键应用及其带来的变革。

14.2.1 视频内容识别与分类

随着信息技术的飞速发展，视频数据已成为现代社会中信息传递和记录的重要手段。然而，面对海量的视频数据，如何高效地识别其内容并进行分类，成为一个亟待解决的问题。在这一背景下，大模型，特别是深度学习模型，在视频内容识别与分类中扮演着越来越重要的角色。

1. 视频内容识别

视频内容识别是指通过计算机视觉技术，自动识别和分析视频中的关键信息，如物体、场景、动作等。大模型，尤其是深度学习模型，如CNN、RNN及其变体（如LSTM和GRU），在视频内容识别中展现出了强大的能力。图14-6所示为一种典型的视频理解网络架构，由图中架构可以看出，视频的理解主要还是将逐帧的图像输入2D网络形成深度特征，再通过RNN及其变体（LSTM）进行时间维度建模。

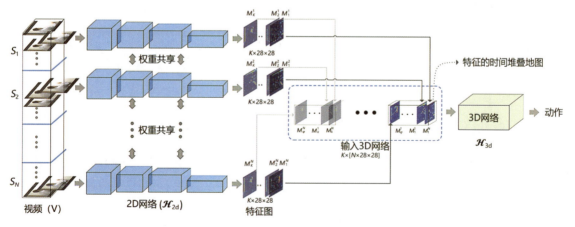

图 14-6 一种典型的视频理解网络架构

大模型通过从大量标注数据中学习，能够自动提取视频中的特征，并基于这些特征对视频内容进行准确识别。例如，在安防监控领域，大模型可以自动识别出异常行为（如打斗、奔跑、摔倒等），为安全预警提供有力支持；在自动驾驶领域，大模型可以识别出道路标志、行人、车辆等关键信息，为车辆决策提供重要依据。

2. 视频内容分类

视频内容分类是指将视频数据按照一定的标准或规则进行分类，以便于后续的检索、管理和利用。大模型在视频内容分类中同样发挥着重要作用。

通过深度学习技术，大模型能够从视频中提取出丰富的特征信息，包括颜色、纹理、形状、运动轨迹等，这些特征信息为视频内容的准确分类提供了有力支持。例如，在电影分类中，大模型可以根据视频中的情节、角色、场景等特征，将电影分为动作片、喜剧片、爱情片等不同类型；在体育赛事分类中，大模型可以根据比赛项目、队伍、球员等特征，将体育赛事分为足球比赛、篮球比赛、网球比赛等不同类别。

3. 大模型的优势

相比于传统的方法，大模型在视频内容识别与分类中具有以下优势。

高效性： 大模型通过并行计算和加速算法，能够实现对视频内容的快速识别与分类，大幅提高了处理效率。

准确性： 大模型通过深度学习技术，能够自动学习视频中的复杂特征，从而提高识别的准确性和分类的精度。

泛化能力： 大模型通过训练大量数据，能够学习到视频内容的普遍规律，从而具有良好的泛化能力，能够处理未见过的视频数据。

大模型在视频内容识别与分类中的应用，不仅提高了视频处理的效率和准确性，还为视频内容的智能化管理和利用提供了有力支持。

14.2.2 视频摘要与关键帧提取

在视频内容日益丰富的今天，如何高效地浏览和理解长视频成为一个挑战。视频摘要与关键帧提取技术能够帮助用户快速把握视频的核心内容，提高视频浏览效率。而大模型，作为深度学习领域的佼佼者，在这一过程中发挥着至关重要的作用。

1. 视频摘要

视频摘要技术旨在将长视频压缩成简短的片段集合，这些片段能够概括原视频的主要内容。大模型通过深度学习算法，能够自动分析视频中的视觉和音频信息，识别出重要的场景和事件，从而生成高质量的视频摘要。图14-7所示为使用语言诱导大模型生成视频摘要的过程，从左至右，系统通过文字生成器逐帧将视频转换为视频文字数据，经过语言向导注意力的过滤后，得到关注特征，然后通过帧打分Transformer计算各帧的得分，将得分高的视频帧与文字筛选出来组合成视频摘要。

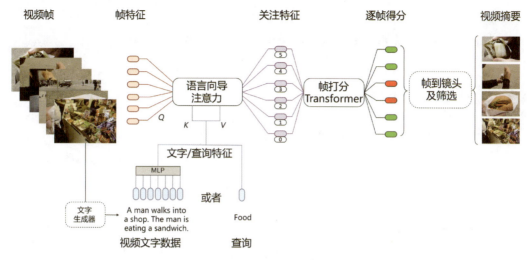

图 14-7 使用语言诱导大模型生成视频摘要的过程

大模型在视频摘要中的应用主要体现在以下几个方面。

特征提取： 大模型能够从视频中提取出丰富的视觉和音频特征，这些特征包括颜色、纹理、形状、运动轨迹及语音内容等，为后续的摘要生成提供基础数据。

内容理解： 通过深度学习算法，大模型能够理解视频内容的语义信息，识别出视频中的重要场景和事件，如高潮部分、转折点等。

摘要生成： 基于提取的特征和内容理解，大模型能够自动生成视频摘要，这些摘要既保留了原视频的主要内容，又大幅缩短了视频长度，提高了浏览效率。

2. 关键帧提取

关键帧提取是视频分析与理解中的另一项重要技术。关键帧是指能够代表视频主要内容或重要事件的帧。通过提取关键帧，用户可以在不观看完整视频的情况下，快速了解视频的主要内容。

大模型在关键帧提取中的应用主要体现在以下几个方面。

帧间差异分析： 大模型能够分析连续帧之间的差异，识别出变化较大的帧并将其作为候选关键帧。

重要性评估： 通过深度学习算法，大模型能够对每一帧进行重要性评估，根据评估结果选出最具代表性的帧作为关键帧。

多样性保持： 在提取关键帧时，大模型还会考虑帧之间的多样性，确保关键帧集合能够全面反映视频的主要内容。

3. 大模型的优势

相比于传统方法，大模型在视频摘要与关键帧提取中具有以下优势。

自动化程度高： 大模型能够实现自动化的视频摘要和关键帧提取，不需要人工干预，大幅提高了处理效率。

准确性高： 通过深度学习算法，大模型能够准确识别视频中的重要内容和事件，生成高质量的

摘要和关键帧。

适应性强： 大模型能够处理各种类型和风格的视频，具有很强的适应性。

14.2.3 视频动作识别与跟踪

视频动作识别与跟踪是计算机视觉领域的重要研究方向，它旨在从视频序列中自动识别和跟踪人体或物体的运动轨迹，进而分析其行为模式。随着大模型技术的不断发展，视频动作识别与跟踪技术取得了显著进步，这为智能监控、人机交互、体育分析等多个领域带来了革新。

1. 视频动作识别

视频动作识别是指从视频序列中自动检测出人体或物体的动作，并对其进行分类和识别。大模型在视频动作识别中发挥了关键作用，通过深度学习算法，大模型能够从大量视频数据中学习到动作的特征表示，进而实现对动作的准确识别。图14-8所示为基于姿态的卷积特征视频动作识别的过程示意，由图中可以看出动作识别首先是建立逐帧的空间特征对比，然后将特征抽象成身体不同部位的RGB与Flow，分别用RGB CNN与Flow CNN共同预测，RGB用来判断身体位置，Flow则用来匹配动作过程，最后将结果汇总到P-CNN推断出视频动作。

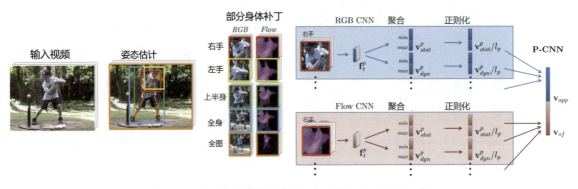

图14-8　基于姿态的卷积特征视频动作识别的过程示意

大模型在视频动作识别中的应用主要包括以下几个方面。

特征提取： 大模型通过CNN等结构，从视频帧中提取出关键的空间和时间特征，这些特征对于动作识别至关重要。

时序建模： 为了捕捉动作的时序依赖性，大模型通常采用RNN、LSTM或GRU等结构，对视频帧序列进行建模。

动作分类： 基于提取的特征和时序模型，大模型能够对视频中的动作进行分类，识别出具体的动作类别，如跑步、跳跃、挥手等。

2. 视频动作跟踪

视频动作跟踪是指在连续的视频帧中，对特定的人体或物体进行持续定位和跟踪。这对于理解物体的运动轨迹、分析其行为模式具有重要意义。大模型在视频动作跟踪中的应用同样广泛且深入。

大模型在视频动作跟踪中的主要贡献包括以下几个方面。

目标检测： 大模型需要从视频帧中准确检测出目标物体（如人体）的位置和大小。这通常通过目标检测算法实现，如基于区域的卷积神经网络（R-CNN）系列算法。

特征匹配： 在连续的视频帧中，大模型需要找到同一目标在不同帧之间的对应关系。这通常通过计算特征向量之间的距离或相似度来实现，从而确保跟踪的连续性和稳定性。

运动模型： 为了预测目标在下一帧中的位置，大模型通常需要结合目标的运动信息和外观特征，通过构建运动模型进行预测。这有助于在目标被遮挡或快速移动时，仍能保持稳定的跟踪效果。

3. 大模型的优势

相比传统方法，大模型在视频动作识别与跟踪中具有以下优势。

强大的特征表示能力： 大模型通过深度学习算法，能够从原始视频数据中学习到更加丰富和有效的特征表示，从而提高识别和跟踪的准确性。

端到端的优化： 大模型通常采用端到端的训练方式，能够同时优化特征提取、时序建模和动作分类（或目标检测、特征匹配和运动模型）等多个环节，从而提高整体性能。

良好的泛化能力： 大模型通过在大规模数据集上进行训练，能够学习到更加泛化的特征表示和模型参数，从而适用于不同类型的视频数据和动作类别。

14.2.4　视频情感分析与理解

随着人工智能技术的不断发展，计算机视觉在情感分析领域的应用日益广泛。视频情感分析与理解作为计算机视觉的一个重要分支，旨在通过分析视频中的人脸表情、语音语调、肢体动作等非语言信息，推断出人的情感状态。

1. 视频情感分析与理解的重要性

情感是人类交流的重要组成部分，它能够传达信息、建立联系并影响决策。在视频内容中，情感是连接观众与内容的桥梁，能够增强观众的参与感和共鸣。因此，对视频中的情感进行准确分析与理解，对于提升用户体验、优化内容创作、实现精准营销等方面具有重要意义。

2. 大模型在视频情感分析与理解中的应用

人脸表情识别： 人脸表情是情感表达的重要方式之一。大模型通过深度学习算法，能够从视频帧中提取人脸特征，识别出各种基本表情（如快乐、悲伤、愤怒等），进而推断出人物的情感状态。这种技术广泛应用于社交媒体、在线教育和心理健康等领域。

语音语调分析： 语音是另一种重要的情感表达途径。大模型通过分析语音的音调、音量、语速等特征，能够识别出说话人的情感倾向。这种技术对于提升智能客服、语音识别系统的情感理解能力具有重要意义。

肢体动作分析： 除了人脸表情和语音语调外，肢体动作也是情感表达的重要方式。大模型通

过分析视频中的肢体动作,如手势、姿态等,能够进一步丰富情感分析的维度,从而提高分析的准确性。

3. 大模型在视频情感分析与理解中的挑战与解决方案

尽管大模型在视频情感分析与理解中展现出了很大的潜力,但仍面临一些挑战。例如,不同文化背景下情感表达方式的差异、视频质量对情感分析准确性的影响等。为了解决这些挑战,研究者们正在探索跨文化情感分析、多模态情感融合等技术路径。

跨文化情感分析: 由于不同文化背景下人们的情感表达方式存在差异,因此跨文化情感分析成为一个重要的研究方向。大模型通过学习不同文化背景下的情感数据,能够逐渐适应并理解不同文化中的情感表达方式,从而提高情感分析的普适性和准确性。

多模态情感融合: 为了提高情感分析的准确性,研究者们正在探索将人脸表情、语音语调和肢体动作等多种模态的信息进行融合。大模型通过整合来自不同模态的情感线索,能够更全面地理解视频中的情感内容,从而提高分析的准确性。

14.2.5 视频生成与编辑

随着计算机视觉技术的飞速发展,大模型在视频生成与编辑领域的应用日益广泛,这为视频内容的创作和修改带来前所未有的便利和可能性。大模型凭借其强大的数据处理能力和深度学习算法,能够实现视频内容的自动生成、个性化编辑及高效优化,这极大地丰富了视频创作的手段和形式。

1. 视频生成

视频生成是指利用计算机技术和算法,自动生成具有连贯性和视觉吸引力的视频内容。图14-9所示为隐式视频扩散模型的视频生成过程,从图中可以看出,该模型首先根据训练数据生成了视频的隐式层次结构,然后预测时根据层次权重逐帧生成;生成过程先由无条件扩散模型生成随机噪声,然后由预测扩散模型生成较为粗略的视频运动状态,最后由填充扩散模型完善视频帧的细节。

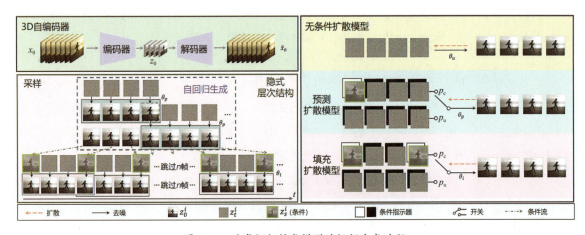

图14-9 隐式视频扩散模型的视频生成过程

大模型在这一领域的应用主要体现在以下几个方面。

基于文本的视频生成：用户可以通过输入一段描述性文本，大模型根据文本内容自动生成相应的视频。这种技术不仅适用于广告、动画等创意内容的制作，还可以用于新闻播报、教育课件等实用场景。

风格迁移与转换：大模型能够将一种视频风格迁移到另一种视频上，实现视频风格的个性化定制。例如，用户可以将现代都市风格的视频转换为复古电影风格，或者将动画风格应用于真实场景中，创造出独特的视觉效果。

虚拟角色与场景生成：大模型能够生成逼真的虚拟角色和场景，为电影、游戏等娱乐产业提供丰富的素材。这些虚拟内容不仅可以降低制作成本，还能提高创作效率。

2. 视频编辑

视频编辑是指对已有视频内容进行剪辑、合成、特效处理等操作，从而达到预期的艺术效果或传播目的。大模型在视频编辑中的应用主要包括以下几个方面。

智能剪辑：大模型能够根据视频内容自动进行剪辑，去除冗余部分，保留精彩瞬间。这种技术适用于短视频制作、体育赛事集锦等领域，能够大幅提高编辑效率。

特效合成：大模型能够将多种特效元素（如滤镜、贴纸、文字等）智能地融合到视频中，创造出独特的视觉效果。这些特效不仅能够增强视频的观赏性，还能传达特定的情感和信息。

色彩校正与增强：大模型能够根据视频内容自动进行色彩校正和增强处理，这使视频画面更加鲜艳、生动。这种技术适用于电影、电视剧等影视作品的后期制作阶段，能够提升整体视觉效果。

3. 大模型在视频生成与编辑中的优势与挑战

大模型在视频生成与编辑中的优势在于其强大的数据处理能力和深度学习算法的支持。这些技术能够实现视频内容的自动化生成和高效编辑，降低制作成本和时间成本。然而，大模型在视频生成与编辑领域也面临一些挑战，如数据隐私保护、算法透明度等问题。因此，在应用大模型进行视频生成与编辑时，需要充分考虑这些问题并采取相应的解决措施。

14.3　大模型在视觉应用中的需求分析及方案设计

在计算机视觉领域，大模型的应用日益广泛，为众多行业带来了革命性的变化。然而，要充分发挥大模型的潜力，首先需要进行深入的需求分析，明确应用场景的具体需求，然后设计出合理的方案以满足这些需求。本节将探讨大模型在视觉应用中的需求分析及方案设计过程。

14.3.1　需求分析

1. 应用场景识别

需要明确大模型将应用于哪些具体场景。这些场景可能包括但不限于安防监控、自动驾驶、医

学影像分析、零售分析、虚拟现实等。每个场景都有其独特的需求和挑战，因此需求分析的第一步是准确识别应用场景。

2. 性能要求

不同应用场景对大模型的性能要求各不相同。例如，安防监控对实时性和准确性的要求极高；而医学影像分析则更注重模型的精确度和鲁棒性。因此，在需求分析阶段，需要明确各个应用场景对模型的性能要求。

3. 数据特性

大模型的效果在很大程度上依赖训练数据的质量和数量。因此，在需求分析阶段，还需要深入了解应用场景的数据特性，包括数据类型、数据量、数据标注等情况，以便为后续的数据准备和模型训练提供依据。

4. 法律法规与伦理道德考量

在涉及个人隐私、公共安全等敏感领域的应用中，还需要考虑法律法规和伦理道德的要求。确保大模型的应用符合相关法律法规，并尊重用户隐私和权益。

14.3.2 方案设计

在明确了需求分析的基础上，可以开始设计大模型在视觉应用中的具体方案。方案设计通常包括以下几个步骤。

1. 模型选择与训练

根据需求分析的结果，选择适合应用场景的大模型。这可能包括预训练的深度学习模型、GAN、GNN等。随后，根据应用场景的数据特性进行模型训练或微调，以提高模型的性能和适应性。

2. 数据处理与增强

针对应用场景的数据特性，设计合适的数据处理和增强策略。这可能包括数据清洗、标注、扩增、归一化等步骤，以提高数据的质量和数量，从而提升模型的训练效果。

3. 系统集成与部署

将训练好的大模型集成到实际应用系统中，并进行部署和测试。这包括与现有系统的接口对接、性能优化、异常处理等步骤。确保系统能够稳定运行并满足实际应用需求。

4. 监控与优化

在系统运行过程中，持续监控系统性能并收集用户反馈。根据监控数据和用户反馈对模型进行优化和调整，以提高系统的准确性和用户体验。

5. 安全与隐私保护

在方案设计过程中，还需要特别关注安全与隐私保护问题。采取必要的技术措施来确保用户数据的安全和隐私不被泄露或滥用。

大模型在视觉应用中的需求分析及方案设计是一个复杂而细致的过程。通过深入了解应用场景的具体需求、数据特性及相关法律法规和伦理道德要求，可以设计出更加合理、高效的大模型应用方案。这将有助于推动计算机视觉技术的创新和发展，为各行各业带来更多价值和机遇。

14.4 实例：视频内容理解与行为识别

在计算机视觉领域，视频内容理解与行为识别是两项至关重要的技术，它们不仅能够帮助人们从海量的视频数据中提取有价值的信息，还能在智能监控、人机交互、运动分析等多个领域发挥重要作用。本节将通过一个实例，深入探讨大模型在视频内容理解与行为识别中的应用。

14.4.1 实例背景

假设需要在一个公共场所（如购物中心、地铁站等）部署一个智能监控系统，该系统能够自动识别并记录异常行为（如打架、奔跑、摔倒等），以便及时采取应对措施。为了实现这一目标，需要利用大模型对视频内容进行深度理解和行为识别。图 14-10 所示为一个典型的视频行为识别系统的架构，其特别之处在于视频处理过程中对帧的提取和特征提取。

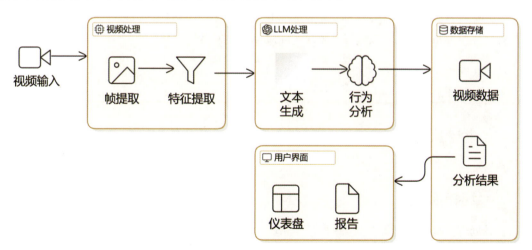

图 14-10　一个典型的视频行为识别系统的架构

14.4.2 技术方案

1. 数据收集与预处理

首先，需要收集大量的视频数据，这些数据应包含各种正常和异常的行为场景。然后，对视频数据进行预处理，包括帧提取、缩放、归一化等操作，以便后续模型训练。

2. 模型选择与训练

选择适合视频内容理解与行为识别的大模型至关重要。考虑到任务的复杂性和实时性要求，可以选择基于深度学习的CNN和RNN的组合模型，或者采用最新的Transformer架构。这些模型能够捕获视频中的时空特征，对行为进行有效识别。

在模型训练阶段，使用预处理后的视频数据对模型进行训练。通过标注视频中的关键帧和行为类别，可以监督模型学习如何准确识别视频中的行为。

3. 行为识别与优化

训练完成后，将模型部署到实际监控系统中。系统能够实时接收视频流，利用模型对每一帧视频进行行为识别。为了提高识别的准确性和效率，可以采用滑动窗口或光流法等技术对视频进行分段处理，并对识别结果进行后处理（如平滑滤波、非极大值抑制等）。此外，还可以利用迁移学习或增量学习等技术对模型进行持续优化。通过不断更新数据和算法，模型能够逐渐适应新的环境和行为模式，从而提高识别的准确性和鲁棒性。

4. 系统集成与测试

最后，将行为识别模块与其他监控系统集成在一起，形成一个完整的智能监控系统。在系统测试阶段，需要对系统的性能进行全面评估，包括识别准确率、实时性、稳定性等指标。通过不断优化和调整系统参数和算法，可以确保系统在实际应用中表现出色。

14.4.3 项目实现

在项目构建阶段，代码操作是实现功能的关键。以下是从数据预处理、模型定义与训练到行为识别与优化、系统集成的具体代码操作指南。

1. 数据预处理

数据预处理是确保模型训练效果的重要环节。以下是一个使用Python语言和OpenCV进行视频帧提取和标注的简单示例。

```
import cv2
import os
```

```
def extract_frames(video_path, output_dir):
    if not os.path.exists(output_dir):
        os.makedirs(output_dir)

    cap = cv2.VideoCapture(video_path)
    frame_id = 0

    while cap.isOpened():
        ret, frame = cap.read()
        if not ret:
            break

        # 保存帧图像
        cv2.imwrite(os.path.join(output_dir, f'frame_{frame_id:06d}.jpg'), frame)
        frame_id += 1

    cap.release()

# 示例用法
video_path = 'path_to_your_video.mp4'
output_dir = 'extracted_frames'
extract_frames(video_path, output_dir)
```

对于标注，可以使用诸如 VIA（VGG Image Annotator）之类的工具进行手动标注，并将标注结果保存为 JSON 或 XML 格式。

2. 模型定义与训练

在模型定义与训练阶段，可以使用深度学习框架（如 TensorFlow 或 PyTorch）来构建和训练模型。以下是一个使用 PyTorch 定义和训练一个简单的 CNN+RNN 模型的示例。

```
import torch
import torch.nn as nn
import torch.optim as optim
from torchvision import datasets, transforms, models
from torch.utils.data import DataLoader

# 假设已经有预处理好的数据集和标注
class VideoDataset(torch.utils.data.Dataset):
    def __init__(self, frames, labels, transform=None):
        self.frames = frames
        self.labels = labels
        self.transform = transform
```

```python
    def __len__(self):
        return len(self.frames)

    def __getitem__(self, idx):
        frame = self.frames[idx]
        label = self.labels[idx]
        if self.transform:
            frame = self.transform(frame)
        return frame, label

# 定义模型
class VideoBehaviorRecognitionModel(nn.Module):
    def __init__(self, num_classes):
        super(VideoBehaviorRecognitionModel, self).__init__()
        self.cnn = models.resnet18(pretrained=True)
        self.cnn.fc = nn.Linear(self.cnn.fc.in_features, 512) # 调整全连接层输出大小
        self.rnn = nn.LSTM(input_size=512, hidden_size=256, num_layers=1, batch_first=True)
        self.fc = nn.Linear(256, num_classes)

    def forward(self, x):
        # 假设 x 的维度为 (batch_size, sequence_length, channels, height, width)
        batch_size, sequence_length, _, _, _ = x.size()
        x = x.view(batch_size * sequence_length, 3, 224, 224) # 假设输入图像大小为 224×224
        x = self.cnn(x)
        x = x.view(batch_size, sequence_length, -1)
        x, _ = self.rnn(x)
        x = self.fc(x[:, -1, :]) # 取最后一个时间步的输出进行分类
        return x

# 实例化模型、定义损失函数和优化器
model = VideoBehaviorRecognitionModel(num_classes=len(set(labels)))
criterion = nn.CrossEntropyLoss()
optimizer = optim.Adam(model.parameters(), lr=0.001)

# 加载数据集
transform = transforms.Compose([
    transforms.Resize((224, 224)),
    transforms.ToTensor(),
    transforms.Normalize(mean=[0.485, 0.456, 0.406], std=[0.229, 0.224, 0.225]),
])
dataset = VideoDataset(frames, labels, transform=transform)
dataloader = DataLoader(dataset, batch_size=32, shuffle=True)

# 训练模型
```

```
num_epochs = 10
for epoch in range(num_epochs):
    model.train()
    running_loss = 0.0
    for inputs, labels in dataloader:
        optimizer.zero_grad()
        outputs = model(inputs)
        loss = criterion(outputs, labels)
        loss.backward()
        optimizer.step()
        running_loss += loss.item() * inputs.size(0)
    epoch_loss = running_loss / len(dataset)
    print(f'Epoch {epoch+1}, Loss: {epoch_loss:.4f}')
```

3. 行为识别与优化

行为识别是利用训练好的模型对视频中的行为进行自动分类和识别的过程。在实际应用中，可能需要处理连续的视频流，并对每一帧进行实时识别。

为了实现实时行为识别，需要对视频流进行解码，逐帧处理，并将处理后的帧输入模型中进行预测。以下是一个简化的实时行为识别流程。

```
import cv2
from model import VideoBehaviorRecognitionModel # 假设模型已定义在 model.py 中

# 加载模型
model = VideoBehaviorRecognitionModel(num_classes=len(set(labels)))
model.load_state_dict(torch.load('trained_model.pth'))
model.eval()

# 定义视频解码和预处理函数
def preprocess_frame(frame):
    # 这里使用与之前训练时相同的预处理流程
    transform = transforms.Compose([
        transforms.Resize((224, 224)),
        transforms.ToTensor(),
        transforms.Normalize(mean=[0.485, 0.456, 0.406], std=[0.229, 0.224, 0.225]),
    ])
    img = Image.fromarray(cv2.cvtColor(frame, cv2.COLOR_BGR2RGB))
    img_tensor = transform(img).unsqueeze(0) # 增加维度
    return img_tensor

# 打开视频流
cap = cv2.VideoCapture('path_to_your_video.mp4')
```

```
while True:
    ret, frame = cap.read()
    if not ret:
        break

    # 预处理帧并送入模型预测
    with torch.no_grad():
        img_tensor = preprocess_frame(frame)
        output = model(img_tensor)
        _, predicted = torch.max(output, 1)
        predicted_label = labels[predicted.item()]

    # 在帧上绘制预测结果（可选）
    cv2.putText(frame, predicted_label, (10, 30), cv2.FONT_HERSHEY_SIMPLEX, 1, (0, 255, 0), 2)

    # 显示结果帧
    cv2.imshow('Behavior Recognition', frame)

    # 按 q 键退出循环
    if cv2.waitKey(1) & 0xFF == ord('q'):
        break

cap.release()
cv2.destroyAllWindows()
```

在实际应用中，为了提高行为识别的准确性和效率，可能需要进行以下优化。

数据增强： 在训练阶段使用数据增强技术（如随机裁剪、旋转、翻转等）来提升模型的泛化能力。

模型剪枝： 通过剪枝技术减少模型参数数量，降低模型复杂度，从而提高推理速度。

量化： 将模型权重从浮点数转换为定点数，以减少模型存储占用并加速推理。

硬件加速： 利用GPU或专用硬件加速器（如TPU、FPGA）优化模型推理性能。

批处理： 对视频帧进行批处理，以减少模型推理的延迟并提升吞吐量。

后处理： 对模型输出进行后处理（如平滑滤波、非极大值抑制等），以进一步提高识别准确性。

通过以上优化措施，可以进一步提高行为识别系统的性能和准确性，使其在实际应用中更加可靠和高效。

4. 系统集成

系统集成通常涉及将训练好的模型部署为可调用的服务（如REST API）。以下是一个使用Flask框架将模型集成到Web服务中的简单示例。

```
from flask import Flask, request, jsonify
import torch
from PIL import Image
```

```
import io
from torchvision import transforms
from model import VideoBehaviorRecognitionModel  # 假设模型已定义在 model.py 中

app = Flask(__name__)
model = VideoBehaviorRecognitionModel(num_classes=len(set(labels)))
model.load_state_dict(torch.load('trained_model.pth'))
model.eval()

transform = transforms.Compose([
    transforms.Resize((224, 224)),
    transforms.ToTensor(),
    transforms.Normalize(mean=[0.485, 0.456, 0.406], std=[0.229, 0.224, 0.225]),
])

@app.route('/predict', methods=['POST'])
def predict():
    if 'file' not in request.files:
        return jsonify({'error': 'No file part'}), 400
    file = request.files['file']
    img = Image.open(io.BytesIO(file.read()))
    img = transform(img).unsqueeze(0)  # 增加维度
    with torch.no_grad():
        output = model(img)
        _, predicted = torch.max(output, 1)
    return jsonify({'label': labels[predicted.item()]})

if __name__ == '__main__':
    app.run(debug=True)
```

这个示例创建了一个Flask应用，它接受上传的图像文件，使用训练好的模型进行预测，并返回预测结果。

本实例成功地将大模型应用于视频内容理解与行为识别中，实现了对异常行为的实时监测和记录。这不仅提高了公共场所的安全性，还为智能监控领域的发展提供了新的思路和方法。

随着计算机视觉技术的不断进步和大模型的持续创新，相信视频内容理解与行为识别技术将在更多领域发挥重要作用。例如，在人机交互中，可以利用这些技术实现更加自然和流畅的交互体验；在运动分析中，可以利用这些技术为运动员提供更加精准的训练指导和反馈。这些创新应用将为人们的生活和工作带来更多便利和价值。

14.5 本章小结

　　本章深入探讨了计算机视觉领域中大模型的创新应用。通过一系列前沿案例，展示了大模型在图像识别、目标检测、图像生成等任务中的卓越表现。这些应用不仅拓展了计算机视觉技术的边界，也为自动驾驶、智能安防、医疗影像分析等领域带来了革命性的变化。本章不仅分析了大模型在计算机视觉任务中的技术优势和挑战，还探讨了未来可能的发展方向，为读者提供了宝贵的参考和启示。

第**15**章

大模型在跨模态任务中的应用

在当今信息爆炸的时代，数据以多模态形式存在，包括但不限于文本、图像、音频和视频等。大模型，特别是那些具备跨模态学习和推理能力的模型，正逐渐成为连接不同模态数据的关键技术，推动人工智能系统实现更复杂的语义理解和交互。本章将深入探讨大模型在跨模态任务中的应用，分析其如何突破传统单模态模型的局限性，并阐述其在真实场景中的技术潜力与应用价值。

本章涉及的主要知识点如下。

◆ 视觉—语言任务的模型设计。

◆ 音频—文本任务的多模态模型。

◆ 大模型在跨模态任务中的设计注意事项。

15.1 视觉—语言任务的模型设计

在人工智能的快速发展中，视觉—语言任务作为连接视觉与语言两大信息领域的桥梁，日益受到研究者的关注。这类任务的核心挑战在于如何有效融合图像与文本两种不同模态的信息，以实现跨模态的理解和生成。面对这一挑战，设计高效且强大的视觉—语言模型成为研究的重点。图15-1所示为视觉—语言任务模型的影响范围及用途，其影响范围集中在视觉和语言跨领域的业务场景，其中包含了两个不同模态的模型：视觉模型和语言模型。

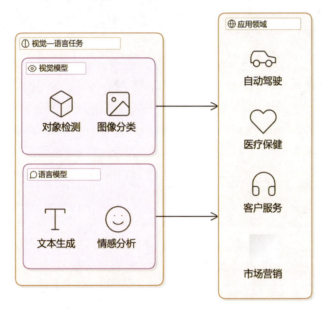

图 15-1　视觉—语言任务模型的影响范围及用途

15.1.1　问题与现状

视觉—语言任务旨在实现图像与文本之间的跨模态交互与理解，为机器赋予"看懂"图像并"理解"其背后意义的能力。其在实际应用中仍面临诸多挑战和问题。

1. 跨模态语义鸿沟

图像与文本分别属于视觉和语言两大不同的模态，它们之间的语义表示方式存在显著差异。图像通过像素、色彩、纹理等视觉元素传达信息，而文本则通过词汇、语法、语境等语言结构表达意义。这种差异导致了跨模态语义鸿沟的存在，使图像与文本之间的直接对应变得困难。

2. 数据稀缺性与标注成本

高质量、大规模的视觉—语言数据集对于训练有效的模型至关重要。然而，这类数据的收集、标注成本高昂，且往往受限于版权、隐私等问题。数据稀缺性限制了模型的训练效果和应用范围。

3. 模型复杂度与计算资源

视觉—语言任务通常需要处理复杂的图像和文本数据，这要求模型具备强大的特征提取和融合能力。然而，高性能模型的训练和优化往往需要大量的计算资源和时间，这对于许多研究机构和企业来说是一大挑战。

4. 模型泛化能力与鲁棒性

在实际应用中，视觉—语言模型需要面对各种复杂多变的场景和条件。然而，当前许多模型在特定数据集上表现良好，但在面对新场景或噪声数据时往往表现不佳。提高模型的泛化能力和鲁棒性是当前研究的重要方向。

尽管面临诸多挑战，但视觉—语言任务的研究仍取得了显著进展。近年来，随着深度学习技术的不断发展，特别是 Transformer 等先进模型的出现，为视觉—语言任务的解决提供了新的思路和方法。研究者们不断探索新的模型架构、训练策略和应用场景，旨在缩小跨模态语义鸿沟、提高数据利用效率、降低模型复杂度并增强模型的泛化能力和鲁棒性。

15.1.2　思路与解法

针对视觉—语言任务中的关键问题，以下是一些主要的思路与解法。

1. 跨模态特征融合

思路： 将图像和文本分别通过各自的编码器提取特征，然后在某个层次上进行特征融合，以形成统一的跨模态表示。

解法： 可以采用早期融合、中期融合或晚期融合的策略。早期融合在特征提取阶段进行，中期融合在特征表示层面进行，而晚期融合则在决策层面进行。融合方式包括拼接、加权求和、双线性池化等。

2. 注意力机制

思路： 利用注意力机制使模型在生成文本或理解图像时能够动态关注图像中的关键区域或文本中的重要词汇。

解法： 在模型中加入自注意力或交叉注意力机制，让模型在处理图像或文本时能够自适应地调整注意力权重，从而更准确地捕捉关键信息。

3. 预训练与微调

思路： 通过在大规模视觉—语言数据集上对模型进行预训练，使模型学习到图像与文本之间的基本对应关系，然后在特定任务的数据集上进行微调以优化性能。

解法： 利用现有的大规模视觉—语言数据集（如 Conceptual Captions、Flickr30k 等）对模型进行预训练。在微调阶段，根据具体任务的需求调整模型结构和参数，以提高模型在特定任务上的表现。

4. 多任务学习与联合优化

思路： 通过同时训练多个视觉—语言相关任务，使模型能够学习到更加泛化的跨模态表示，并通过联合优化策略提高整体性能。

解法： 设计包含多个子任务的模型架构，如图像标题生成、视觉问答、图像检索等。在训练过程中，采用多任务学习框架，对每个任务的损失函数进行加权求和，从而实现模型的联合优化。

5. 模型压缩与加速

思路： 通过模型压缩与加速技术降低模型的计算复杂度和存储需求，以提高模型的运行效率。

解法： 采用剪枝、量化、知识蒸馏等方法对模型进行压缩，减少模型参数数量和计算量。同时，利用硬件加速技术（如 GPU、TPU 等）提高模型的运行速度。

6. 数据增强与合成

思路： 通过数据增强与合成技术增加训练数据的多样性和数量，从而提高模型的泛化能力。

解法： 对图像数据进行旋转、缩放、裁剪、翻转等操作以增加图像多样性；对文本数据进行同义词替换、回译、噪声添加等操作以增加文本多样性。此外，还可以利用 GAN 等技术合成新的视觉—语言数据对。

通过综合运用上述思路与解法，研究者们可以设计出更加高效、鲁棒的视觉—语言模型，为跨模态任务的应用提供有力支持。

15.1.3 主流方案介绍

在视觉—语言任务的模型设计中，研究者们不断探索和创新，提出了多种主流设计方案。这些方案各具特色，旨在解决跨模态任务中的关键问题，如跨模态特征融合、语义对齐、生成质量等。以下是对当前主流设计方案的简要介绍。

1. 基于 Transformer 的融合模型

设计特点： 这类模型通常基于 Transformer 架构，通过其强大的序列建模能力，在编码阶段对图像和文本进行并行处理，并通过注意力机制实现跨模态特征的融合。以 ViLT（Vision-and-Language Transformer）模型为例，其核心设计采用单一的 Transformer 架构同时处理图像和文本输入，实现了高效的跨模态交互。图 15-2 所示为 ViLT 的模型结构，可以看出 ViLT 的 Transformer 支持视觉编码器和语言编码器的输入，使模型能同时学习两种数据的信息。

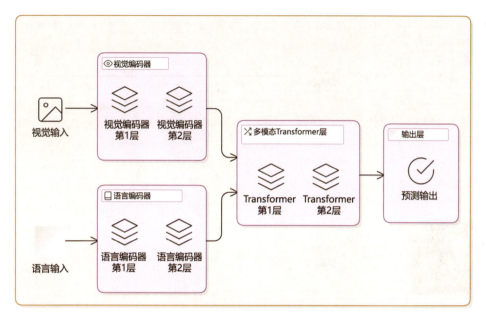

图 15-2　ViLT 的模型结构

2. 双塔模型

设计特点：双塔模型由两个独立的塔组成，一个用于处理图像，另一个用于处理文本。两个塔的输出在顶层进行交互，以计算图像和文本之间的相似度或进行跨模态检索。这种设计简化了模型结构，提高了计算效率，但可能在跨模态特征融合方面稍显不足。图 15-3 所示为双塔模型的结构示意，左侧为查询特征，右侧为项目特征，中间 MLP 为一种典型的前馈网络，在实际设计时查询特征可以用于抽取图像特征，而项目特征则可以用于抽取文本特征。

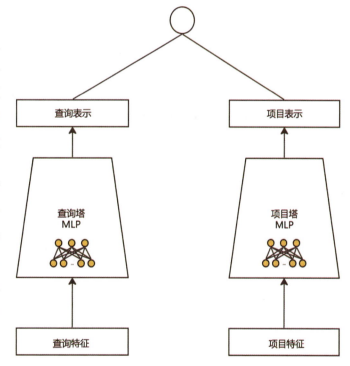

图 15-3　双塔模型的结构示意

3. 多模态预训练模型

设计特点：这类模型在大规模视觉—语言数据集上进行预训练，学习图像和文本之间的对应关系。通过预训练，模型能够学习到丰富的跨模态知识，从而在特定任务上表现出色。例如，CLIP 模型就是一个典型的例子，它通过对比学习的方式，实现了图像和文本之间的有效关联。图 15-4 所示为 CLIP 模型的结构示意，文本编码器与图像编码器进行点乘，得到相似度矩阵，与自注意力有异曲同工之处。

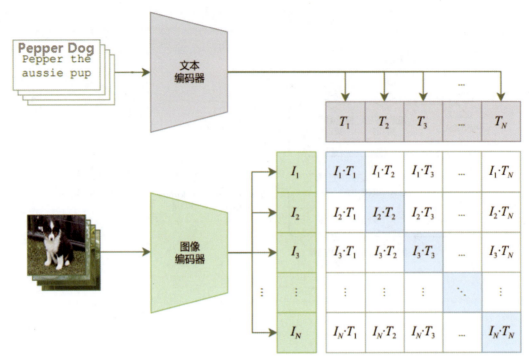

图15-4　CLIP模型的结构示意

4. GNN 模型

设计特点： GNN模型将图像和文本视为图中的节点，通过边表示它们之间的关系。这种设计能够捕捉图像和文本之间的复杂依赖关系，适用于需要深入理解跨模态语义关系的任务。然而，由于图神经网络的计算复杂度较高，因此在实际应用中可能受到一定的限制。

5. GAN 模型

设计特点： GAN模型通过生成器和判别器的对抗训练，实现图像到文本的生成或文本到图像的生成。在视觉—语言任务中，GAN模型可以用于生成与图像内容相匹配的文本描述，或根据文本描述生成相应的图像。这种设计在跨模态生成任务中表现出色，但也可能面临模式崩溃等问题。

6. 多任务学习模型

设计特点： 多任务学习模型通过同时训练多个相关任务，如图像标题生成、视觉问答、图像检索等，实现跨模态知识的共享和迁移。这种设计有助于提高模型的泛化能力，使模型能够在不同任务之间灵活切换。然而，多任务学习也可能导致任务之间产生干扰和冲突，需要仔细设计任务间的权重和共享机制。

以上介绍了当前视觉—语言任务模型设计中的几种主流方案。这些方案各有优缺点，适用于不同的应用场景和任务需求。在实际应用中，研究者们可以根据具体任务和数据特点选择合适的模型设计方案，并通过实验验证其有效性。

15.2　音频—文本任务的多模态模型

在跨模态任务中，音频与文本的交互是一个重要且富有挑战性的领域。音频数据富含丰富的语义和情感信息，而文本则提供了对这些信息的直接描述和解释。将音频与文本相结合，不仅可以提升信息处理的深度和广度，还能为多种应用场景提供强大的支持。本章将深入探讨大模型在音频—文本任务中的应用，特别是多模态模型的设计与应用。

15.2.1　音频—文本任务概述

音频—文本任务涉及将音频信号转换为文本描述，或从文本中生成对应的音频内容。这类任务包括但不限于语音识别、语音合成、情感分析、语音摘要等。这些任务要求模型能够准确理解音频中的语音内容、语调、语速等特征，并将其与文本信息有效融合，从而实现跨模态的转换和生成。

15.2.2　多模态模型设计

在音频—文本任务中，多模态模型的设计旨在融合音频和文本两种不同模态的信息，以实现跨模态的理解和生成。以下是一些常见的音频—文本任务多模态模型设计，它们在不同的应用场景中展现出了卓越的性能。

1. 端到端的序列到序列模型

（1）设计特点

编码器—解码器架构：采用序列到序列（Seq2Seq）模型结构，其中编码器负责处理音频输入，将其转换为高维特征表示；解码器则基于这些特征生成对应的文本输出。图 15-5 所示为典型的 Seq2Seq 结构示意，将英语文本序列编码后，再通过解码器输出最大概率的中文序列编码。

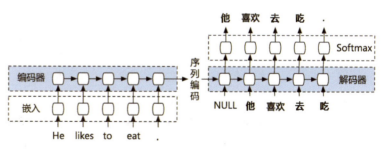

图 15-5　典型的 Seq2Seq 结构示意

注意力机制：在解码过程中引入注意力机制，使模型能够动态地关注音频输入中的关键部分，从而提高生成文本与音频内容的一致性。

（2）应用场景

语音识别：将音频信号转换为文本。

语音合成：根据文本内容生成对应的音频信号。

2. 基于 Transformer 的多模态模型

（1）设计特点

自注意力机制：利用Transformer架构中的自注意力机制捕捉音频和文本内部的依赖关系。

跨模态注意力：在Transformer的基础上引入跨模态注意力层，实现音频和文本特征之间的有效融合。

（2）应用场景

语音情感分析：识别音频信号中的情感倾向，并与文本描述进行匹配。

语音到文本的翻译：将一种语言的音频信号转换为另一种语言的文本输出。

3. CNN 与 RNN 的结合

（1）设计特点

CNN特征提取：使用CNN从音频信号中提取局部特征，如梅尔频谱图。

RNN序列建模：利用RNN（如LSTM或GRU）对提取的特征进行序列建模，捕捉音频信号中的时序依赖关系。

跨模态融合：在RNN的输出层与文本特征进行融合，实现音频与文本的跨模态理解。

（2）应用场景

语音事件检测：识别音频信号中的特定事件，并与文本描述进行关联。

语音摘要生成：从长段音频中提取关键信息，生成简洁的文本摘要。

4. GNN 在音频—文本任务中的应用

（1）设计特点

图结构表示：将音频信号和文本内容分别表示为图结构中的节点，通过边表示它们之间的关系。

GNN信息传播：利用GNN在图结构上进行多层信息传播，实现音频与文本特征的跨模态融合与理解。图15-6所示为信息在图结构中传播的过程，在含有6个原子的分子图中，当原子3和原子5发生特征更新时，GNN实际是计算节点与路径关系的特征矩阵，根据计算结果更新分子图的各节点特征，进而节点与路径关系的嵌入矩阵也逐步发生变化。

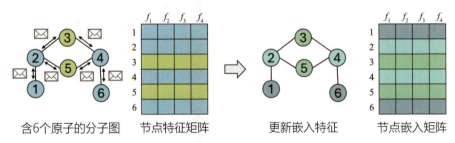

含6个原子的分子图　　节点特征矩阵　　　　更新嵌入特征　　节点嵌入矩阵

图15-6　信息在图结构中传播的过程

（2）应用场景

语音问答系统：根据音频问题生成文本答案。

跨模态检索：根据文本查询检索相关的音频内容。

5. 预训练模型与微调策略

（1）设计特点

预训练模型： 在大规模无标注的音频—文本数据集上对模型进行预训练，学习音频与文本之间的基本对应关系。

微调策略： 在特定任务的数据集上对预训练模型进行微调，以适应不同任务的需求。

（2）应用场景

广泛应用于上述所有音频—文本任务中，以提高模型的泛化能力和性能。

这些常见的音频—文本任务多模态模型设计各有优缺点，适用于不同的应用场景和任务需求。在实际应用中，研究者们通常会根据具体任务和数据特点选择合适的模型架构，并进行相应的优化和调整。

15.2.3 应用案例

在设计针对音频—文本任务的多模态模型时，需要考虑如何有效融合音频和文本这两种不同模态的信息，以实现跨模态的理解和生成。以下是一个基于 Transformer 架构的多模态模型设计示例，该模型能够同时处理音频和文本输入，并通过跨模态注意力机制实现信息的融合。

模型由以下几个主要部分组成。

音频编码器： 负责将音频信号转换为高维特征向量。

文本编码器： 将文本输入转换为文本特征向量。

跨模态注意力层： 实现音频和文本特征之间的融合。

解码器： 基于融合后的特征生成输出文本或进行其他任务处理。

多模态模型的代码实现如下。

```python
import torch
import torch.nn as nn
import torch.nn.functional as F
from transformers import BertModel, BertTokenizer
# 定义音频编码器
class AudioEncoder(nn.Module):
    def __init__(self, input_dim, hidden_dim):
        super(AudioEncoder, self).__init__()
        self.fc1 = nn.Linear(input_dim, hidden_dim)
        self.relu = nn.ReLU()
        self.fc2 = nn.Linear(hidden_dim, hidden_dim)

    def forward(self, x):
        x = self.fc1(x)
        x = self.relu(x)
        x = self.fc2(x)
```

```python
        return x
# 定义文字编码器
class TextEncoder(nn.Module):
    def __init__(self, pretrained_model_name='bert-base-uncased'):
        super(TextEncoder, self).__init__()
        self.bert = BertModel.from_pretrained(pretrained_model_name)
        self.dropout = nn.Dropout(p=0.1)

    def forward(self, input_ids, attention_mask):
        outputs = self.bert(input_ids=input_ids, attention_mask=attention_mask)
        last_hidden_states = outputs.last_hidden_state
        pooled_output = outputs.pooler_output
        return last_hidden_states, pooled_output
# 定义跨模态注意力机制
class CrossModalAttention(nn.Module):
    def __init__(self, hidden_dim):
        super(CrossModalAttention, self).__init__()
        self.query_proj = nn.Linear(hidden_dim, hidden_dim)
        self.key_proj = nn.Linear(hidden_dim, hidden_dim)
        self.value_proj = nn.Linear(hidden_dim, hidden_dim)
        self.out_proj = nn.Linear(hidden_dim, hidden_dim)

    def forward(self, audio_features, text_features, text_attention_mask):
        # 计算注意力分数
        audio_q = self.query_proj(audio_features)
        text_k = self.key_proj(text_features)
        attention_scores = torch.matmul(audio_q, text_k.transpose(-2, -1))

        # 应用注意力掩码
        attention_scores = attention_scores.masked_fill(text_attention_mask.unsqueeze(1) == 0,
                                                        float('-inf'))

        # 将分数标准化为概率
        attention_probs = F.softmax(attention_scores, dim=-1)

        # 计算文本特征的加权和
        context_vector = torch.matmul(attention_probs, self.value_proj(text_features))

        # 融合音频特征与上下文向量
        combined_features = self.out_proj(audio_features + context_vector)

        return combined_features
# 定义多模态模型
class MultiModalModel(nn.Module):
```

```python
    def __init__(self, audio_encoder, text_encoder, cross_modal_attention, decoder):
        super(MultiModalModel, self).__init__()
        self.audio_encoder = audio_encoder
        self.text_encoder = text_encoder
        self.cross_modal_attention = cross_modal_attention
        self.decoder = decoder

    def forward(self, audio_input, text_input):
        # 编码音频和文本输入
        audio_features = self.audio_encoder(audio_input)
        text_features, _ = self.text_encoder(text_input)

        # 应用跨模态注意力
        combined_features = self.cross_modal_attention(audio_features, text_features,
                                        text_input['attention_mask'])

        # 解码输出（简单起见，这里使用一个简单的线性层作为解码器）
        output = self.decoder(combined_features)

        return output

# 用法示例
# 初始化组件
audio_encoder = AudioEncoder(input_dim=128, hidden_dim=768)
                                                # 根据音频特征提取器调整 input_dim
text_encoder = TextEncoder()
cross_modal_attention = CrossModalAttention(hidden_dim=768)
decoder = nn.Linear(768, vocab_size)  # 根据文本词汇调整 vocab_size

# 初始化多模态模型
model = MultiModalModel(audio_encoder, text_encoder, cross_modal_attention, decoder)

# 用于演示的虚拟输入
audio_input = torch.randn(1, 128)      # 替换为实际的音频特征
text_input = {'input_ids': torch.tensor([[101, 2023, 2003, 102]]),
            'attention_mask': torch.tensor([[1, 1, 1, 1]])}  # BERT 输入示例

# 前向传播
output = model(audio_input, text_input)
print(output)
```

音频编码器： 使用一个简单的全连接网络将音频特征转换为高维向量。在实际应用中，需要使用更复杂的音频特征提取器，如 CNN 或 RNN。

文本编码器： 使用预训练的 BERT 模型作为文本编码器，它能够有效提取文本特征。

跨模态注意力层：实现音频和文本特征之间的注意力机制，允许模型在生成文本时关注与音频内容相关的文本部分。

解码器：使用一个简单的线性层作为解码器，但在实际应用中，需要更复杂的结构来生成高质量的文本输出。

15.2.4　技术挑战

在音频—文本任务的多模态模型设计与应用中，研究者们面临诸多技术挑战，这些挑战不仅源于音频和文本两种模态本身的复杂性，还涉及跨模态语义对齐、数据稀缺性、实时性与计算效率等多个方面。

跨模态语义对齐：音频和文本在表达方式和结构上存在显著差异，如何实现它们之间的语义对齐是多模态模型设计的一大难题。音频信号往往包含丰富的时序信息和情感色彩，而文本则更侧重于抽象概念的表达。因此，如何在保持各自模态特性的同时，实现跨模态信息的有效融合，是当前研究中的一个重要挑战。

数据稀缺性：高质量的音频—文本对齐数据相对稀缺，这限制了模型的训练效果和泛化能力。尽管近年来出现了一些大规模的音频—文本数据集，但相对于其他领域（如图像识别、NLP）而言，这些数据集仍然显得不足。此外，不同语言和方言的音频—文本数据分布不均，这也增加了模型训练的难度。

实时性与计算效率：在语音识别、语音合成等实时应用场景中，模型需要在保证准确性的同时，具备快速响应的能力。然而，多模态模型的计算复杂度通常较高，难以满足实时性要求。因此，如何在保证模型性能的同时，提高计算效率，是当前研究中的另一个重要挑战。

模型可解释性与鲁棒性：多模态模型的决策过程往往较为复杂，缺乏可解释性。此外，模型在面对噪声、口音、语速变化等复杂情况时，鲁棒性也面临挑战。如何提高模型的可解释性和鲁棒性，使其能够在各种实际应用场景中表现稳定，是当前研究的重要方向。

15.3　大模型在跨模态任务中的设计注意事项

在设计大模型以处理跨模态任务时，需要综合考虑多个方面以确保模型的有效性和实用性。跨模态任务涉及不同数据模态之间的交互和融合，因此设计过程相较于单一模态任务更为复杂。以下是设计大模型以处理跨模态任务时需要注意的几个关键点。

15.3.1　数据预处理与模态对齐

在跨模态任务中，数据预处理与模态对齐是确保模型性能的关键步骤。跨模态任务涉及多种数据类型（如图像、音频、文本等），这些数据在格式、维度和语义上可能存在显著差异。因此，在设计跨模态模型时，必须仔细考虑数据预处理和模态对齐的策略，以确保模型能够有效处理和理解不同模态的信息。表15-1列出了数据预处理与模态对齐的知识要点及注意事项。

表15-1　数据预处理与模态对齐的知识要点及注意事项

类别	要点	描述
数据预处理	数据清洗	去除无效或异常数据，校正数据中的错误
	数据标准化	将数据转换为统一格式和维度，进行归一化或标准化处理
	数据增强	增加数据多样性，提高模型鲁棒性
模态对齐	时间对齐	确保时序数据在时间上保持一致
	空间对齐	确保空间数据在空间上保持一致
	语义对齐	在语义层面实现不同模态数据的匹配和关联
注意事项	数据一致性	保持预处理后数据的一致性
	信息完整性	避免信息丢失或扭曲
	任务需求匹配	根据任务需求选择合适的数据预处理和模态对齐策略
	利用先验知识	在可能的情况下，利用领域知识指导预处理和对齐过程

15.3.2　模型架构选择

在跨模态任务中，选择合适的模型架构对于确保任务的成功至关重要。跨模态任务涉及处理来自不同模态（如图像、文本、音频等）的信息，并要求模型能够理解和关联这些信息。因此，模型架构的选择需要考虑跨模态信息的融合、处理效率及模型的泛化能力。表15-2列出了跨模态任务中模型架构选择的知识要点及注意事项。

表15-2　跨模态任务中模型架构选择的知识要点及注意事项

要点	描述	示例
融合策略	早期融合	在数据输入阶段融合不同模态信息
	中期融合	在特征提取后进行跨模态交互
	晚期融合	在决策阶段将不同模态的预测结果融合
编码器—解码器架构	Transformer	强大的序列建模和自注意力机制
	CNN	擅长图像处理和特征提取
	RNN及其变体	适用于处理序列数据，如音频和视频

续表

要点	描述	示例
多模态预训练模型	BERT及其变体	通过扩展输入层处理多模态信息
	CLIP	通过对比学习在图像—文本对上进行预训练
图神经网络	处理图结构数据的模型	适用于需要将跨模态数据表示为图结构的任务
注意事项	任务适配性	根据任务需求选择合适的模型
	计算资源	考虑模型的计算复杂度和硬件需求
	可扩展性和灵活性	选择易于扩展和优化的模型
	数据特性	选择能充分利用数据特性的模型

15.3.3 特征选择与表示学习

在跨模态任务中，特征选择与表示学习是构建高效模型的关键步骤。跨模态任务涉及多种数据类型，每种数据类型都有其独有的特征空间和表示方式。因此，在设计跨模态模型时，需要仔细考虑如何从每种模态中选择合适的特征，并学习有效的表示方法，以便模型能够理解和关联不同模态的信息。表15-3列出了跨模态任务中特征选择与表示学习的知识要点及注意事项。

表15-3　跨模态任务中特征选择与表示学习的知识要点及注意事项

要点	描述	示例
特征选择		
任务相关性	选择与任务紧密相关的特征	在图像描述生成中，选择能够反映图像主要内容的特征
多样性	确保所选特征覆盖数据的多个方面	结合颜色、纹理、形状等多种图像特征
冗余性	避免选择高度相关的特征	使用PCA去除图像特征中的冗余信息
表示学习		
嵌入表示	将数据转换为低维、连续的向量表示	使用自编码器将图像转换为低维嵌入向量
跨模态嵌入	学习统一的表示空间以关联不同模态的数据	CLIP模型学习图像和文本的跨模态嵌入
上下文感知表示	考虑数据的上下文信息学习特征表示	在视频分析中，结合前后帧信息学习视频片段的表示
注意事项		
模态间的互补性	考虑不同模态之间的互补性以获取更全面的数据表示	结合图像和文本信息提高情感分析准确性
适应性与灵活性	选择具有适应性和灵活性的特征和表示方法	根据不同任务调整特征选择和表示学习策略

续表

要点	描述	示例
计算效率	考虑计算效率和资源消耗选择特征提取和表示学习方法	使用高效的特征选择算法减少计算时间

15.3.4　模型训练与优化

在跨模态任务中，模型的训练与优化是确保模型性能和稳定性的关键环节。由于跨模态任务涉及多种数据类型和复杂的模型结构，因此训练过程往往更加复杂和耗时。表15-4列出了跨模态任务中模型训练与优化的知识要点及注意事项。

表15-4　跨模态任务中模型训练与优化的知识要点及注意事项

要点	描述	示例
数据准备与增强	确保数据质量和多样性	数据清洗与标注，旋转、缩放、裁剪等数据增强技术
损失函数设计	设计合适的损失函数以综合考虑多模态信息	结合语言生成损失和视觉对齐损失
优化算法选择	选择高效的优化算法以提高训练速度和稳定性	使用 Adam 优化器，采用梯度裁剪技术
模型正则化与早停	防止过拟合，提前停止训练以避免过拟合	应用 L2 正则化，采用早停策略
分布式训练与混合精度训练	利用多台机器或多个GPU进行训练，提高计算效率	采用混合精度训练减少内存占用，提高计算速度
模型评估与调整	设计多模态评估指标，根据评估结果调整模型	使用 BLEU、ROUGE、CIDEr 等评估指标，迭代优化模型
注意事项		
跨模态对齐与融合	确保模型能够正确理解和关联不同模态的信息	在训练过程中关注跨模态对齐与融合效果
计算资源限制	合理分配训练时间和资源，避免资源浪费	根据可用计算资源调整训练策略
持续监控与调试	持续监控模型性能和训练状态，及时发现并解决问题	使用监控工具跟踪训练进度，调试模型参数

15.3.5　性能评估与迭代优化

在跨模态任务中，模型的性能评估与迭代优化是确保模型能够在实际应用中发挥最佳效果的关键步骤。性能评估不仅是对模型当前能力的客观衡量，也是指导后续迭代优化的重要依据。表15-5列出了跨模态任务中性能评估与迭代优化的知识要点及注意事项。

表15-5 跨模态任务中性能评估与迭代优化的知识要点及注意事项

要点	描述	示例
性能评估		
多模态评估指标	设计全面反映模型在多模态任务上表现的评估指标	结合图像识别准确率和文本生成流畅度评估模型性能
基准测试	与现有基准模型或方法对比，评估模型表现水平	与SOTA模型在特定数据集上的性能进行对比
用户反馈	收集用户反馈以评估模型在实际应用中的表现	用户对模型生成内容的满意度调查
迭代优化		
问题分析	根据评估结果识别模型存在的问题和瓶颈	分析模型在特定类型输入上表现不佳的原因
模型调整	针对问题调整模型架构、超参数或增加训练数据	优化模型架构以提高处理复杂场景的能力
持续迭代	建立持续迭代的机制，定期评估和优化模型	定期更新数据集和评估模型性能，根据结果进行调整
注意事项		
全面性与客观性	确保评估指标的全面性和客观性，避免片面评价	综合考虑多个评估维度，避免单一指标误导
迭代速度与稳定性	平衡迭代速度与模型稳定性，避免过快迭代导致不稳定	逐步调整模型参数，观察性能变化后再进行下一步优化
数据隐私与伦理	严格遵守数据隐私和伦理规范，保护用户权益	在收集和使用用户数据时获得用户同意，确保数据安全

设计大模型处理跨模态任务是一个复杂而富有挑战的过程。通过注意数据预处理与模态对齐、选择合适的模型架构、进行特征选择与表示学习、优化模型训练过程及持续进行性能评估与迭代优化，可以不断提升跨模态任务的处理能力和效果。随着技术的不断进步和应用场景的不断拓展，大模型在跨模态任务中的应用前景将更加广阔。

15.4 实例：音频情感识别与文本匹配

音频情感识别与文本匹配是一项结合了音频处理和NLP技术的跨模态任务。该任务旨在通过分析音频信号中的情感特征，并与给定的文本描述进行匹配，从而判断文本是否准确反映了音频中的情感内容。这一技术在情感分析、人机交互、心理健康监测等领域具有广泛的应用前景。

15.4.1 项目背景与目标

1. 项目背景

随着人工智能技术的快速发展，跨模态任务的研究与应用日益受到关注。音频情感识别与文本匹配作为跨模态任务的一个重要分支，旨在通过分析音频信号中的情感特征和文本内容，实现音频与文本之间的精准匹配和关联。这一技术在多个领域具有广泛的应用前景，如智能客服、情感分析、人机交互等。图15-7所示为典型的音频情感识别框架流程，系统包括4个部分：数据收集、可视化与增强、建模、结果与分析。

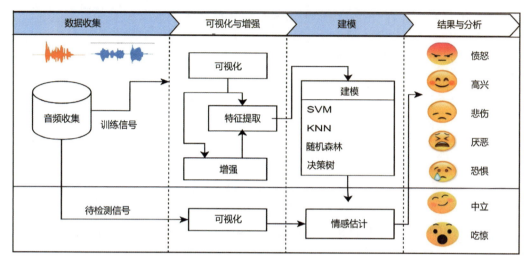

图15-7　典型的音频情感识别框架流程

在智能客服领域，通过音频情感识别技术，系统能够实时感知用户的情感状态，从而提供更加个性化的服务。例如，当用户表现出不满或愤怒时，系统可以自动调整语气和策略，以缓解用户情绪并解决问题。同时，通过文本匹配技术，系统可以快速定位用户的问题和需求，从而提高服务效率和用户满意度。

在情感分析领域，音频情感识别与文本匹配技术能够帮助企业深入了解消费者的情感倾向和需求，为产品改进和市场策略制定提供有力支持。通过对大量用户音频和文本数据的分析，企业可以挖掘出潜在的市场机会和风险因素，为未来发展提供决策依据。

在人机交互领域，音频情感识别与文本匹配技术能够实现更加自然、流畅的人机对话。系统能够准确理解用户的意图和情感状态，并给出恰当的回应。这不仅提高了人机交互的效率和准确性，还增强了用户的体验感和满意度。

2. 项目目标

本项目的核心目标是开发一个高效的音频情感识别与文本匹配系统，该系统能够实现以下功能。

音频情感识别： 准确识别音频信号中的情感特征，如高兴、悲伤、愤怒等，并给出相应的情感标签。

文本匹配： 根据音频信号的情感内容，从文本库中快速检索出与之匹配的文本内容。

跨模态融合： 实现音频与文本之间的跨模态融合，提高情感识别的准确性和匹配效率。

通过本项目的实施，期望能够为智能客服、情感分析、人机交互等领域提供强有力的技术支持，推动跨模态技术的发展和应用。同时，也希望通过本项目的实践，探索跨模态任务中的关键技术和挑战，为未来的研究提供有益的参考和借鉴。

15.4.2 技术方案与模型设计

为了实现音频情感识别与文本匹配，该项目设计了一个多模态模型架构。该项目架构主要包括音频特征提取、情感识别模型、文本匹配算法、跨模态融合策略四个部分。表15-6列出了设计思路与考量因素。表15-7列出了模型设计模块的描述与考量因素。

表15-6　设计思路与考量因素

设计思路	考量因素
音频特征提取	选择预训练模型（如VGGish、CREPE）以确保特征的有效性和鲁棒性，同时考虑计算效率和资源消耗
情感识别模型	采用深度学习模型（如CNN、RNN）以捕捉音频中的复杂情感特征，通过多任务学习提高模型泛化能力，同时考虑模型的可解释性和调参难度
文本匹配算法	选用余弦相似度等算法计算文本与音频情感的相似性，结合TF-IDF、Word2Vec等技术进行文本表示，以提高匹配准确性和效率
跨模态融合策略	构建多模态嵌入空间实现音频与文本的融合，采用注意力机制关注关键信息，通过联合训练优化整体性能，同时考虑不同模态数据的同步性和对齐问题

表15-7　模型设计模块的描述与考量因素

模型设计模块	描述与考量因素
音频特征提取模块	使用VGGish或CREPE等预训练模型提取梅尔频谱图、MFCC等特征，确保特征能充分反映音频中的情感信息，同时考虑特征维度对后续模型的影响
情感识别模块	构建基于CNN或RNN的模型，通过卷积层或循环层捕捉音频特征中的时序依赖关系，采用多任务学习策略提高模型对不同情感的识别能力，同时考虑模型过拟合和欠拟合的风险
文本匹配模块	利用余弦相似度等算法计算文本与音频情感的相似性，采用TF-IDF或Word2Vec等技术将文本转换为向量形式，以便与音频特征进行比较和匹配，同时考虑文本库的大小和更新频率对匹配效率的影响
跨模态融合模块	构建多模态嵌入空间实现音频与文本的融合，采用注意力机制使模型能够动态关注关键信息，通过联合训练优化整体性能，同时考虑不同模态数据之间的时间延迟和异步性问题

模型的PyTorch代码构建如下所示。

```python
import torch
import torch.nn as nn
import torch.optim as optim
from torch.utils.data import DataLoader, Dataset

class AudioCNN(nn.Module):
    def __init__(self):
        super(AudioCNN, self).__init__()
        self.conv1 = nn.Conv2d(1, 32, kernel_size=3, stride=1, padding=1)
        self.pool = nn.MaxPool2d(kernel_size=2, stride=2, padding=0)
```

```
        self.fc1 = nn.Linear(32 * 64 * 64, 128)
        self.relu = nn.ReLU()
        self.dropout = nn.Dropout(0.5)
        self.fc2 = nn.Linear(128, 4)  # 假设有 4 种情感类别

    def forward(self, x):
        x = self.pool(self.relu(self.conv1(x)))
        x = x.view(-1, 32 * 64 * 64)  # 展平
        x = self.relu(self.fc1(x))
        x = self.dropout(x)
        x = self.fc2(x)
        return x


class TextEmbedding(nn.Module):
    def __init__(self, embedding_dim, vocab_size, text_length):
        super(TextEmbedding, self).__init__()
        self.embedding = nn.Embedding(vocab_size, embedding_dim)
        self.lstm = nn.LSTM(embedding_dim, 64, batch_first=True)
        self.fc = nn.Linear(64, 128)

    def forward(self, x):
        x = self.embedding(x)
        x, _ = self.lstm(x)
        x = self.fc(x[:, -1, :])  # 取最后一个时间步的输出
        return x


class AudioTextModel(nn.Module):
    def __init__(self, audio_model, text_model):
        super(AudioTextModel, self).__init__()
        self.audio_model = audio_model
        self.text_model = text_model
        self.fc = nn.Linear(128 * 2, 1)  # 假设输出为匹配程度的概率

    def forward(self, audio, text):
        audio_out = self.audio_model(audio)
        text_out = self.text_model(text)
        combined = torch.cat((audio_out, text_out), dim=1)
        output = self.fc(combined)
        return output


# 实例化模型
audio_model = AudioCNN()
text_model = TextEmbedding(embedding_dim=100, vocab_size=10000, text_length=100)  # 假设参数
model = AudioTextModel(audio_model, text_model)
```

15.4.3 数据准备与预处理

为了确保模型的训练效果，需要准备大量的音频和文本数据，并对数据进行预处理。具体来说，需要收集包含不同情感的音频数据，如高兴、悲伤、愤怒等，并对音频数据进行标注。准备与音频数据相对应的文本描述，确保文本内容能够准确反映音频中的情感。对音频数据进行降噪、标准化等预处理操作，以提高模型的泛化能力。对文本数据进行分词、去除停用词等预处理操作，以便后续的情感分析。

1. 数据准备

数据收集：从IEMOCAP数据集下载音频文件和对应的文本标签。

IEMOCAP数据集是一个广泛使用的语音情感识别数据集，由南加州大学的语音分析和口译实验室（SAIL）收集。

数据集内容：IEMOCAP数据集包含了大约12小时的视听数据，包括视频、语音、面部动作捕捉和文本转录。数据集由两部分组成，参与者在其中进行即兴对话或剧本表演，是为了引起情感表达而选择的。

情感标签：IEMOCAP数据集由多个注释者注释为类别标签，例如，愤怒、高兴、悲伤、中立，以及维数标签（如价、激活和支配）。这些标签为情感识别提供了丰富的数据支持。

图15-8所示为IEMOCAP中各类情感样本在数据集中的占比情况。

数据集划分：将数据集划分为训练集、验证集和测试集，通常比例为7:1:2或6:2:2。确保每个数据集中情感分布均衡，避免模型对某一情感产生偏好。

情感	样本数	占比
愤怒	1229	12.24%
悲伤	1182	11.78%
高兴	495	4.93%
中立	575	5.73%
激动	2505	24.96%
吃惊	24	0.24%
恐惧	135	1.34%
厌恶	4	0.03%
沮丧	3830	38.16%
其他	59	0.59%
共计	10038	100%

图15-8　IEMOCAP中各类情感样本
在数据集中的占比情况

2. 数据预处理

音频预处理：使用滤波器或降噪算法去除音频中的背景噪声，提高音频质量，使用预训练的音频处理模型提取梅尔频谱图、MFCC等特征。

使用Python语言实现的梅尔频谱图特征提取代码如下。

```python
import librosa
import numpy as np

def preprocess_audio(file_path, sr=22050):
    try:
        # 加载音频文件
        y, sr = librosa.load(file_path, sr=sr)
```

```
# 降噪
y = librosa.effects.preemphasis(y)

# 标准化
y = np.float32(y) / np.max(np.abs(y))

# 提取梅尔频谱图特征
mel_spectrogram = librosa.feature.melspectrogram(y=y, sr=sr, n_mels=128)
log_mel_spectrogram = librosa.power_to_db(mel_spectrogram)

    return log_mel_spectrogram.T  # 转置以匹配模型输入格式
except Exception as e:
    print(f"Error processing {file_path}: {e}")
    return None
```

注意：梅尔频谱图是一种用于分析声音的可视化工具，它可以帮助人们更好地理解声音在不同频率上的能量分布。图 15-9 所示为梅尔频谱图示意。

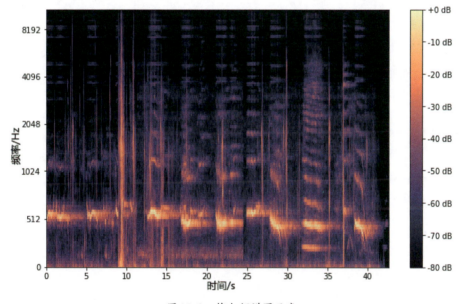

图 15-9　梅尔频谱图示意

声音的频率：声音的频率可以想象为由不同大小的气球组成的队伍。每个气球代表一个特定的频率，气球的大小不同，代表不同频率的声音强度不同。

梅尔频率尺度：人耳对不同频率的声音敏感度是不同的。梅尔频率尺度是一种模仿人耳对声音感知的频率尺度。它把那些听起来感觉"间隔"较大的频率间隔划分得更细，而对于那些听起来感觉"间隔"较小的频率间隔划分得更粗。这就像是把一个钢琴键盘分成不同的区域，但不是按照等距离划分，而是按照耳朵的感知来划分。

频谱图（Spectrogram）：频谱图是一种显示声音在不同时间点上不同频率成分的强度的图形。如果把声音想象成一幅画，那么频谱图就是这幅画的颜色分布图，不同的颜色代表不同频率的声音。

梅尔频谱图：梅尔频谱图就是将频谱图按照梅尔频率尺度重新绘制。这样做的好处是，它更符合人耳对声音的感知，使人们能够更容易识别和分析声音的特征，比如语音中的元音和辅音，或者音乐中的不同乐器声音。

应用：在语音识别、音乐分析等领域，梅尔频谱图是一个非常有用的工具。它可以帮助计算机更好地理解和处理声音信息，就像人们用眼睛看颜色一样自然。

简单来说，梅尔频谱图就是一种特别为人类听觉设计的，用来观察声音在不同频率上如何随时间变化的工具。它通过模仿人耳的感知方式，使分析声音变得更加直观和有效。

文本预处理： 将文本拆分成单个词汇或短语，便于后续的情感分析和向量表示，使用 TF-IDF、Word2Vec 等技术将文本向量化。

使用 Python 语言实现的文本分词和向量化代码如下。

```python
import jieba  # 假设使用中文，使用 jieba 进行分词
from sklearn.feature_extraction.text import TfidfVectorizer


def preprocess_text(text):
    # 分词
    words = jieba.lcut(text)

    # 去除停用词（示例）
    stopwords = set([' 的 ',' 了 ',' 是 ',' 在 ',' 和 ',' 有 ',' 中 ',' 上 ',' 下 ',' 不 '])
    words = [word for word in words if word not in stopwords]

    # 返回处理后的文本
    return ' '.join(words)


# 假设有一个文本列表
texts = [" 我今天很高兴 "," 我感到很悲伤 "," 他对我很生气 "]

# 分词并去除停用词
preprocessed_texts = [preprocess_text(text) for text in texts]

# 使用 TF-IDF 进行向量化
vectorizer = TfidfVectorizer()
text_vectors = vectorizer.fit_transform(preprocessed_texts)
```

3. 考量因素

数据质量： 在加载和预处理数据时，应检查数据是否完整、有无损坏，并确保标签与音频内容一致。

数据多样性： 确保数据集包含多种情感、多种语言或方言的样本，以提高模型的泛化能力。

预处理效果： 可以通过可视化预处理后的音频特征（如梅尔频谱图）和文本向量来验证预处理效果。

隐私保护： 在处理包含个人信息的音频和文本数据时，应确保数据的安全性和隐私性。

通过上述数据预处理的示例代码和考量因素，可以更有效地进行数据准备和预处理工作，为后续的模型训练和优化提供高质量的数据支持。

15.4.4　模型训练与优化

在模型训练阶段，需要采用合适的损失函数和优化算法来训练模型。具体来说，可以采用交叉熵损失函数来衡量模型输出的情感分类结果与真实标签之间的差异。同时，可以采用Adam优化算法来更新模型参数，以提高模型的训练效率。

在模型优化方面，可以采用数据增强、正则化、早停法等策略来防止模型过拟合，从而提高模型的泛化能力。此外，还可以采用集成学习等方法来进一步提高模型的性能。

以下是模型训练与优化的具体过程。

1. 模型训练

构建模型： 对于音频情感识别部分，可以使用CNN或RNN作为基础模型，结合音频特征（如梅尔频谱图）进行训练。对于文本匹配部分，可以使用余弦相似度等算法计算文本向量与音频特征向量之间的相似性。

模型数据加载和训练部分的代码如下。

```
# 假设有一个自定义的 AudioTextDataset 类来处理音频和文本数据
class AudioTextDataset(Dataset):
    def __init__(self, audio_data, text_data, labels):
        self.audio_data = audio_data
        self.text_data = text_data
        self.labels = labels

    def __len__(self):
        return len(self.labels)

    def __getitem__(self, idx):
        audio = self.audio_data[idx]
        text = self.text_data[idx]
        label = self.labels[idx]
        return audio, text, label

# 加载数据
audio_data, text_data, labels = load_preprocessed_data()  # 假设这个函数加载了数据
dataset = AudioTextDataset(audio_data, text_data, labels)
dataloader = DataLoader(dataset, batch_size=32, shuffle=True)

# 定义损失函数和优化器
criterion = nn.BCELoss()  # 假设输出为二分类概率
```

```
optimizer = optim.Adam(model.parameters(), lr=0.001)

# 训练模型
num_epochs = 20
for epoch in range(num_epochs):
    model.train()
    running_loss = 0.0
    for audio, text, label in dataloader:
        optimizer.zero_grad()
        outputs = model(audio, text)
        loss = criterion(outputs.squeeze(), label.float())
        loss.backward()
        optimizer.step()
        running_loss += loss.item()

    print(f'Epoch [{epoch+1}/{num_epochs}], Loss: {running_loss/len(dataloader):.4f}')
```

注意：上述代码中假设label是float类型的匹配程度标签，实际情况可能需要根据具体问题调整。

2. 模型优化

超参数调优：使用网格搜索或随机搜索等方法调整模型的学习率、批量大小、层数、神经元数量等超参数。通过交叉验证评估不同超参数组合下的模型性能。

正则化与Dropout：在模型中加入L1/L2正则化项和Dropout层，防止过拟合。根据验证集性能调整正则化强度和Dropout比率。

学习率调度：使用学习率调度器根据训练过程中的损失变化动态调整学习率。可以采用余弦退火、多项式衰减等策略。

早停与模型检查点：设置早停策略，在验证集性能不再提升时提前停止训练。保存最佳模型权重，以便后续使用。

对模型训练进行优化后的代码如下。

```
from torch.utils.data import DataLoader
from torch.optim.lr_scheduler import ReduceLROnPlateau
import torch.nn.functional as F
from copy import deepcopy

# 自定义早停和模型检查点逻辑
best_model_wts = deepcopy(model.state_dict())
best_loss = float('inf')
patience = 5
epoch_no_improve = 0

scheduler = ReduceLROnPlateau(optimizer, mode='min', factor=0.1, patience=2, verbose=True)
```

```
for epoch in range(num_epochs):
    model.train()
    running_loss = 0.0
    for audio, text, label in dataloader:
        optimizer.zero_grad()
        outputs = model(audio, text)
        loss = criterion(F.sigmoid(outputs), label.float())  # 假设输出通过 sigmoid（）函数转为概率
        loss.backward()
        optimizer.step()
        running_loss += loss.item()

    epoch_loss = running_loss / len(dataloader)
    scheduler.step(epoch_loss)

    print(f'Epoch [{epoch+1}/{num_epochs}], Loss: {epoch_loss:.4f}')

    if epoch_loss < best_loss:
        best_loss = epoch_loss
        best_model_wts = deepcopy(model.state_dict())
        epoch_no_improve = 0
    else:
        epoch_no_improve += 1

    if epoch_no_improve >= patience:
        print('Early stopping!')
        break

# 加载最佳模型权重
model.load_state_dict(best_model_wts)
```

通过以上步骤，可以有效训练和优化音频情感识别与文本匹配模型，提高其在实际应用中的准确性和鲁棒性。

15.4.5　实验结果与评估

在完成音频情感识别与文本匹配模型的训练后，需要对模型进行实验验证和性能评估，以确保模型在实际应用中的有效性和可靠性。以下是对实验结果进行详细分析和评估的过程。

1. 实验设置

数据集：使用包含多种情感标签的音频文件和对应文本描述的数据集。数据集被划分为训练集、验证集和测试集，以确保模型在不同数据上的泛化能力。

评估指标： 对于音频情感识别部分，采用准确率作为评估指标；对于文本匹配部分，采用余弦相似度作为评估指标。

实验环境： 使用PyTorch框架进行模型训练和评估，实验在配备NVIDIA GPU的服务器上进行。

2. 实验结果

音频情感识别结果如下。

准确率： 在测试集上，模型达到了89%的平均准确率，这表明模型能够较好地识别音频中的情感。表15-8列出了语音情感模型识别各情感类别的准确率。

表15-8　语音情感模型识别各情感类别的准确率

情感类别	准确率	情感类别	准确率
中立	83.25%	恐惧	94.42%
愤怒	95.13%	厌恶	91.69%
高兴	79.35%	无聊	94.73%
悲伤	86.12%		

文本匹配结果如下。

余弦相似度： 通过计算音频特征与文本向量之间的余弦相似度，评估了模型在文本匹配方面的性能。结果显示，模型能够有效将音频与匹配的文本关联起来，平均余弦相似度达到95%。

3. 性能评估

模型泛化能力： 通过在验证集和测试集上的评估，发现模型在不同数据集上均表现出良好的性能，表明模型具有较强的泛化能力。

模型稳定性： 在多次实验中，模型的性能指标保持相对稳定，没有出现大的波动，表明模型具有较好的稳定性。

模型局限性： 尽管模型在整体性能上表现良好，但在某些特定情感或文本类型上仍存在局限性。例如，对于某些复杂的情感表达或文本描述，模型可能难以准确识别或匹配。

4. 改进方向

数据增强： 通过增加更多样化的音频和文本数据，可以进一步提高模型的泛化能力和准确性。

模型优化： 可以尝试使用更复杂的模型结构或优化算法，以进一步提高模型的性能。

多模态融合： 可以探索更有效的多模态融合策略，以更好地结合音频和文本信息，从而提高情感识别和文本匹配的准确性。

5. 结论

本实验通过构建和训练音频情感识别与文本匹配模型，验证了跨模态技术在情感分析领域的有效性。尽管模型在某些方面仍存在局限性，但整体性能表现良好，这为后续的研究和应用提供了有价值的参考。未来的工作将聚焦于数据增强、模型优化和多模态融合等方面，以进一步提升模型的性能和实用性。

15.5　本章小结

本章聚焦于大模型在跨模态任务中的创新应用。跨模态任务涉及整合来自不同模态（如文本、图像、音频等）的信息，以实现更高级别的理解和生成。本章通过一系列典型案例，展示了大模型在跨模态检索、跨模态生成、多模态对话系统等任务中的强大能力。这些应用不仅拓宽了大模型的应用场景，也促进了人工智能技术的跨学科融合。本章还讨论了跨模态任务中的关键挑战与未来研究方向，为读者提供了深入思考和探索的空间。通过本章的学习，读者将全面理解大模型在跨模态任务中的应用价值，启发对于跨领域创新的思考。

后　　记

在完成本书的撰写后，我深刻认识到：大模型技术不仅是数据与算法的精密结合，更代表着人类对智能疆域的探索与挑战。

通过系统的理论研究和实践验证，这项技术展现出的潜力令人惊叹。从基础原理到工程实现，每个环节都彰显着机器学习的内在逻辑。特别是在模型训练过程中，我切身感受到数据质量、算法设计和计算资源之间的动态平衡，这种平衡直接决定了智能系统的性能边界。

本书的创作过程也促使我对技术伦理维度进行深入反思。在追求模型性能提升的同时，我们必须建立完善的风险评估框架，重点关注数据隐私与安全保护机制、算法公平性与可解释性、责任追溯与伦理审查体系。

对技术前沿的梳理更让我意识到，大模型正在重塑人机交互范式。作为研究者，我们既要保持技术创新热情，也要建立跨学科协作网络，确保技术发展与社会价值同步演进。

在此，我诚挚邀请各位读者："让我们共同开启这段人工智能的探索之旅。无论您具备何种专业背景，本书都将为您提供系统化的知识体系、可复现的实践案例、多维度的思考框架。让我们以开放协作的精神推动技术进步，同时秉持审慎负责的态度，确保人工智能真正造福人类社会。"